大学数学入門編

初めから学べる
大学数学

■ キャンパス・ゼミ ■

大学数学を楽しく短期間で学べます！

馬場敬之

マセマ出版社

◆ はじめに ◆

みなさん，こんにちは。数学の馬場敬之（ばばけいし）です。これまで発刊した**大学数学『キャンパス・ゼミ』シリーズ（微分積分，線形代数，確率統計など）**は多くの方々にご愛読頂き，大学数学学習の新たなスタンダードとして定着してきたようで，嬉しく思っています。

しかし，**経済学部，法学部，商学部**など，**文系志望**で高校3年（理系）の数学教育を受けずに進学して，いきなり大学の**微分積分（解析学），線形代数，確率統計**などの講義を受ける学生の皆さんにとって，**大学数学の壁は想像以上に大きい**と思います。また，**理系**の方でも**推薦入試**や**AO入試**など，本格的な大学受験問題の洗礼を受けることなく進学した皆さんにとって，**大学数学の敷居は相当高く**感じるはずです。

しかし，いずれにせよ大学数学を難しいと感じる理由，それは，
「**大学数学を学習するのに必要な基礎力が欠けている**」からなのです。

これまでマセマには，「高校（文系）数学と大学数学の橋渡しをする分かりやすい参考書を是非マセマから出版してほしい」という読者の皆様からの声が，連日寄せられてきました。確かに，
「**欠けているものは，満たせば解決する**」わけだから，この読者の皆様のご要望にお応えするべく，この『**初めから学べる 大学数学キャンパス・ゼミ**』を書き上げました。

これは文字通り，大学数学に入る前の基礎として高校3年で学習する"**数列と関数の極限**"，"**微分法**"，"**積分法**"を中心に，"**複素数平面**"や"**行列と1次変換**"それに"**確率分布**"まで含めた内容を**明快にそして親切に解説した参考書**なのです。もちろん，理系の大学受験のような込み入った問題を解けるようになる必要はありません。しかし，大学数学をマスターするためには，**相当の基礎学力**が必要となります。本書は**短期間でこの基礎学力が身につくように工夫して作られています**。

さらに，"**オイラーの公式**"や"**ダランベールの収束判定条件**"や"**マクローリン展開**"それに"**モーメント母関数**"など，まだ高校で習ってい

ない内容のものでも，これから必要となるものは，**その基本を丁寧に解説**しました。だから，本書を一通り学習して頂ければ**大学数学へも違和感なくスムーズに入っていける**はずです。

この『初めから学べる　大学数学キャンパス・ゼミ』は，全体が **6 章**から構成されており，各章をさらにそれぞれ **10 ページ**前後のテーマに分けているので，非常に読みやすいはずです。大学数学を難しいと感じたら，**本書をまず 1 回流し読みする**ことをお勧めします。初めは公式の証明などは飛ばしても構いません。小説を読むように本文を読み，図に目を通して頂ければ，**大学基礎数学の全体像**をとらえることができます。この**通し読みだけなら，おそらく 2，3 日もあれば十分**だと思います。

1 回通し読みが終わりましたら，後は各テーマの詳しい解説文を**精読**して，例題も**実際に自力で解きながら**，勉強を進めていきましょう。

そして，この精読が終わりましたなら，大学数学を受講できる力が十分に付いているはずですから，自信を持って，**微分積分（解析学）や線形代数や確率統計**の講義に臨んで下さい。その際に，『**初めから学べるキャンパス・ゼミ』シリーズ**（微分積分，線形代数，確率統計），および『**微分積分キャンパス・ゼミ**』や『**線形代数キャンパス・ゼミ**』および『**確率統計キャンパス・ゼミ**』が大いに役に立つはずですから，是非利用して下さい。

それでも，講義の途中で**行き詰まった箇所**があり，上記の推薦図書でも理解できないものがあれば，**基礎力が欠けている証拠**ですから，またこの『**初めから学べる　大学数学キャンパス・ゼミ**』に戻って，所定のテーマを再読して，**疑問を解決**すればいいのです。

数学というのは，他の分野と比べて**最も体系が整った美しい学問分野**なので，基礎から応用・発展へと順にステップ・アップしていけば，どなたでも**大学数学の相当の高見まで登って行く**ことができます。

読者の皆様が，本書により大学数学に開眼され，さらに楽しみながら強くなって行かれることを願ってやみません。

マセマ代表　馬場　敬之

本書はこれまで出版されていた「大学基礎数学キャンパス・ゼミ」をより親しみをもって頂けるように「初めから学べる　大学数学キャンパス・ゼミ」とタイトルを変更したものです。本書では，**Appendix**(付録) として複素数の回転の問題を追加しました。

◆ 目 次 ◆

講義 1 複素数平面

- §1. 複素数平面の基本 ………………………………………… **8**
- §2. 複素数と平面図形 ………………………………………… **24**
- ● 複素数平面 公式エッセンス ………………………………… **32**

講義 2 数列と関数の極限

- §1. 無限級数 …………………………………………………… **34**
- §2. 漸化式と数列の極限 ……………………………………… **44**
- §3. 関数の基本 ………………………………………………… **56**
- §4. 関数の極限 ………………………………………………… **62**
- ● 数列と関数の極限 公式エッセンス ………………………… **70**

講義 3 微分法

- §1. 微分係数と導関数 ………………………………………… **72**
- §2. 微分計算 …………………………………………………… **82**
- §3. 微分法と関数のグラフ …………………………………… **90**
- §4. マクローリン展開 ………………………………………… **102**
- ● 微分法 公式エッセンス …………………………………… **108**

◆講義◆4 積分法

§1. 不定積分と定積分 ‥‥‥‥‥‥‥‥‥‥‥‥‥‥‥ **110**
§2. 定積分で表された関数，区分求積法 ‥‥‥‥‥‥ **122**
§3. 面積計算，体積計算 ‥‥‥‥‥‥‥‥‥‥‥‥‥‥ **128**
§4. 媒介変数表示された曲線と面積計算 ‥‥‥‥‥‥ **138**
§5. 極方程式と面積計算 ‥‥‥‥‥‥‥‥‥‥‥‥‥ **146**
● 積分法 公式エッセンス ‥‥‥‥‥‥‥‥‥‥‥ **154**

◆講義◆5 行列と1次変換

§1. ベクトルの復習 ‥‥‥‥‥‥‥‥‥‥‥‥‥‥‥ **156**
§2. 行列の基本 ‥‥‥‥‥‥‥‥‥‥‥‥‥‥‥‥‥ **162**
§3. 行列と1次変換 ‥‥‥‥‥‥‥‥‥‥‥‥‥‥‥ **174**
§4. 行列の n 乗計算 ‥‥‥‥‥‥‥‥‥‥‥‥‥‥ **182**
● 行列と1次変換 公式エッセンス ‥‥‥‥‥‥‥ **194**

◆講義◆6 確率分布

§1. 条件付き確率 ‥‥‥‥‥‥‥‥‥‥‥‥‥‥‥‥ **196**
§2. 確率分布 ‥‥‥‥‥‥‥‥‥‥‥‥‥‥‥‥‥‥ **206**
● 確率分布 公式エッセンス ‥‥‥‥‥‥‥‥‥‥ **218**

◆ *Appendix* （付録） ‥‥‥‥‥‥‥‥‥‥‥‥‥‥ **219**

◆ *Term・Index* （索引） ‥‥‥‥‥‥‥‥‥‥‥‥ **224**

複素数平面

▶ 複素数平面の基本
(ド・モアブルの定理：$(\cos\theta + i\sin\theta)^n = \cos n\theta + i\sin n\theta$)
(オイラーの公式：$e^{i\theta} = \cos\theta + i\sin\theta$)

▶ 複素数と平面図形
(円と直線の方程式：$c_1 z\bar{z} + \bar{\alpha}z + \alpha\bar{z} + c_2 = 0$)
(回転と相似の合成変換（Ⅱ）：$\dfrac{w-\alpha}{z-\alpha} = re^{i\theta}$)

§1. 複素数平面の基本

さァ, これから"**複素数平面**"の講義に入ろう。複素数 $a+bi$ (a, b:実数, $i^2=-1$) そのものは **2** 次方程式の虚数解としてご存知のはずだ。でも, 度重なる高校数学のカリキュラムの変更により, この複素数と平面図形の関係, すなわち"**複素数平面**"については, 年度によって学んだ方と学んでない方がおられるはずだ。

しかし, 大学数学を学ぶ上で, この複素数平面まで含めた複素数の知識は必要不可欠だ。ここで, その基本をシッカリ押さえておこう。

● 複素数は複素数平面上の点を表す！

まず, "**複素数**" $\alpha=a+bi$ と, その"**共役複素数**" $\overline{\alpha}$ の定義を下に示そう。

複素数の定義

一般に複素数 α は次の形で表される。

$$\alpha = a + bi \quad (a,\ b:\text{実数} \quad i:\text{虚数単位} \ (i^2=-1))$$

（実部）（虚部）

ここで, $\begin{cases} a \text{ は, } \alpha \text{ の "実部"} \\ b \text{ は, } \alpha \text{ の "虚部"} \end{cases}$ と呼び,

$a = \mathrm{Re}(\alpha) \quad b = \mathrm{Im}(\alpha)$ と表す。

また, 複素数 $\alpha=a+bi$ に対して "**共役複素数**" $\overline{\alpha}$ は,

$\overline{\alpha} = a - bi$ で定義される。

したがって, たとえば複素数 $\alpha=3-2i$ について, 実部 $\mathrm{Re}(\alpha)=3$, 虚部 $\mathrm{Im}(\alpha)=-2$ となり, またこの共役複素数 $\overline{\alpha}$ は $\overline{\alpha}=3+2i$ となるんだね。一般に, 複素数 $\alpha=a+bi$ について

$\begin{cases} (\ \mathrm{i}\ )\ b=0 \text{ のとき, } \alpha=a \text{ となって "実数" となる。} \\ (\ \mathrm{ii}\ )\ a=0 \ (b \neq 0) \text{ のとき, } \alpha=bi \text{ となる。これを "純虚数" という。} \end{cases}$

このように, 複素数 α は実数をその部分集合にもつ, 新たな"数"ということになるんだね。

そして, この複素数 $\alpha=a+bi$ を, xy 座標平面上の点 $A(a,\ b)$ に対応

8

● 複素数平面

させて考えると，複素数はすべてこの平面上の点として表すことができる。

このように，複素数 $\alpha = a+bi$ を座標平面上の点 $A(a, b)$ で表すとき，この平面のことを"**複素数平面**"，また x 軸，y 軸のことをそれぞれ"**実軸**"，"**虚軸**"と呼ぶ。そして，複素数 α を表す点 A を，$A(\alpha)$ や $A(a+bi)$

図1 複素数平面上の点 α

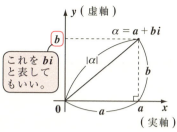

これを bi と表してもいい。

と表したりするけれど，複素数 α そのものを"点 α"と呼んでもいい。また，点 α の y 座標は，b または bi のいずれで表してもいい。

注意

複素数の点 α を (a, b) ではなく，$a+bi$ で表すことに抵抗があるかもしれないね。これは，ベクトル

$\vec{\alpha} = [a, b] = a[1, 0] + b[0, 1]$
       　　　　　　　　$\vec{e_1}$　　　　$\vec{e_2}$
$= a\vec{e_1} + b\vec{e_2}$ ($\vec{e_1}, \vec{e_2}$：基底ベクトル)

と対比して考えると分かりやすい。

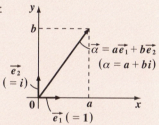

$\vec{e_1}=[1, 0]$ と $\vec{e_2}=[0, 1]$ は，ベクトルを成分表示するときの基となるベクトルなので"**基底ベクトル**"と呼ぶんだけれど，複素数の場合，これに相当するのが図から明らかなように，それぞれ 1 と i なんだね。よって複素数 $\alpha = a+bi$ は $\alpha = a \cdot 1 + b \cdot i$ と考えると，α は複素数平面上の点を表していることが分かるはずだ。納得いった？

ここで，純虚数には実数の時のような大小関係は存在しない。だから，たとえば $-2i < i$ や $0 < 4i$ など…の不等式は一般には成り立たないんだね。

これらは間違いだ！

また，2つの複素数 α, β についても，$\alpha \leqq \beta$ などの不等式は一般には成り立たない。シッカリ頭に入れておこう。

9

● 複素数の計算に強くなろう！

それでは次，2 つの複素数 α と β について，その相等と四則演算 (＋， －， ×， ÷) の公式を下に示そう。

複素数の計算公式

$\alpha = a + bi$, $\beta = c + di$ (a, b, c, d：実数 i：虚数単位) のとき，

α と β の相等と四則演算を次のように定義する。

(1) 相等：$\alpha = \beta \iff a = c$ かつ $b = d$ ← 実部同士，虚部同士が等しい。

(2) 和 ：$\alpha + \beta = (a + c) + (b + d)i$

(3) 差 ：$\alpha - \beta = (a - c) + (b - d)i$

(4) 積 ：$\alpha \cdot \beta = (ac - bd) + (ad + bc)i$

(5) 商 ：$\dfrac{\alpha}{\beta} = \dfrac{ac + bd}{c^2 + d^2} + \dfrac{bc - ad}{c^2 + d^2}i$ （ただし，$\beta \neq 0$）

(1) の α と β の相等において，特に $\beta = 0$ ($= 0 + 0i$) のとき，$\alpha = 0 + 0i$，すなわち，$a + bi = 0 + 0i$ となるので，$a = 0$ かつ $b = 0$ となるんだね。

(4) の α と β の積は，

$$\alpha \cdot \beta = (a + bi)(c + di) = ac + adi + bci + bd\underbrace{i^2}_{(-1)}$$

$$= \underbrace{(ac - bd)}_{\text{実部 } \mathbf{Re}(\alpha\beta)} + \underbrace{(ad + bc)}_{\text{虚部 } \mathbf{Im}(\alpha\beta)}i \quad \text{となるのもいいだろう。}$$

(5) の α を β で割った商は，

$$\frac{\alpha}{\beta} = \frac{a + bi}{c + di} = \frac{(a + bi)(c - di)}{(c + di)(c - di)} = \frac{ac - adi + bci - bd\overset{(-1)}{i^2}}{c^2 - d^2\underset{(-1)}{i^2}}$$

$$= \underbrace{\frac{ac + bd}{c^2 + d^2}}_{\text{実部 } \mathbf{Re}\left(\frac{\alpha}{\beta}\right)} + \underbrace{\frac{bc - ad}{c^2 + d^2}}_{\text{虚部 } \mathbf{Im}\left(\frac{\alpha}{\beta}\right)}i \quad \text{となる。}$$

それでは，次の例題を解いて練習してみよう。

例題 1 　$\alpha = 1 - 3i$, $\beta = 3 + i$ のとき，次の複素数を求めよう。

(1) $\alpha + \beta$ 　　 (2) $\alpha - \beta$ 　　 (3) $\alpha\beta$ 　　 (4) $\dfrac{\alpha}{\beta}$

10

$\alpha = 1 - 3i$, $\beta = 3 + i$ より,

(1) $\alpha + \beta = 1 - 3i + 3 + i = (1 + 3) + (-3 + 1)i = 4 - 2i$

(2) $\alpha - \beta = 1 - 3i - (3 + i) = (1 - 3) + (-3 - 1)i = -2 - 4i$

(3) $\alpha \cdot \beta = (1 - 3i)(3 + i) = 3 + i - 9i - 3\underset{(-1)}{i^2} = 6 - 8i$

(4) $\dfrac{\alpha}{\beta} = \dfrac{1 - 3i}{3 + i} = \dfrac{(1 - 3i)(3 - i)}{(3 + i)(3 - i)}$ ← 分子・分母に $3 - i$ をかけた。

$= \dfrac{3 - i - 9i + 3i^2}{9 - i^2} = \dfrac{(3 - 3) - (9 + 1)i}{9 + 1} = -\dfrac{10}{10}i = -i$ となる。

このように,複素数の四則演算($+$, $-$, $\times$, $\div$)においては,(ⅰ) $i^2 = -1$ とすること,(ⅱ)最終的には,(実部)$+$(虚部)i の形にまとめることの 2 点に注意すれば,後は実数の四則演算とまったく同様なんだね。

次,図 2 に示すように,複素数平面における原点 0 ($= 0 + 0i$) と複素数 $\alpha = a + bi$ (a, b:実数) との間の距離を,α の "絶対値" と呼び,$|\alpha|$ で表す。三平方の定理より,

図2 α の絶対値 $|\alpha|$

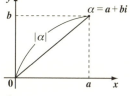

$|\alpha| = \sqrt{a^2 + b^2}$ となることは,大丈夫だね。

ここで,$\alpha \cdot \overline{\alpha} = (a + bi)(a - bi) = a^2 - b^2 \underset{(-1)}{i^2} = a^2 + b^2$ より,

$|\alpha|^2 = \alpha \cdot \overline{\alpha}$ の公式が導ける。それでは α, $\overline{\alpha}$, $|\alpha|$ の公式を下に示そう。

α, $\overline{\alpha}$,絶対値の公式

複素数 α について,次の公式が成り立つ。

(1) $|\alpha| = |\overline{\alpha}| = |-\alpha| = |-\overline{\alpha}|$

4 点 α, $\overline{\alpha}$, $-\alpha$, $-\overline{\alpha}$ の原点からの距離はすべて等しい。

(2) $|\alpha|^2 = \alpha\overline{\alpha}$

複素数の絶対値の 2 乗は,この公式を使って展開する。

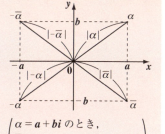

$\begin{pmatrix} \alpha = a + bi \text{ のとき,} \\ \overline{\alpha} = a - bi, \ -\alpha = -a - bi \\ -\overline{\alpha} = -a + bi \text{ となる。} \end{pmatrix}$

さらに，2つの複素数 α と β の共役複素数と絶対値の公式についても下に示す。これらも重要公式だから，シッカリ頭に入れてくれ！

α, β の共役複素数と絶対値の性質

（Ⅰ）共役複素数の性質

(1) $\overline{\alpha+\beta}=\overline{\alpha}+\overline{\beta}$　　　　(2) $\overline{\alpha-\beta}=\overline{\alpha}-\overline{\beta}$

(3) $\overline{\alpha\cdot\beta}=\overline{\alpha}\cdot\overline{\beta}$　　　　(4) $\overline{\left(\dfrac{\alpha}{\beta}\right)}=\dfrac{\overline{\alpha}}{\overline{\beta}}$　$(\beta\neq0)$

（Ⅱ）絶対値の性質

(1) $|\alpha\cdot\beta|=|\alpha|\cdot|\beta|$　　　　(2) $\left|\dfrac{\alpha}{\beta}\right|=\dfrac{|\alpha|}{|\beta|}$　$(\beta\neq0)$

(3) $\underline{|\alpha|-|\beta|\leqq|\alpha+\beta|\leqq|\alpha|+|\beta|}$

> この公式は，図形的に証明できる。後で示そう。**(P24)**

> 絶対値は実数だから，大小関係が存在する。

それでは，次の例題で公式の確認をしてみよう。

例題2　$\alpha=1-3i$, $\beta=3+i$ のとき，次の公式が成り立つことを確認しよう。

(1) $\overline{\alpha\cdot\beta}=\overline{\alpha}\cdot\overline{\beta}$　　　　(2) $\overline{\left(\dfrac{\alpha}{\beta}\right)}=\dfrac{\overline{\alpha}}{\overline{\beta}}$

(3) $|\alpha\cdot\beta|=|\alpha|\cdot|\beta|$　　　　(4) $\left|\dfrac{\alpha}{\beta}\right|=\dfrac{|\alpha|}{|\beta|}$

$\alpha=1-3i$ と $\beta=3+i$ の共役複素数はそれぞれ $\overline{\alpha}=1+3i$, $\overline{\beta}=3-i$ だ。

また，例題1 **(P10)** の結果より，$\alpha\cdot\beta=6-8i$, $\dfrac{\alpha}{\beta}=-i$ だね。以上より，

(1) $\overline{\alpha\cdot\beta}=\overline{6-8i}=6+8i$　となる。また，

$\overline{\alpha}\cdot\overline{\beta}=(1+3i)\cdot(3-i)=3-i+9i-3\underset{(-1)}{\underbrace{i^2}}=6+8i$　だね。

よって，$\overline{\alpha\cdot\beta}=\overline{\alpha}\cdot\overline{\beta}$ となる。

(2) $\overline{\left(\dfrac{\alpha}{\beta}\right)}=\overline{-i}=\overline{0-1\cdot i}=0+1\cdot i=i$　だね。また，

$\dfrac{\overline{\alpha}}{\overline{\beta}}=\dfrac{1+3i}{3-i}=\dfrac{(1+3i)(3+i)}{(3-i)(3+i)}=\dfrac{3+i+9i+3\underset{(-1)}{\underbrace{i^2}}}{9-\underset{(-1)}{\underbrace{i^2}}}=\dfrac{10i}{10}=i$

12

● 複素数平面

よって，公式 $\overline{\left(\dfrac{\alpha}{\beta}\right)} = \dfrac{\overline{\alpha}}{\overline{\beta}}$　が成り立つことも確認できた。

(3) $|\alpha \cdot \beta| = |6 - 8i| = \sqrt{6^2 + (-8)^2} = \sqrt{100} = 10$　だね。次，

$|\alpha| \cdot |\beta| = |1 - 3i| \cdot |3 + 1 \cdot i| = \sqrt{1^2 + (-3)^2} \cdot \sqrt{3^2 + 1^2} = \sqrt{10} \cdot \sqrt{10} = 10$

よって，公式 $|\alpha \cdot \beta| = |\alpha| \cdot |\beta|$　も確認できた。

(4) $\left|\dfrac{\alpha}{\beta}\right| = |-i| = |0 + (-1) \cdot i| = \sqrt{0^2 + (-1)^2} = 1$　となる。また，

$\dfrac{|\alpha|}{|\beta|} = \dfrac{|1 - 3i|}{|3 + i|} = \dfrac{\sqrt{1^2 + (-3)^2}}{\sqrt{3^2 + 1^2}} = \dfrac{\sqrt{10}}{\sqrt{10}} = 1$　となるので，

公式：$\left|\dfrac{\alpha}{\beta}\right| = \dfrac{|\alpha|}{|\beta|}$　が成り立つことも，今回の例から確認できた。大丈夫？

実数 a の共役複素数は，$\overline{a} = \overline{a + 0i} = a - 0i = a$ なので，実数については，
$\boxed{\overline{a} = a}$ が成り立つんだね。これを使って，次の 2 次方程式の虚数解の問題を解いてみよう。

例題3 実数係数の 2 次方程式：

$ax^2 + bx + c = 0$　……①　$(a, b, c：実数定数，a \neq 0)$

が虚数解 α を解にもつとき，その共役複素数 $\overline{\alpha}$ も①の解となることを証明しよう。

虚数 $\alpha = p + qi$　$(p, q：実数，q \neq 0)$ が①の解といっているので，これを①に代入しても成り立つ。よって，

$a\alpha^2 + b\alpha + c = 0$　……②

②の両辺は実数だけど，この両辺の共役複素数をとると，

$\overline{a\alpha^2 + b\alpha + c} = \overline{0}^{\,0}$　← $\overline{a} = a$ だからね。

$\overline{a\alpha^2} + \overline{b\alpha} + \overline{c}$　← 公式：$\overline{\alpha + \beta} = \overline{\alpha} + \overline{\beta}$ を使った！

$\overline{a\alpha^2} + \overline{b\alpha} + \overline{c} = 0$
　　　　　　c　← a, b, c は実数より，$\overline{a} = a,\ \overline{b} = b,\ \overline{c} = c$
　　$\overline{b \cdot \alpha} = b\overline{\alpha}$　← 公式 $\overline{\alpha \cdot \beta} = \overline{\alpha} \cdot \overline{\beta}$ を使った！
$\overline{a\alpha\alpha} = a\overline{\alpha}\,\overline{\alpha} = a\overline{\alpha}^2$

∴ $a\overline{\alpha}^2 + b\overline{\alpha} + c = 0$　となる。これは，$\overline{\alpha}$ を①の x に代入したものなので，
複素数 $\alpha = p + qi$ が解ならば，その共役複素数 $\overline{\alpha} = p - qi$ も解になることが分かった。

13

同様に考えれば，$n \geqq 3$ のときの実数係数の n 次方程式：
$$a_n x^n + a_{n-1} x^{n-1} + \cdots\cdots + a_2 x^2 + a_1 x + a_0 = 0$$
$(a_n, a_{n-1}, \cdots\cdots, a_2, a_1, a_0：実数定数，a_n \neq 0)$
が，虚数解 α をもてば，その共役複素数 $\overline{\alpha}$ も解となることが分かると思う。

では次，複素数の絶対値の問題を解いてみよう。

例題 4 $|2z+i|^2$ を展開してみよう。

$$|2z+i|^2 = (2z+i)\overline{(2z+i)} \quad \boxed{公式：|\alpha|^2 = \alpha \cdot \overline{\alpha} \text{ を使った。}}$$
$$\boxed{\overline{2z} + \overline{i} = 2\overline{z} - i} \quad \boxed{公式：\overline{\alpha+\beta} = \overline{\alpha} + \overline{\beta} \\ \overline{\alpha \cdot \beta} = \overline{\alpha} \cdot \overline{\beta}}$$
$$= (2z+i)(2\overline{z} - i)$$
$$= 4z\overline{z} - 2zi + 2\overline{z}i - \underbrace{i^2}_{-1}$$
$$= 4z\overline{z} - 2zi + 2\overline{z}i + 1 \quad \text{となる。}$$

$z\overline{z} = |z|^2$ より，$4|z|^2 - 2zi + 2\overline{z}i + 1$ を解答としても，もちろんいいよ。

それでは最後に，複素数 α が (ⅰ) 実数となるための条件と (ⅱ) 純虚数となるための条件について，それぞれ公式を示しておこう。

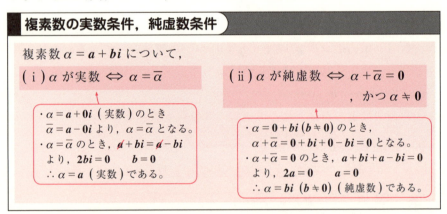

では，次の例題で複素数の実数条件の公式を実際に使ってみよう。

例題 5 $z + \dfrac{2}{z}$ が実数となるような，複素数 z の条件を求めてみよう。

● 複素数平面

$z + \dfrac{2}{z} = \alpha$ とおくと，α が実数となるための条件は $\alpha = \overline{\alpha}$ より，

$z + \dfrac{2}{z} = \overline{z + \dfrac{2}{z}}$ となる。よって，

公式
・$\overline{\alpha + \beta} = \overline{\alpha} + \overline{\beta}$
・$\overline{\left(\dfrac{\alpha}{\beta}\right)} = \dfrac{\overline{\alpha}}{\overline{\beta}}$

$\overline{z} + \overline{\left(\dfrac{2}{z}\right)} = \overline{z} + \dfrac{\overline{2}}{\overline{z}} = \overline{z} + \dfrac{2}{\overline{z}}$

$z + \dfrac{2}{z} = \overline{z} + \dfrac{2}{\overline{z}}$　　この両辺に $z\overline{z}$ をかけて，

$z^2\overline{z} + 2\overline{z} = z\overline{z}^2 + 2z$　　$(z^2\overline{z} - z\overline{z}^2) - 2(z - \overline{z}) = 0$

$z\overline{z}(z - \overline{z}) - 2(z - \overline{z}) = 0$　　$(z\overline{z} - 2)(z - \overline{z}) = 0$
　　　　　　　　　　　　　　　　　　　$|z|^2$

$(|z|^2 - 2)(z - \overline{z}) = 0$　となる。

∴ $|z|^2 = 2$，または $\overline{z} = z$

ここで，$|z| \geqq 0$ より，求める z の条件は，

$|z| = \sqrt{2}$　または，$z = \overline{z}$ （ただし，$z \neq 0$） である。大丈夫だった？

これは，中心 0，半径 $\sqrt{2}$ の円のこと。(P26)

これは，"z が実数である" ことを表している。

● **複素数は極形式でも表せる！**

これまで，複素数は $z = a + bi$ （a，b：実数，$i^2 = -1$）の形で表してきたけれど，$z = 0$ を除く複素数はすべて "**極形式**" で表すことができる。複素数を極形式で表すことにより，複素数の世界がさらに大きな広がりを見せることになる。ここではまず，その基本事項を下に示そう。

複素数の極形式

$z = 0$ を除く複素数 $z = a + bi$ （a，b：実数）は

$\begin{cases} \text{絶対値}\ |z| = r\ \text{とおき，また} \\ \text{偏角}\ \arg z = \theta\ \text{とおくと，} \end{cases}$

"アーギュメント z" と読む。
実軸（x 軸）の正の向きと線分 $0z$ のなす角のこと

極形式 $z = r(\cos\theta + i\sin\theta)$　で表せる。

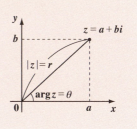

15

実際に，$z = a + bi$ を変形してみると，

$z = a + bi$ 　　まず，$r=\sqrt{a^2+b^2}$ をムリヤリくくり出す。

$= \underbrace{\sqrt{a^2 + b^2}}_{|z|=r}\left(\underbrace{\frac{a}{\sqrt{a^2+b^2}}}_{\frac{a}{r}=\cos\theta} + \underbrace{\frac{b}{\sqrt{a^2+b^2}}}_{\frac{b}{r}=\sin\theta}i\right)$

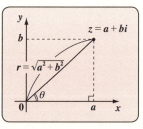

$= r(\cos\theta + i\sin\theta)$ 　と，極形式で表せることが分かるだろう。

$\left(\text{ただし，} r=\sqrt{a^2+b^2},\ \cos\theta = \frac{a}{\sqrt{a^2+b^2}},\ \sin\theta = \frac{b}{\sqrt{a^2+b^2}}\right)$

これから，偏角 θ は "°"(度)で表すよりも，"弧度法"を用いて(ラジアン)で表示することにする。それは，この後で学習する "微分・積分" での三角関数の角度は，すべて(ラジアン)で表すことを前提としているからなんだ。弧度法においては，$180° = \pi$ (ラジアン) と表す。(π はもちろん，
　　　　　　　　　　　　　　　　一般に，単位の "ラジアン" は省略して記す。
円周率 $3.14159\cdots\cdots$ のことだ。) 　よって，

$30° = \frac{\pi}{6},\ \ 45° = \frac{\pi}{4},\ \ 60° = \frac{\pi}{3},\ \ 90° = \frac{\pi}{2},\ \ 120° = \frac{2}{3}\pi,\ \ 135° = \frac{3}{4}\pi$

$150° = \frac{5}{6}\pi,\ \ 180° = \pi,\ \ 210° = \frac{7}{6}\pi,\ \ 225° = \frac{5}{4}\pi,\ \ 240° = \frac{4}{3}\pi,\ \ 270° = \frac{3}{2}\pi$

$300° = \frac{5}{3}\pi,\ \ 315° = \frac{7}{4}\pi,\ \ 330° = \frac{11}{6}\pi,\ \ 360° = 2\pi(=0)$

と換算される。角度のラジアン表示にも是非慣れよう。
ここで，絶対値 $r = \sqrt{a^2+b^2}$ は一意に定まるけれど，偏角 $\arg z = \theta$ は一般
　　　　　　　　　　　　　　　　"1通りに" という意味
角 $\theta + 2n\pi$ (n：整数) で表せるので一意には定まらない。よって，偏角を
　　$360° \times n$ のこと
一意に定めるためには θ を1周分のみとることにして，$0 \leq \theta < 2\pi$ (または，
$-\pi < \theta \leq \pi$) の範囲に限定すればいいんだね。　　$0°$　　$360°$
$-180°$　$180°$

ここで，$z = 0 (= 0 + 0i)$ について，絶対値 $r = 0$ は定まるけれど，偏角 θ は不定で極形式では表せない。よって，$z = 0$ は $z = 0$ と表す以外にないんだね。

● 複素数平面

> **例題6** 偏角 θ の範囲を $0 \leq \theta < 2\pi$ として，次の複素数を極形式で表そう。
> (1) $z_1 = -3 + \sqrt{3}i$　　(2) $z_2 = -4 - 4i$　　(3) $z_3 = 2 - 2\sqrt{3}i$

極形式 $r(\cos\theta + i\sin\theta)$ は，絶対値 r と偏角 θ の値さえ求まればいいので，グラフのイメージから直感的に求めてもかまわない。

(1) $r_1 = |z_1| = \sqrt{(-3)^2 + (\sqrt{3})^2} = \sqrt{12} = 2\sqrt{3}$　より，

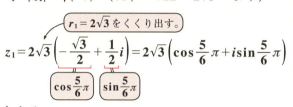
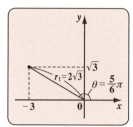

$$z_1 = 2\sqrt{3}\left(-\frac{\sqrt{3}}{2} + \frac{1}{2}i\right) = 2\sqrt{3}\left(\cos\frac{5}{6}\pi + i\sin\frac{5}{6}\pi\right)$$

となる。

(2) $r_2 = |z_2| = \sqrt{(-4)^2 + (-4)^2} = \sqrt{32} = 4\sqrt{2}$　より，

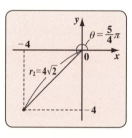

$$z_2 = 4\sqrt{2}\left(-\frac{1}{\sqrt{2}} - \frac{1}{\sqrt{2}}i\right) = 4\sqrt{2}\left(\cos\frac{5}{4}\pi + i\sin\frac{5}{4}\pi\right)$$

となる。

(3) $r_3 = |z_3| = \sqrt{2^2 + (-2\sqrt{3})^2} = \sqrt{16} = 4$　より，

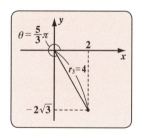

$$z_3 = 4\left(\frac{1}{2} - \frac{\sqrt{3}}{2}i\right) = 4\left(\cos\frac{5}{3}\pi + i\sin\frac{5}{3}\pi\right)$$

となる。

どう？グラフのイメージがあると，極形式も簡単に表せるだろう。

それでは次，2つの極形式で表示された複素数 $z_1 = r_1(\cos\theta_1 + i\sin\theta_1)$ と $z_2 = r_2(\cos\theta_2 + i\sin\theta_2)$ の積と商の公式を示す。

極形式表示の複素数の積と商

$z_1 = r_1(\cos\theta_1 + i\sin\theta_1), \ z_2 = r_2(\cos\theta_2 + i\sin\theta_2)$ のとき，

(1) $z_1 z_2 = r_1 r_2 \{\cos(\theta_1 + \theta_2) + i\sin(\theta_1 + \theta_2)\}$

> 複素数同士の "かけ算" では，偏角は "たし算" になる。

(2) $\dfrac{z_1}{z_2} = \dfrac{r_1}{r_2} \{\cos(\theta_1 - \theta_2) + i\sin(\theta_1 - \theta_2)\}$

> 複素数同士の "わり算" では，偏角は "引き算" になる。

実際に **(1)**，**(2)** を証明してみよう。

(1)
$$z_1 \cdot z_2 = r_1(\cos\theta_1 + i\sin\theta_1) \cdot r_2(\cos\theta_2 + i\sin\theta_2)$$
$$= r_1 r_2 (\cos\theta_1 + i\sin\theta_1)(\cos\theta_2 + i\sin\theta_2)$$
$$= r_1 r_2 (\cos\theta_1\cos\theta_2 + i\cos\theta_1\sin\theta_2 + i\sin\theta_1\cos\theta_2 + \underset{-1}{i^2}\sin\theta_1\sin\theta_2)$$
$$= r_1 r_2 \{(\cos\theta_1\cos\theta_2 - \sin\theta_1\sin\theta_2) + i(\sin\theta_1\cos\theta_2 + \cos\theta_1\sin\theta_2)\}$$

三角関数の加法定理 → $\cos(\theta_1+\theta_2)$ 　　　　 $\sin(\theta_1+\theta_2)$

$$= r_1 r_2 \{\cos(\theta_1 + \theta_2) + i\sin(\theta_1 + \theta_2)\} \quad \text{となって，成り立つ。}$$

(2)
$$\frac{z_1}{z_2} = \frac{r_1(\cos\theta_1 + i\sin\theta_1)}{r_2(\cos\theta_2 + i\sin\theta_2)}$$
$$= \frac{r_1}{r_2} \frac{(\cos\theta_1 + i\sin\theta_1)(\cos\theta_2 - i\sin\theta_2)}{(\cos\theta_2 + i\sin\theta_2)(\cos\theta_2 - i\sin\theta_2)}$$

> 分子・分母に $(\cos\theta_2 - i\sin\theta_2)$ をかけた。

$\cos^2\theta_2 - i^2 \cdot \sin^2\theta_2 = \cos^2\theta_2 + \sin^2\theta_2 = 1$

$$= \frac{r_1}{r_2} (\cos\theta_1\cos\theta_2 - i\cos\theta_1\sin\theta_2 + i\sin\theta_1\cos\theta_2 - \underset{-1}{i^2}\sin\theta_1\sin\theta_2)$$
$$= \frac{r_1}{r_2} \{(\cos\theta_1\cos\theta_2 + \sin\theta_1\sin\theta_2) + i(\sin\theta_1\cos\theta_2 - \cos\theta_1\sin\theta_2)\}$$

三角関数の加法定理 → $\cos(\theta_1-\theta_2)$ 　　　　 $\sin(\theta_1-\theta_2)$

$$= \frac{r_1}{r_2} \{\cos(\theta_1 - \theta_2) + i\sin(\theta_1 - \theta_2)\} \quad \text{となって，(2) も証明終了だ。}$$

これからさらに，次の "ド・モアブルの定理" も導ける。

ド・モアブルの定理

$$(\cos\theta + i\sin\theta)^n = \cos n\theta + i\sin n\theta \quad \cdots\cdots(*1) \quad (n：整数)$$

● 複素数平面

ここでは，自然数 $n = 1$，2，3，$\cdots$ について，ド・モアブルの定理が成り立つことを証明しておこう。もちろん，数学的帰納法を使えばいいんだね。

(i) $n = 1$ のとき，

$(\cos\theta + i\sin\theta)^1 = \cos 1 \cdot \theta + i\sin 1 \cdot \theta$ となって，（＊1）は成り立つ。

(ii) $n = k$ のとき，$(k = 1$，2，3，$\cdots)$

$(\cos\theta + i\sin\theta)^k = \cos k\theta + i\sin k\theta$ …① が成り立つと仮定して，

$n = k + 1$ のときについて調べる。

$(\cos\theta + i\sin\theta)^{k+1} = \underline{(\cos\theta + i\sin\theta)^k} \cdot (\cos\theta + i\sin\theta)$

$\underbrace{\qquad}$

$\boxed{\cos k\theta + i\sin k\theta \quad （①より）}$

公式：
$(\cos\theta_1 + i\sin\theta_1)(\cos\theta_2 + i\sin\theta_2)$
$= \cos(\theta_1 + \theta_2) + i\sin(\theta_1 + \theta_2)$
$\left(\begin{array}{l}\textbf{P18 の公式 (1)} の r_1 = r_2 = 1 の\\ 場合だね。\end{array}\right)$

$= (\cos k\theta + i\sin k\theta)(\cos\theta + i\sin\theta)$

$= \cos(k\theta + \theta) + i\sin(k\theta + \theta)$

$= \cos(k+1)\theta + i\sin(k+1)\theta$

よって，$n = k + 1$ のときも（＊1）は成り立つ。

以上 (i) (ii) より，数学的帰納法から，$n = 1$，2，3，$\cdots$ のとき，ド・モアブルの定理（＊1）は成り立つ。大丈夫だった？

一般に複素数 z，w に対して，m，n が整数のとき，次の指数法則が成り立つので，実数のときと同様に計算できる。

複素数の指数法則

(1) $z^0 = 1$	(2) $z^m \times z^n = z^{m+n}$	(3) $(z^m)^n = z^{m \times n}$
(4) $(z \times w)^m = z^m \times w^m$	(5) $\dfrac{z^m}{z^n} = z^{m-n}$	(6) $\left(\dfrac{z}{w}\right)^m = \dfrac{z^m}{w^m}$

（ただし，z，w：複素数（(5)では $z \neq 0$，(6)では $w \neq 0$），m，n：整数）

しかし，指数部に分数や虚数がきた場合，つまり $9^{\frac{1}{2}}$ や i^i などの計算になると，上の指数法則の公式はもはや通用しなくなる。$9^{\frac{1}{2}} = \sqrt{9} = \pm 3$ だし，$i^i = e^{-\left(\frac{\pi}{2} + 2n\pi\right)}$ となるんだよ。これらについては，さらに深い複素関数論の知識が必要となる。

興味のある方は，次のステップとして「複素関数キャンパス・ゼミ」（マセマ）で学習されることを勧める。

19

● **オイラーの公式にもチャレンジしよう！**

数学史上最も美しい公式と言われるのが，次の"**オイラーの公式**"なんだ。

オイラーの公式

$e^{i\theta} = \cos\theta + i\sin\theta$ ……(*2)　(e：ネイピア数，i：虚数単位)

(*2) の右辺は，複素数の極形式で，絶対値 r を除いた形のものだから特に問題はないね。問題は (*2) の左辺の $e^{i\theta}$ だと思う。

まず e は"**ネイピア数**"と呼ばれる無理数の定数で，具体的に表すと，$e = 2.71828……$　という定数だ。そして，このネイピア数 e は円周率 π と同様に，大学数学や物理で頻繁に現われる重要な定数なんだ。

でも，何でこんな変な定数が出てくるのか，知りたいって？当然の疑問だ。これから，そのグラフ上の意味を説明しておこう。

a を 1 より大きい定数としたとき，指数関数 $y = a^x$ が，点 $(0, 1)$ を通り，単調に増加する曲線であることは既に知っているはずだ。

ここで，図3(ⅰ) に示すように，$y = 2^x$ のグラフ上の点 $(0, 1)$ における接線の傾きは 1 より小さい。これに対して，図3(ⅲ) に示す $y = 3^x$ のグラフ上の点 $(0, 1)$ における接線の傾きは 1 より大きい。

よって，2 と 3 の間のある定数 a のとき，$y = a^x$ のグラフ上の点 $(0, 1)$ における接線の傾きが 1 になるはずだね。このある値こそ，ネイピア数 e のことで，それが，$e = 2.71828……$　となるんだね。そして，このネイピア数 e は，

図3　指数関数 $y = a^x$ $(a > 1)$
(ⅰ) $y = 2^x$

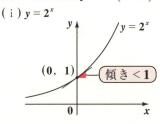

(ⅱ) $y = e^x$　(e：ネイピア数)

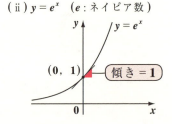

(ⅲ) $y = 3^x$

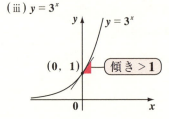

● 複素数平面

次のような関数の極限として定義される。

$$e = \lim_{h \to 0} (1 + h)^{\frac{1}{h}} \quad \cdots\cdots ①$$

実際に，$h = \dfrac{1}{10}, \dfrac{1}{100}, \dfrac{1}{1000}, \cdots\cdots$ のとき，

$$\left(1 + \dfrac{1}{10}\right)^{10} = 1.1^{10} = 2.59374\cdots\cdots$$

$$\left(1 + \dfrac{1}{100}\right)^{100} = 1.01^{100} = 2.70481\cdots\cdots$$

$$\left(1 + \dfrac{1}{1000}\right)^{1000} = 1.001^{1000} = 2.71692\cdots\cdots \quad と，$$

h が 0 に近づくに従って，$(1 + h)^{\frac{1}{h}}$ が，$e = 2.71828\cdots\cdots$ に近づいていくことが確認できる。

でも何故このような極限で e は表されるのか？については "微分法"(P74) のところで詳しく解説するので，もう少し待ってくれ。

最後に，$y = e^x$ のグラフ上の点 $(0, 1)$ における接線の傾きが 1 になることの意味をいっておくと，これにより，「指数関数 e^x は，x で微分しても，積分しても e^x のままで変化しない特別な関数である」ということなんだ。これについても，また "微分法"(P81) のところで教えることにしよう。

そして，この指数関数 e^x の指数部 x を純虚数 $i\theta$ で置き換えると，オイラーの公式：$e^{i\theta} = \cos\theta + i\sin\theta$ ……$(*2)$ になると言っているんだね。このオイラーの公式は，e^x を "マクローリン展開" して，x に $i\theta$ を代入することにより形式的に導くこともできる。(P106)

でも，このオイラーの公式は，本来何かあるものから導かれるというものではなく，$e^{i\theta}$ の定義であると覚えておいていいんだよ。つまり，「$e^{i\theta}$ は，$e^{i\theta} = \cos\theta + i\sin\theta$ と定義される」と覚えておけばいい。そして，このオイラーの公式を使うことによって，極形式で表示された複素数の様々な公式を，よりシンプルに分かりやすく表現することができるんだ。

21

● オイラーの公式を利用しよう！

オイラーの公式：$e^{i\theta} = \cos\theta + i\sin\theta$ ……($*2$)　を利用すると，複素数 z の極形式は，

$z = r(\underbrace{\cos\theta + i\sin\theta}_{e^{i\theta}}) = re^{i\theta}$　とスッキリ表せる。同様に，極形式で表された

2 つの複素数 $z_1 = r_1(\underbrace{\cos\theta_1 + i\sin\theta_1}_{e^{i\theta_1}})$ と $z_2 = r_2(\underbrace{\cos\theta_2 + i\sin\theta_2}_{e^{i\theta_2}})$ の積の公式：

$z_1 \cdot z_2 = r_1 r_2 \{\underbrace{\cos(\theta_1 + \theta_2) + i\sin(\theta_1 + \theta_2)}_{e^{i(\theta_1 + \theta_2)}}\}$　も，オイラーの公式を用いると，

指数法則だ！

$z_1 \cdot z_2 = r_1 e^{i\theta_1} \cdot r_2 e^{i\theta_2} = r_1 r_2 e^{i\theta_1 + i\theta_2} = r_1 r_2 e^{i(\theta_1 + \theta_2)}$　と，シンプルに，しかも分かりやすく表せるんだね。商の公式も同様だね。

さらに，ド・モアブルの公式：$(\underbrace{\cos\theta + i\sin\theta}_{e^{i\theta}})^n = \underbrace{\cos n\theta + i\sin n\theta}_{e^{in\theta}}$ も，オイラー

の公式を利用すれば，指数法則でシンプルに表せる。

以上を，下にまとめておこう。

■ オイラーの公式の利用

(1) オイラーの公式：$e^{i\theta} = \cos\theta + i\sin\theta$ を利用すると，

複素数 z は極形式 $z = re^{i\theta}$ $(r = |z|,\quad \theta = \arg z,\quad -\pi < \theta \leqq \pi)$

で表される。

(2) $z_1 = r_1 e^{i\theta_1},\ z_2 = r_2 e^{i\theta_2}$ のとき，

　(i) $z_1 z_2 = r_1 r_2 e^{i(\theta_1 + \theta_2)}$　　(ii) $\dfrac{z_1}{z_2} = \dfrac{r_1}{r_2} e^{i(\theta_1 - \theta_2)}$　となる。

(3) ド・モアブルの定理は，$(e^{i\theta})^n = e^{in\theta}$ $(n:整数)$ と表される。

(4) $e^{i\theta}$ の性質

　(i)$|e^{i\theta}| = 1$　　　　　　　(ii)$\overline{e^{i\theta}} = e^{-i\theta}$

---

(4)(i)は，$|e^{i\theta}| = |\cos\theta + i\sin\theta| = \sqrt{\cos^2\theta + \sin^2\theta} = 1$　のことだ。

(4)(ii)は，$\overline{e^{i\theta}} = \overline{\cos\theta + i\sin\theta} = \cos\theta - i\sin\theta$

$= \cos(-\theta) + i\sin(-\theta) = e^{i(-\theta)} = e^{-i\theta}$　のことなんだね。

大丈夫？

● 回転と相似の合成変換も押さえておこう！

最後に，"回転と相似の合成変換"についても，その基本を示しておこう。

回転と相似の合成変換（Ⅰ）

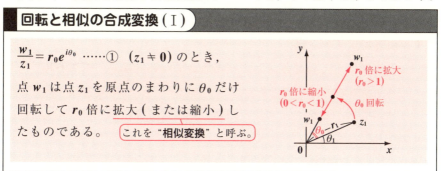

$\dfrac{w_1}{z_1} = r_0 e^{i\theta_0}$ ……① $(z_1 \neq 0)$ のとき，

点 w_1 は点 z_1 を原点のまわりに θ_0 だけ回転して r_0 倍に拡大（または縮小）したものである。これを"相似変換"と呼ぶ。

$z_1 = r_1 e^{i\theta_1}$ $(r_1 \neq 0)$ とおき，①の両辺に z_1 をかけると，

$$w_1 = z_1 \cdot r_0 e^{i\theta_0} = r_1 e^{i\theta_1} \cdot r_0 e^{i\theta_0} = \underbrace{r_0 \cdot r_1}_{|w_1|} e^{i\underbrace{(\theta_0 + \theta_1)}_{\arg w_1}}$$

となる。（ⅱ）z_1 の絶対値 r_1 に r_0 をかける。（ⅰ）z_1 の偏角 θ_1 に θ_0 を加える。

よって，（ⅰ）z_1 の偏角 θ_1 に θ_0 を加え，（ⅱ）z_1 の絶対値 r_1 を r_0 倍したものが点 w_1 になると言ってるわけだから，図のように複素数平面上では，点 z_1 を原点のまわりに反時計まわりに θ_0 だけ回転して，r_0 倍に相似変換（拡大または縮小）したものが点 w_1 になるんだね。納得いった？

たとえば，$\dfrac{w_1}{z_1} = 2i$，かつ $z_1 = 1 - \sqrt{3}i$ ならば，

$0 + 1 \cdot i = \cos\dfrac{\pi}{2} + i\sin\dfrac{\pi}{2} = e^{i\frac{\pi}{2}}$

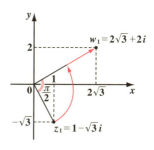

$\dfrac{w_1}{z_1} = 2e^{i\frac{\pi}{2}}$ より，点 $z_1 = 1 - \sqrt{3}i$ を原点のまわりに $\dfrac{\pi}{2}$ だけ回転して，2倍に拡大したものが点 w_1 なので，w_1 は右図のような位置の点になる。もちろん，正確な w_1 の値は，

$w_1 = 2i \cdot z_1 = 2i(1 - \sqrt{3}i) = 2i - 2\sqrt{3}\underbrace{i^2}_{(-1)} = 2\sqrt{3} + 2i$ と計算して求めればいいんだね。

§2. 複素数と平面図形

これから"複素数と平面図形"について解説しよう。複素数の方程式によって，直線や円など，さまざまな図形を描くことができる。複素数による平面図形のポイントは，

- (i) 複素数同士の和や差，および実数倍については，"ベクトル"の性質が現れ，
- (ii) 複素数同士の積や商では"回転"の性質が現れる

ということなんだ。

これらを頭に入れて，これからの講義をシッカリ聴いてくれ。

● 複素数の和と差の計算はベクトルと同様だ！

図1に示すように，2つの複素数 α と β が与えられたとき，これらの和と差をそれぞれ γ，δ (デルタ) とおくと，
(i) $\gamma = \alpha + \beta$　　　(ii) $\delta = \alpha - \beta$　となる。

図1 複素数の和と差

> これは α と $-\beta$ の和と考えればいい。

この和 γ は，2線分 $O\alpha$ と $O\beta$ を2辺にもつ平行四辺形の対角線の頂点の位置にくるのが分かるね。また，差 δ は $O\alpha$ と $O(-\beta)$ を2辺とする平行四辺形の頂点の位置にくる。

これは $\alpha, \beta, \gamma, \delta$ をそれぞれ $\overrightarrow{OA}, \overrightarrow{OB}, \overrightarrow{OC}, \overrightarrow{OD}$ と考えると，ベクトルの和と差，すなわち，

(i) $\overrightarrow{OC} = \overrightarrow{OA} + \overrightarrow{OB}$　　　(ii) $\overrightarrow{OD} = \overrightarrow{OA} - \overrightarrow{OB}$

とまったく同じ形の式なんだね。

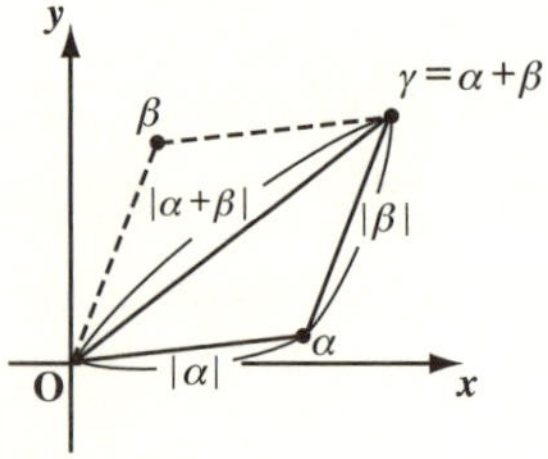

ここで，図2に示すように3点 O, α, γ ($=\alpha+\beta$) でできる三角形の成立条件として，3辺 $|\alpha|, |\beta|, |\alpha+\beta|$ の間に

$\begin{cases} |\alpha+\beta| \leqq |\alpha|+|\beta| & \cdots\cdots(a) \\ |\alpha| \leqq |\alpha+\beta|+|\beta| & \cdots\cdots(b) \end{cases}$　が成り立つことは大丈夫だね。

図2 $|\alpha|, |\beta|, |\alpha+\beta|$ の不等式

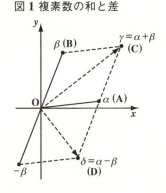

> 三角形の2辺の和は，他の1辺より大きい。等号は三角形が線分になるときだ。

(a)と(b)より，P12 で示した複素数の絶対値の不等式の公式：
$||\alpha|-|\beta|| \leqq |\alpha+\beta| \leqq |\alpha|+|\beta|$ が導ける。納得いった？

次に，複素数同士の和や差，それに実数倍の計算は，複素数の実部と虚部を，成分表示された平面ベクトルの x 成分と y 成分に対応させると，まったく同様の構造をしている。このことから，平面ベクトルにおける内分点・外分点の公式は複素数平面でも，そのまま使えるんだね。以下に複素数による内分点と外分点の公式を示す。

内分点・外分点の公式

(I) 点 γ が 2 点 α, β を結ぶ線分を $m:n$ の比に内分するとき，$\gamma = \dfrac{n\alpha + m\beta}{m+n}$

$\left(\text{点 } \gamma \text{ が，2 点 } \alpha, \beta \text{ を結ぶ線分を } t:1-t \text{ の比に内分するとき，} \gamma = (1-t)\alpha + t\beta\right)$

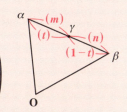

特に，点 γ が，2 点 α, β を結ぶ線分の中点のとき，$\gamma = \dfrac{\alpha+\beta}{2}$ となる。

(II) 3 点 α, β, γ でできる △$\alpha\beta\gamma$ の重心を δ とおくと，$\delta = \dfrac{1}{3}(\alpha+\beta+\gamma)$ となる。

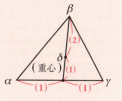

(III) 点 γ が，2 点 α, β を結ぶ線分を $m:n$ の比に外分するとき，

$\gamma = \dfrac{-n\alpha + m\beta}{m-n}$ となる。

(ⅰ) $m>n$ のとき　(ⅱ) $m<n$ のとき

α, β, γ, δ を $\overrightarrow{OA}$, $\overrightarrow{OB}$, $\overrightarrow{OC}$, $\overrightarrow{OG}$ に置きかえて考えると，公式の意味はすべて明らかなはずだ。

それじゃ，例題を 1 つ。2 点 $\alpha = 8+3i$, $\beta = 2+3i$ を結ぶ線分を $4:1$ に外分する点 (複素数) γ を求めてみよう。公式通りに計算して，

$\gamma = \dfrac{-1 \cdot \alpha + 4 \cdot \beta}{4-1} = \dfrac{-(8+3i) + 4(2+3i)}{3} = \dfrac{9i}{3} = 3i$ となるんだね。

● **円と直線の複素方程式もマスターしよう！**

　一般に，複素方程式である図形を表す場合，複素変数として z や w などを用い，複素定数として α や β などを用いるので，頭に入れておいてくれ。

　それでは，複素変数 z を使って，中心 α，半径 r (正の実数)の円の方程式を次に示そう。

円の方程式

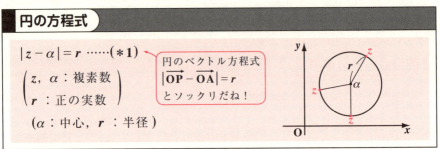

$|z - \alpha|$ は，2点 z, α の間の距離を表すんだね。この距離が一定の r ということは，動点 z が中心 α からの距離を r に保ちながら動くので，動点 z は中心 α，半径 r の円を描くことになる。これは，円のベクトル方程式 $|\overrightarrow{OP} - \overrightarrow{OA}| = r$ とソックリ同じだね。ただ複素数の円の方程式では，$|z - \alpha| = r$ の両辺を2乗して，さらに次のように式を変形できる。

$|z - \alpha|^2 = r^2$ 　　　　$(z - \alpha)\overline{(z - \alpha)} = r^2$ ← 公式：$|\beta|^2 = \beta\overline{\beta}$

$(z - \alpha)(\overline{z} - \overline{\alpha}) = r^2$ 　　$z\overline{z} - \overline{\alpha}z - \alpha\overline{z} + \alpha\overline{\alpha} - r^2 = 0$

　　　　　　　　　　　　　　　　　　　　　$|\alpha|^2 - r^2 = c$ (実数の定数)

∴ 複素数 z による円の方程式は，

$z\overline{z} - \overline{\alpha}z - \alpha\overline{z} + c = 0$ ……(*2) とも表現できるんだね。

　次，xy 座標平面上での直線の方程式

$ax + by + c = 0$ ……①

を，複素変数 z による複素方程式に書き換えてみよう。

$z = x + yi$ ……② (x, y：実数変数) とおくと，その共役複素数は，

$\overline{z} = x - yi$ ……③ となる。よって，

$\dfrac{② + ③}{2}$ より，　$x = \dfrac{1}{2}(z + \overline{z})$ ……④

$\dfrac{② - ③}{2i}$ より，　$y = \dfrac{1}{2i}(z - \overline{z})$ ……⑤ だね。

●複素数平面

④，⑤を①に代入して，

$$\frac{a}{2}(z+\bar{z}) + \boxed{\frac{b}{2i}}(z-\bar{z}) + c = 0 \quad \longleftarrow \quad x = \frac{z+\bar{z}}{2}, \ y = \frac{z-\bar{z}}{2i} \text{ を代入した。}$$

$$-\frac{b \cdot (-1)}{2i} = -\frac{bi^2}{2i} = -\frac{b}{2}i$$

$$\frac{a}{2}(z+\bar{z}) - \frac{b}{2}i(z-\bar{z}) + c = 0$$

$$\left(\frac{a}{2} - \frac{b}{2}i\right)z + \left(\frac{a}{2} + \frac{b}{2}i\right)\bar{z} + c = 0$$

$$\underbrace{\quad}_{\bar{\alpha}} \qquad \underbrace{\quad}_{\alpha}$$

ここで，$\dfrac{a}{2} + \dfrac{b}{2}i = \alpha$ とおくと，$\dfrac{a}{2} - \dfrac{b}{2}i = \bar{\alpha}$ となる。

よって，直線の方程式は，

$$\boxed{\bar{\alpha}z + \alpha\bar{z} + c = 0} \quad \cdots\cdots(*3) \text{ となるんだね。}$$

以上より，円と直線の方程式を並べて示すと，

$$\begin{cases} \text{円の方程式} : z\bar{z} + \bar{\alpha}z + \alpha\bar{z} + c = 0 \quad \cdots\cdots(*2)' \\ \text{直線の方程式} : \quad \bar{\alpha}z + \alpha\bar{z} + c = 0 \quad \cdots\cdots(*3) \end{cases}$$

> $(*2)'$ の円の方程式は，$(*2)$ の $-\alpha$ と $-\bar{\alpha}$ をそれぞれ新たに α と $\bar{\alpha}$ に置き換えて示した。たとえば，$\alpha = 3+i$ を新たに $\alpha = -3-i$ とおいてもいいわけだからね。

どう？ $(*2)'$ と $(*3)$ は非常によく似ているだろう。よって，この2つは次のように1つの方程式として表すこともできる。

円と直線の方程式

$$c_1 z\bar{z} + \bar{\alpha}z + \alpha\bar{z} + c_2 = 0 \quad \cdots\cdots(*4)$$

（ただし，z：複素変数，α：複素定数 c_1，c_2：実定数）

 （ⅰ）$c_1 = 0$ のとき，$(*4)$ は直線を表し，

 （ⅱ）$c_1 \neq 0$ のとき，$(*4)$ は円を表す。

> $c_1 \neq 0$ のとき，$(*4)$ の両辺を c_1 で割って，$z\bar{z} + \dfrac{\bar{\alpha}}{c_1}z + \dfrac{\alpha}{c_1}\bar{z} + \dfrac{c_2}{c_1} = 0$
> ここで，$\dfrac{\bar{\alpha}}{c_1}$，$\dfrac{\alpha}{c_1}$，$\dfrac{c_2}{c_1}$ を新たに $\bar{\alpha}$，α，c とおけば，円の方程式になるからね。

直線は半径が∞の円とみなすことができるわけだから，円と直線が統一的に1つの方程式で表されることも理解できると思う。

27

例題 7 z は 0 以外の複素数で，$\dfrac{z+6}{z}$ が純虚数となるように変化する。このとき，点 z の描く図形を求めよ。

$\dfrac{z+6}{z}$ ($z \neq 0$) が純虚数より，

$\dfrac{z+6}{z} + \overline{\left(\dfrac{z+6}{z}\right)} = 0$ かつ $\dfrac{z+6}{z} \neq 0$

$\overline{\left(\dfrac{z+6}{z}\right)} = \dfrac{\overline{z+6}}{\overline{z}} = \dfrac{\overline{z}+6}{\overline{z}}$ $z+6 \neq 0$ ∴ $z \neq -6$ $\overline{6} = \overline{6+0 \cdot i} = 6 - 0 \cdot i = 6$

(α が純虚数となる条件は，$\alpha + \overline{\alpha} = 0$ かつ $\alpha \neq 0$ だね。)

よって，$\dfrac{z+6}{z} + \dfrac{\overline{z}+6}{\overline{z}} = 0$ ……① ($z \neq -6$)

①の両辺に $z\overline{z}$ をかけて，

$\overline{z}(z+6) + z(\overline{z}+6) = 0 \qquad 2z\overline{z} + 6z + 6\overline{z} = 0$

両辺を 2 で割って，

$z\overline{z} + 3z + 3\overline{z} = 0$

$z(\overline{z}+3) + 3(\overline{z}+3) = 9$

$(z+3)(\overline{z}+3) = 9$

$(z+3)\overline{(z+3)} = 9 \qquad |z+3|^2 = 9$

∴ $|z+3| = 3$ ($z \neq 0, -6$)

よって，点 z は，中心 -3，半径 3 の円を描く。

$-3 + 0 \cdot i$

（ただし，2 点 0 と -6 は除く。）

大丈夫だった？

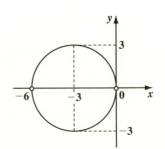

では次，直線の複素方程式の問題も解いてみよう。

● 複素数平面

例題 8 複素数 z が $|z|=|z-2-2\sqrt{3}i|$ をみたしながら変化する。このとき，点 z の描く図形を求めてみよう。

$-2-2\sqrt{3}i=\alpha$ とおくと，与式は $|z|=|z+\alpha|$ となる。
この両辺を 2 乗して，

$$|z|^2 = |z+\alpha|^2 \qquad z\bar{z}=(z+\alpha)(\bar{z}+\bar{\alpha})$$
$\underbrace{}_{z\bar{z}} \quad \underbrace{}_{(z+\alpha)(\bar{z}+\bar{\alpha})}$

$z\bar{z} = z\bar{z} + \bar{\alpha}z + \alpha\bar{z} + \alpha\bar{\alpha}$

$\bar{\alpha}z + \alpha\bar{z} + \alpha\bar{\alpha} = 0$　　　直線の複素方程式だ！
$\underbrace{\phantom{\bar{\alpha}}}_{-2+2\sqrt{3}i} \ \underbrace{}_{-2-2\sqrt{3}i} \ \underbrace{\phantom{\alpha\bar{\alpha}}}_{|\alpha|^2=(-2)^2+(-2\sqrt{3})^2=16}$

ここで，$\bar{\alpha}=-2+2\sqrt{3}i$，$\alpha=-2-2\sqrt{3}i$ を代入して，
$-2(1-\sqrt{3}i)z - 2(1+\sqrt{3}i)\bar{z} + 16 = 0$　　両辺を -2 で割ると，
$(1-\sqrt{3}i)z + (1+\sqrt{3}i)\bar{z} - 8 = 0$　となって，直線の式が導けた。
$\underbrace{\phantom{(1-\sqrt{3}i)z}}_{x+yi} \quad \underbrace{\phantom{(1+\sqrt{3}i)\bar{z}}}_{x-yi}$

直線の方程式の場合，$z=x+yi$，$\bar{z}=x-yi$（x, y：実変数）とおいて，x と y の方程式にもち込んだ方が分かりやすいんだね。よって，

$(1-\sqrt{3}i)(x+yi) + (1+\sqrt{3}i)(x-yi) - 8 = 0$

$x+yi-\sqrt{3}xi-\sqrt{3}yi^2 + x-yi+\sqrt{3}xi-\sqrt{3}yi^2 - 8 = 0$
$\underbrace{\phantom{-\sqrt{3}yi^2}}_{(-1)} \qquad\qquad \underbrace{\phantom{-\sqrt{3}yi^2}}_{(-1)}$

$2x + 2\sqrt{3}y - 8 = 0 \qquad x + \sqrt{3}y - 4 = 0$

$y = -\dfrac{1}{\sqrt{3}}x + \dfrac{4}{\sqrt{3}}$ となって，答えだ！

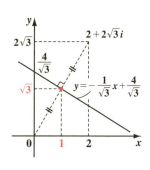

これは，与式を $|z-0|=|z-(2+2\sqrt{3}i)|$ とおくと，z は，原点 0 と
　　　　$\underbrace{}_{原点 0 と点 z との距離}$ $\underbrace{\phantom{点 2+2\sqrt{3}i と点 z との距離}}_{点 2+2\sqrt{3}i と点 z との距離}$
点 $2+2\sqrt{3}i$ からの距離が等しい点の集合であることが分かるだろう。
よって，点 z は，原点 0 と点 $2+2\sqrt{3}i$ を結ぶ線分の垂直二等分線になる。
これから，$y=-\dfrac{1}{\sqrt{3}}(x-1)+\sqrt{3}=-\dfrac{1}{\sqrt{3}}x+\dfrac{4}{\sqrt{3}}$ を図形的に導いてもいい。

● **回転と相似の合成変換をさらに深めよう！**

前に教えた"回転と相似の合成変換"をさらに深めてみよう。今回は原点以外の点 α のまわりの"回転と相似の合成変換"の公式だ。

回転と相似の合成変換（Ⅱ）

$$\frac{w-\alpha}{z-\alpha} = re^{i\theta} \quad (z \neq \alpha)$$

点 w は，点 z を点 α のまわりに θ だけ回転して，r 倍に拡大（または縮小）したものである。

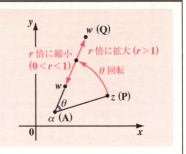

これは，$\alpha = 0$ のとき，前回やった原点のまわりの回転と相似の合成変換になるんだね。この公式は，$\alpha \neq 0$ のときでも成り立つといっているわけだけれど，これは，次のように考えるといい。α，z，w を表す点を A，P，Q とおくと，複素数の引き算はベクトルと同様に考えることができるので，
$w - \alpha = \overrightarrow{OQ} - \overrightarrow{OA} = \overrightarrow{AQ}$，$z - \alpha = \overrightarrow{OP} - \overrightarrow{OA} = \overrightarrow{AP}$ となる。よって，

$$\frac{\boxed{w-\alpha}^{\overrightarrow{AQ}}}{\boxed{z-\alpha}_{\overrightarrow{AP}}} = re^{i\theta} \text{ は } \overrightarrow{AP} \text{ を } \theta \text{ だけ回転して，} r \text{ 倍に相似変換したものが } \overrightarrow{AQ}$$

になるといっているわけだから，点 A（点 α）のまわりの回転と相似の合成変換になるんだね。納得いった？

ここで，この公式の特殊な例についても紹介しておこう。

(ⅰ) $\frac{w-\alpha}{z-\alpha} = $（実数）のとき，$\theta = 0$ または π，すなわち $\angle z\alpha w = 0$ または π となる。よって，3点 α，z，w は同一直線上に並ぶことになる。

(ⅱ) $\frac{w-\alpha}{z-\alpha} = $（純虚数）のとき，$\theta = \frac{\pi}{2}$ または $\frac{3}{2}\pi$，すなわち $\angle z\alpha w = \frac{\pi}{2}$ または $\frac{3}{2}\pi$ となる。よって，$\alpha z \perp \alpha w$（垂直）になる。

それでは，回転と相似の合成変換の問題も解いてみよう。

●複素数平面

例題 9 複素数平面上で, 複素数 $\alpha = -1$, $\beta = 2i$, γ, δ の表す点を順に A, B, C, D とする。△ABC は正三角形, △ABD は∠B が直角の直角二等辺三角形であり, 点 C, 点 D は共に第 2 象限にあるものとする。このとき, 複素数 γ と δ を求めてみよう。

右図に示すように, 点 γ は点 $\beta = 2i$ を点 $\alpha = -1$ のまわりに $\dfrac{\pi}{3}$ だけ回転したものなので,

$$\dfrac{\gamma - (-1)}{2i - (-1)} = 1 \cdot e^{i\frac{\pi}{3}} = \cos\dfrac{\pi}{3} + i\sin\dfrac{\pi}{3} = \dfrac{1}{2} + \dfrac{\sqrt{3}}{2}i$$

回転のみなので, $r = 1$ だね。

よって,

$$\gamma = \left(\dfrac{1}{2} + \dfrac{\sqrt{3}}{2}i\right)(2i + 1) - 1$$

$\dfrac{1}{2}(1 + \sqrt{3}i)(1 + 2i) = \dfrac{1}{2}(1 + 2i + \sqrt{3}i + 2\sqrt{3}\underbrace{i^2}_{(-1)})$

$= \dfrac{1}{2}\{1 - 2\sqrt{3} + (2 + \sqrt{3})i\} - 1 \quad \therefore \gamma = -\dfrac{1 + 2\sqrt{3}}{2} + \dfrac{2 + \sqrt{3}}{2}i$ となる。

次に, 右図に示すように, 点 δ は, 点 $\beta = 2i$ を点 $\alpha = -1$ のまわりに $\dfrac{\pi}{4}$ だけ回転して $\sqrt{2}$ 倍に拡大したものなので,

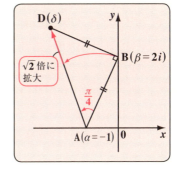

$$\dfrac{\delta - (-1)}{2i - (-1)} = \sqrt{2} e^{i\frac{\pi}{4}} = \sqrt{2}\left(\cos\dfrac{\pi}{4} + i\sin\dfrac{\pi}{4}\right)$$

$$\delta = \sqrt{2}\left(\dfrac{1}{\sqrt{2}} + \dfrac{1}{\sqrt{2}}i\right)(2i + 1) - 1$$

$(1 + i)(1 + 2i) = 1 + 2i + i + 2\underbrace{i^2}_{(-1)}$

$\therefore \delta = -1 + 3i - 1 = -2 + 3i$ となるんだね。納得いった？

31

講義1 ● 複素数平面　公式エッセンス

1. **複素数 α，共役複素数 $\overline{\alpha}$ と絶対値**
   (1) $|\alpha|=|\overline{\alpha}|=|-\alpha|=|-\overline{\alpha}|$　　(2) $|\alpha|^2 = \alpha\overline{\alpha}$　　← 重要公式

2. **α, β の共役複素数と絶対値の性質**
   （Ⅰ）・$\overline{\alpha \pm \beta} = \overline{\alpha} \pm \overline{\beta}$ （複号同順）　　・$\overline{\alpha \cdot \beta} = \overline{\alpha} \cdot \overline{\beta}$　など。
   （Ⅱ）・$|\alpha \cdot \beta| = |\alpha| \cdot |\beta|$　　・$\left|\dfrac{\alpha}{\beta}\right| = \dfrac{|\alpha|}{|\beta|}$ $(\beta \neq 0)$　など。

3. **複素数 α の実数条件，純虚数条件**
   （ⅰ）α が実数 $\Leftrightarrow \alpha = \overline{\alpha}$　　（ⅱ）α が純虚数 $\Leftrightarrow \alpha + \overline{\alpha} = 0$ かつ $\alpha \neq 0$

4. **複素数の極形式**
   複素数 $z = a + bi$ $(z \neq 0)$ の極形式は，
   $z = r(\cos\theta + i\sin\theta)$
   $\begin{pmatrix} 絶対値 |z| = r \\ 偏角 \arg z = \theta \end{pmatrix}$

   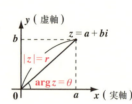

5. **極形式で表された複素数の積と商**
   $z_1 = r_1(\cos\theta_1 + i\sin\theta_1)$, $z_2 = r_2(\cos\theta_2 + i\sin\theta_2)$ について，
   (1) $z_1 z_2 = r_1 r_2 \{\cos(\theta_1 + \theta_2) + i\sin(\theta_1 + \theta_2)\}$
   (2) $\dfrac{z_1}{z_2} = \dfrac{r_1}{r_2}\{\cos(\theta_1 - \theta_2) + i\sin(\theta_1 - \theta_2)\}$　$(z_2 \neq 0)$

6. **ド・モアブルの定理**
   $(\cos\theta + i\sin\theta)^n = \cos n\theta + i\sin n\theta$　　（n：整数）

7. **オイラーの公式**
   $e^{i\theta} = \cos\theta + i\sin\theta$　（e：ネイピア数，i：虚数単位）
   これを利用して，$z = r(\cos\theta + i\sin\theta)$ は，$z = re^{i\theta}$ と簡潔に表せる。

8. **回転と相似の合成変換**
   $\dfrac{w - \alpha}{z - \alpha} = re^{i\theta}$　：点 w は，点 z を点 α のまわりに θ だけ回転して，
   　　　　　　　　　　さらに，r 倍に拡大または縮小したものである。

数列と関数の極限

―― テーマ ――

▶ **無限級数**
（無限等比級数 $\sum_{k=1}^{\infty} ar^{k-1} = \dfrac{a}{1-r}$）

▶ **漸化式と数列の極限**
（$F(n+1) = rF(n)$ ならば $F(n) = F(1)r^{n-1}$）

▶ **関数の基本**
（逆関数 $f^{-1}(x)$，合成関数 $g \circ f(x)$）

▶ **関数の極限**
（分数関数，無理関数，三角関数の極限）

§1. 無限級数

　サァ，これから"**極限**"の講義を始めよう。この"極限"は"微分・積分"をマスターするための基礎として欠かせないものだから，まず，ここでシッカリ習得しておこう。

　極限には"**数列の極限**"と"**関数の極限**"の**2**つがあるんだけれど，ここではまず∑計算と絡めて，"**無限級数**"について詳しく解説するつもりだ。一般に，極限の考え方は分かりづらいかも知れない。でも，親切に分かりやすく教えるから，すべて理解できるはずだ。

　それでは，早速講義を始めよう！

● まず，∑計算から解説しよう！

　∑計算は数列 $\{a_n\}$ の和を求めるのに便利な記号法だ。たとえば $\sum\limits_{k=1}^{n}(k\,の$ 式$)$ の形で表されると，これは「$(k\,の式)$ の k を，$k=1$，**2**，**3**，…，n と動かして，その和を取りなさい」という意味なんだ。例として挙げると，

$$\sum_{k=1}^{n} a_k = a_1 + a_2 + a_3 + \cdots + a_n, \quad \sum_{k=1}^{n} k^2 = 1^2 + 2^2 + 3^2 + \cdots + n^2$$

などとなるんだね。

　それではまず，∑計算の基本公式を下に示そう。

∑計算の基本公式

(1) $\sum\limits_{k=1}^{n} k = \dfrac{1}{2}n(n+1)$ 　　　(2) $\sum\limits_{k=1}^{n} k^2 = \dfrac{1}{6}n(n+1)(2n+1)$

(3) $\sum\limits_{k=1}^{n} k^3 = \dfrac{1}{4}n^2(n+1)^2$ 　　(4) $\sum\limits_{k=1}^{n} c = nc$ ← n 個の c の和だ！

定数

　∑計算については既に高校で学んでいると思うけれど，復習を兼ねて，次の例題を解いてみてごらん。

34

● 数列と関数の極限

例題 10　$S_n = (2n-1)^2 + (2n-2)^2 + (2n-3)^2 + \cdots + n^2$ を求めよう。

$S_n = (2n-1)^2 + (2n-2)^2 + (2n-3)^2 + \cdots + (2n-n)^2$　と変形して，

1，**2**，**3**，$\cdots$，**n** と動く部分を k とおくと，$\sum$ 計算にもち込める。

$$S_n = \sum_{k=1}^{n}(2n-k)^2 = \sum_{k=1}^{n}\underbrace{(4n^2 - 4nk + k^2)}_{\boxed{\text{定数扱い}}}$$

定数扱い ← 1, 2, 3, $\cdots$, n と動くのは k だからね。

$$= \sum_{k=1}^{n}\underbrace{\boxed{4n^2}}_{n \cdot 4n^2} - 4n\underbrace{\sum_{k=1}^{n}k}_{\frac{1}{2}n(n+1)} + \underbrace{\sum_{k=1}^{n}k^2}_{\frac{1}{6}n(n+1)(2n+1)}$$

定数 c とみる。

公式
$$\sum_{k=1}^{n}c = nc, \quad \sum_{k=1}^{n}k = \frac{1}{2}n(n+1),$$
$$\sum_{k=1}^{n}k^2 = \frac{1}{6}n(n+1)(2n+1)$$

$$= 4n^3 - 2n^2(n+1) + \frac{1}{6}n(n+1)(2n+1)$$

$$= \frac{1}{6}n\{24n^2 - 12n(n+1) + (n+1)(2n+1)\}$$

$\boxed{24n^2 - 12n^2 - 12n + 2n^2 + 3n + 1 = 14n^2 - 9n + 1}$

$$\therefore S_n = \frac{1}{6}n(14n^2 - 9n + 1) \quad \text{となる。}$$

公式は使うことによって，本当にマスターできるんだね。

● $\dfrac{\infty}{\infty}$ の不定形の意味を押さえよう！

では次，極限の解説に入ろう。極限の式 $\displaystyle\lim_{n \to \infty}\dfrac{1}{2n^2}$ の場合，これは分母

が $2n^2 \to \infty$ となって，$\dfrac{1}{\infty}$ の形だから，当然 **0** に近づいていくのが分かる

だろう。つまり，$\displaystyle\lim_{n \to \infty}\dfrac{1}{2n^2} = 0$ だ。

同様に，$\displaystyle\lim_{n \to \infty}\dfrac{3}{3n^2+1}$ も $\displaystyle\lim_{n \to \infty}\dfrac{-2}{n^3-1}$ も，それぞれ $\dfrac{3}{\infty}$，$\dfrac{-2}{\infty}$ の形だから，**0** に

収束するのも大丈夫だね。

35

逆に，$\displaystyle\lim_{n\to\infty}\dfrac{\overset{\infty}{\overbrace{n^2-4}}}{2}$ や $\displaystyle\lim_{n\to\infty}\dfrac{\overset{-\infty}{\overbrace{1-3n}}}{4}$ は，それぞれ $\dfrac{\infty}{2}$ や $\dfrac{-\infty}{4}$ の形なので，結局，∞ と $-\infty$ に**発散**してしまうのもいいね。

それでは次，$\dfrac{\infty}{\infty}$ の**不定形**について，その意味を解説しよう。大体のイメージとして，次の **3** つのパターンが考えられる。

(i) $\dfrac{400}{10000000000} \longrightarrow 0$ （収束） $\left[\dfrac{弱い\,\infty}{強い\,\infty}\to 0\right]$

(ii) $\dfrac{300000000000}{100} \longrightarrow \infty$ （発散） $\left[\dfrac{強い\,\infty}{弱い\,\infty}\to \infty\right]$

(iii) $\dfrac{1000000}{2000000} \longrightarrow \dfrac{1}{2}$ （収束） $\left[\dfrac{同じ強さの\,\infty}{同じ強さの\,\infty}\to 有限な値\right]$

$\dfrac{\infty}{\infty}$ なので，分子・分母が共に非常に大きな数になっていくのは分かるね。一般に，極限の問題では，数値が変動するので，これを紙面に表現することは難しい。上に示した **3** つの例は，これら動きがあるものの，ある瞬間をとらえたスナップ写真のようなものだと考えるといい。

(i) 分子・分母が無限大に大きくなっていくんだけれど，$\dfrac{弱い\,\infty}{強い\,\infty}$ であれば，相対的に分母の方がずっと大きい。よって，これは **0** に収束する。

(ii) これは，(i) の逆の場合で，分母に対して分子の方が圧倒的に強い ∞ だね。よって割り算しても，∞ に発散する。

(iii) これは，分子・分母ともに，同じレベル（強さ）の無限大なので，分子・分母の値が大きくなっても，割り算すると $\dfrac{1}{2}$ という<u>一定の値</u>に近づく。

> これを "有限確定値" という。

注意

ここで言っている "強い ∞" ，"弱い ∞" とは，∞ に発散していく速さが，それぞれ大きい ∞ と小さい ∞ のことだ。これらは，理解を助けるための便宜上の表現に過ぎないので，答案には，"強い ∞" や "弱い ∞" などと記述してはいけない。あくまでも頭の中だけの操作にしよう。

36

● 数列と関数の極限

以上（ⅰ）（ⅱ）（ⅲ）の例から分かるように，$\frac{\infty}{\infty}$ の極限は収束するか発散するか定まらない。だから，$\frac{\infty}{\infty}$ の不定形というんだ。さらに，

$\frac{\infty}{\infty} = \infty \times \frac{1}{\infty} = \infty \times 0$ と変形できるので，$\infty \times 0$ も不定形と言える。

それでは，例題で練習しておこう。

$(ex1)$ $\displaystyle\lim_{n \to \infty} \frac{n^2 + n}{3n^3 + 1} = 0$ （収束）

2次の∞（弱い）
3次の∞（強い）

$(ex2)$ $\displaystyle\lim_{n \to \infty} \frac{n^2 + 1}{n - 1} = \infty$ （発散）

2次の∞（強い）
1次の∞（弱い）

例題 11 次の極限を求めよう。

$$\lim_{n \to \infty} \frac{(2n-1)^2 + (2n-2)^2 + (2n-3)^2 + \cdots + n^2}{n^3}$$

この分子は例題 **10**（**P35**）で既に計算した S_n のことで，

$S_n = \frac{1}{6}n(14n^2 - 9n + 1)$ であることは分かっている。よって，

$\displaystyle\lim_{n \to \infty} \frac{S_n}{n^3} = \lim_{n \to \infty} \frac{\frac{1}{6}n(14n^2 - 9n + 1)}{n^3} = \lim_{n \to \infty} \frac{14n^2 - 9n + 1}{6n^2}$

2次の∞（同じ強さ）
2次の∞（同じ強さ）

$= \displaystyle\lim_{n \to \infty} \frac{14 - \dfrac{9}{n}^{\,0} + \dfrac{1}{n^2}^{\,0}}{6}$

分子・分母を n^2 で割った！

$= \dfrac{14}{6} = \dfrac{7}{3}$ （有限確定値）となる。

● $\displaystyle\lim_{n \to \infty} r^n$ の極限も重要だ！

$\displaystyle\lim_{n \to \infty} r^n$（$r$：定数）の形の極限の問題も頻出なので，その対処法をシッカリマスターしておく必要がある。

まず，$\displaystyle\lim_{n \to \infty} r^n$ の極限の基本公式を次に示そう。

37

$\lim_{n \to \infty} r^n$ の基本公式

$$\lim_{n \to \infty} r^n = \begin{cases} 0 & (-1 < r < 1 \text{ のとき}) & (\text{I}) \\ 1 & (r = 1 \text{ のとき}) & (\text{II}) \\ \text{発散} & (r \leqq -1, \ 1 < r \text{ のとき}) & (\text{III}) \end{cases}$$

(I) $-1 < r < 1$ のとき，$\lim_{n \to \infty} r^n$ が 0 に収束するのは，大丈夫だね。

$r = \dfrac{1}{2}$ や $-\dfrac{1}{2}$ のとき，これを無限にかけていけば 0 に近づくからだ。

ここで，$-1 < r < 1$ ならば，$\lim_{n \to \infty} r^{n-1} = \lim_{n \to \infty} r^{2n+1} = 0$ となるのもいいね。この場合，指数部が $n-1$ や $2n+1$ となっても，r を無限にかけることに変わりはないわけだからね。

(II) $r = 1$ のとき，$\lim_{n \to \infty} r^n = \lim_{n \to \infty} 1^n = 1$ となるのもいいね。

(III) 次，$1 < r$ のとき，$n \to \infty$ とすると，$r^n \to \infty$ と発散する。また，$r \leqq -1$ のとき，$n \to \infty$ とすると，$\oplus$，$\ominus$ の値を交互にとって振動しながら，発散する。

ここで，(III) の場合，$r = -1$ を除いた，$r < -1$，$1 < r$ のとき，r の逆数 $\dfrac{1}{r}$ は，$-1 < \dfrac{1}{r} < 1$ となるから，次のように覚えておくといいよ。

$r < -1$，$1 < r$ のとき，

$$\lim_{n \to \infty} \left(\frac{1}{r}\right)^n = 0 \quad \left(\because -1 < \frac{1}{r} < 1\right)$$

> ・$r < -1$ の両辺を $-r\ (>0)$ で割って，$-1 < \dfrac{1}{r}$ となり，
> ・$1 < r$ の両辺を $r\ (>0)$ で割って，$\dfrac{1}{r} < 1$ となる。

以上より，$\lim_{n \to \infty} r^n$ の問題に対しては，r の値により，次の 4 通りに場合分けして解いていけばいいんだね。

(i) $-1 < r < 1$　　(ii) $r = 1$　　(iii) $r = -1$　　(iv) $r < -1$，$1 < r$

> このとき，$\lim_{n \to \infty} r^n = 0$（収束）

> このとき，$\lim_{n \to \infty} r^n = 1$（収束）

> このとき，$\lim_{n \to \infty} r^n$ は -1 と 1 の値を交互にとって振動する。（発散）

> このとき，$\lim_{n \to \infty} r^n$ は発散するけれど，$\lim_{n \to \infty} \left(\dfrac{1}{r}\right)^n = 0$ となる。（収束）

38

●数列と関数の極限

● 無限級数の和の公式をマスターしよう！

数列の無限和を "**無限級数**"，または単に "**級数**" という。まず，無限級数の和が求まる基本的な **2** つのパターンの公式を下に示そう。

無限級数の和の公式

（Ⅰ）無限等比級数の和

$$\sum_{k=1}^{\infty} ar^{k-1} = a + ar + ar^2 + \cdots\cdots = \frac{a}{1-r} \quad (\text{収束条件}: -1 < r < 1)$$

初項 → a，公比 → r

（Ⅱ）部分分数分解型

これについては，$\sum_{k=1}^{\infty} \dfrac{1}{k(k+1)}$ の例で示す。

（ⅰ）まず，"**部分和**"（初項から第 n 項までの和）S_n を求める。

$$\text{部分和 } S_n = \sum_{k=1}^{n} \frac{1}{k(k+1)} = \sum_{k=1}^{n} \left(\underbrace{\frac{1}{k}}_{I_k} - \underbrace{\frac{1}{k+1}}_{I_{k+1}} \right)$$

部分分数に分解した！

$$= \left(\frac{1}{1} - \frac{1}{2} \right) + \left(\frac{1}{2} - \frac{1}{3} \right) + \left(\frac{1}{3} - \frac{1}{4} \right) + \cdots + \left(\frac{1}{n} - \frac{1}{n+1} \right)$$

バサバサバサ…と途中の項が消えて，初項と末項のみが残る！

$$= 1 - \frac{1}{n+1}$$

（ⅱ）$n \to \infty$ として，無限級数の和を求める。

$$\therefore \text{無限級数の和 } \lim_{n \to \infty} S_n = \lim_{n \to \infty} \left(1 - \overset{0}{\frac{1}{n+1}} \right) = 1 \text{ となって答えだ！}$$

（Ⅰ）無限等比級数の場合，部分和 S_n を求めると，公式から，

$$S_n = \sum_{k=1}^{n} ar^{k-1} = \frac{a(1 - \overset{0}{r^n})}{1-r}$$ だね。ここで，収束条件：$-1 < r < 1$ をみたせば，$n \to \infty$ のとき $\underline{r^n \to 0}$ となるから，無限等比級数の和は，部分和を求めることなく，$\sum_{k=1}^{\infty} ar^{k-1} = \dfrac{a}{1-r}$ と，簡単に結果が出せる。無限等比級数の場合は，収束条件さえみたせば，アッという間に答えが出せるんだね。

39

（Ⅱ）部分分数分解型の問題では，例で示したように，まず（ⅰ）部分和 S_n を求めて，（ⅱ）$n \to \infty$ にして無限級数の和を求める，という **2** つの手順を踏んで解くんだよ。

　　一般に部分分数分解型の部分和は，

$$\sum_{k=1}^{n}(I_k - I_{k+1}), \quad \sum_{k=1}^{n}(I_{k+1} - I_k) \text{ や } \sum_{k=1}^{n}(I_k - I_{k+2}) \text{ など，さまざまなヴァリ}$$

エーションがある。早速，例題で練習しておこう！

例題 12　次の無限級数の和を求めよう。

$$(1)\sum_{k=1}^{\infty}\left\{\left(\frac{1}{3}\right)^{k}-\left(\frac{1}{3}\right)^{k+2}\right\} \qquad (2)\sum_{k=1}^{\infty}\frac{k+2}{k(k+1)}\left(\frac{1}{2}\right)^{k+1}$$

---

(1) 部分分数分解型の無限級数だから，まず部分和 S_n を求めると，

$$S_n = \sum_{k=1}^{n}\left\{\underset{I_k}{\underline{\left(\frac{1}{3}\right)^{k}}}-\underset{I_{k+2}}{\underline{\left(\frac{1}{3}\right)^{k+2}}}\right\} = \sum_{k=1}^{n}\left(\frac{1}{3}\right)^{k} - \sum_{k=1}^{n}\left(\frac{1}{3}\right)^{k+2}$$

公式：
$$\sum_{k=1}^{n}(a_k \pm b_k) = \sum_{k=1}^{n}a_k \pm \sum_{k=1}^{n}b_k$$
より

$$= \frac{1}{3} + \left(\frac{1}{3}\right)^{2} + \left(\frac{1}{3}\right)^{3} + \left(\frac{1}{3}\right)^{4} + \cdots + \left(\frac{1}{3}\right)^{n}$$

$$- \left\{\left(\frac{1}{3}\right)^{3} + \left(\frac{1}{3}\right)^{4} + \cdots + \left(\frac{1}{3}\right)^{n} + \left(\frac{1}{3}\right)^{n+1} + \left(\frac{1}{3}\right)^{n+2}\right\}$$

$$= \frac{1}{3} + \left(\frac{1}{3}\right)^{2} - \left(\frac{1}{3}\right)^{n+1} - \left(\frac{1}{3}\right)^{n+2}$$

途中がバサバサバサ…と消えて初めの **2** 項と最後の **2** 項のみが残る。

$$= \frac{4}{9} - \left(\frac{1}{3}\right)^{n+1} - \left(\frac{1}{3}\right)^{n+2}$$

∴ 求める無限級数の和を S とおくと，

$$S = \lim_{n \to \infty} S_n = \lim_{n \to \infty}\left\{\frac{4}{9} - \underset{0}{\boxed{\left(\frac{1}{3}\right)^{n+1}}} - \underset{0}{\boxed{\left(\frac{1}{3}\right)^{n+2}}}\right\} = \frac{4}{9} \text{ となる。}$$

(1) の別解

$$\left(\frac{1}{3}\right)^{k} - \left(\frac{1}{3}\right)^{k+2} = \left(\frac{1}{3}\right)^{k} - \frac{1}{9}\left(\frac{1}{3}\right)^{k} = \left(1 - \frac{1}{9}\right)\left(\frac{1}{3}\right)^{k} = \underset{\text{初項 } a}{\boxed{\frac{8}{27}}} \cdot \underset{\text{公比 } r}{\boxed{\left(\frac{1}{3}\right)^{k-1}}}$$

40

● 数列と関数の極限

これは，初項 $a = \dfrac{8}{27}$，公比 $r = \dfrac{1}{3}$ の等比数列で，収束条件：

$-1 < r < 1$ をみたす。よって，(1) の Σ 計算は無限等比級数の問題として次のように解いても，同じ結果が出せる。

$$与式 = \sum_{k=1}^{\infty} \frac{8}{27} \cdot \left(\frac{1}{3}\right)^{k-1} = \frac{\dfrac{8}{27}}{1 - \dfrac{1}{3}} = \frac{\dfrac{8}{27}}{\dfrac{2}{3}} = \frac{4}{9}$$

無限等比級数の和の公式：
$$\sum_{k=1}^{\infty} ar^{k-1} = \frac{a}{1-r} \quad (-1 < r < 1)$$

(2) の場合，この形のままではよく分からないので，まず，$\dfrac{k+2}{k(k+1)}$ を部分分数 $\dfrac{a}{k} + \dfrac{b}{k+1}$ (a, b：定数) の形に分解してみよう。

$$\frac{k+2}{k(k+1)} = \frac{a}{k} + \frac{b}{k+1} = \frac{(k+1)a + kb}{k(k+1)} = \frac{(a+b)k + a}{k(k+1)} \quad だね。$$

よって，この両辺の分子の係数を比較して，

$a + b = 1$，$a = 2$　　よって，$a = 2$，$b = -1$ となる。

以上より，

部分分数
分解型だ！

$$与式 = \sum_{k=1}^{\infty} \left(\frac{2}{k} - \frac{1}{k+1}\right)\left(\frac{1}{2}\right)^{k+1} = \sum_{k=1}^{\infty} \left\{ \underbrace{\frac{1}{k}\left(\frac{1}{2}\right)^{k}}_{I_k} - \underbrace{\frac{1}{k+1}\left(\frac{1}{2}\right)^{k+1}}_{I_{k+1}} \right\}$$

$\underbrace{\quad}_{\frac{k+2}{k(k+1)}}$

よって，まずこの部分和 S_n を求めると，

$$S_n = \sum_{k=1}^{n} \left\{ \frac{1}{k}\left(\frac{1}{2}\right)^{k} - \frac{1}{k+1}\left(\frac{1}{2}\right)^{k+1} \right\}$$

$$= \left\{ \frac{1}{1} \cdot \frac{1}{2} - \frac{1}{2} \cdot \left(\frac{1}{2}\right)^{2} \right\} + \left\{ \frac{1}{2} \cdot \left(\frac{1}{2}\right)^{2} - \frac{1}{3}\left(\frac{1}{2}\right)^{3} \right\} + \left\{ \frac{1}{3} \cdot \left(\frac{1}{2}\right)^{3} - \frac{1}{4}\left(\frac{1}{2}\right)^{4} \right\} +$$

$$\cdots + \left\{ \frac{1}{n-1} \cdot \left(\frac{1}{2}\right)^{n-1} - \frac{1}{n} \cdot \left(\frac{1}{2}\right)^{n} \right\} + \left\{ \frac{1}{n} \cdot \left(\frac{1}{2}\right)^{n} - \frac{1}{n+1} \cdot \left(\frac{1}{2}\right)^{n+1} \right\}$$

$$= \frac{1}{2} - \frac{1}{n+1}\left(\frac{1}{2}\right)^{n+1} \quad となる。 \leftarrow 初項と末項のみが残る。$$

$\therefore$ 求める無限級数の和を S とおくと，

$$S = \lim_{n \to \infty} S_n = \lim_{n \to \infty} \left\{ \frac{1}{2} - \underbrace{\frac{1}{n+1}}_{0} \underbrace{\left(\frac{1}{2}\right)^{n+1}}_{0} \right\} = \frac{1}{2} \quad となって，答えだ！$$

これで，部分分数分解型の無限級数の解法にも慣れただろうね。

41

● $\lim_{n \to \infty} a_n = 0$ のとき，無限級数は収束するか？

無限級数 $\lim_{n \to \infty} S_n = \sum_{k=1}^{\infty} a_k = a_1 + a_2 + a_3 + \cdots$ について，一般に次の命題

「$\lim_{n \to \infty} S_n = S$ (収束) ならば，$\lim_{n \to \infty} a_n = 0$ となる」……(＊1)

が成り立つ。

(＊1)の証明 $n \geqq 2$ のとき，$a_n = S_n - S_{n-1}$ ……① が成り立つ。

$\underbrace{a_1 + a_2 + \cdots + a_{n-1} + a_n}$ $\underbrace{a_1 + a_2 + \cdots + a_{n-1}}$

ここで，$\lim_{n \to \infty} S_n = S$ より，$\underline{\lim_{n \to \infty} S_{n-1} = S}$ となる。

$n \to \infty$ のとき $S_n \to S$ ならば，S_{2n} も，S_{n+1} も，S_{n-1} なども，$n \to \infty$ のとき S に収束する！

よって，$n \to \infty$ のとき，①は，

$\lim_{n \to \infty} a_n = \lim_{n \to \infty} (\underset{S}{\underline{S_n}} - \underset{S}{\underline{S_{n-1}}}) = S - S = 0$ となる。

では，(＊1)の逆の命題

「$\lim_{n \to \infty} a_n = 0$ ならば，$\lim_{n \to \infty} S_n = S$ となる」……(＊2)

は成り立つのだろうか？ 残念ながら(＊2)は成り立たないんだ。

この反例について，次の例題で練習しておこう。

例題 13 数列 $a_n = \dfrac{1}{\sqrt[3]{n}}$ $(n = 1, 2, \cdots)$ に対して，この部分和を S_n と

おく。このとき，無限級数 $\lim_{n \to \infty} S_n$ が発散することを示そう。

$\lim_{n \to \infty} a_n = \underset{\boxed{\frac{1}{3}\text{次の}\infty}}{\dfrac{1}{\sqrt[3]{n}}} = 0$ となるけれど，この無限級数 $\lim_{n \to \infty} S_n$ は発散することに

なる。その証明は次の通りだ。まず部分和を求めると，

$S_n = a_1 + a_2 + a_3 + \cdots + a_n = \dfrac{1}{\sqrt[3]{1}} + \dfrac{1}{\sqrt[3]{2}} + \dfrac{1}{\sqrt[3]{3}} + \cdots + \dfrac{1}{\sqrt[3]{n}}$

$> \underbrace{\dfrac{1}{\sqrt[3]{n}} + \dfrac{1}{\sqrt[3]{n}} + \dfrac{1}{\sqrt[3]{n}} + \cdots + \dfrac{1}{\sqrt[3]{n}}}_{\boxed{n \text{ 項の和}}} = n \cdot \dfrac{1}{\sqrt[3]{n}} = n^{1 - \frac{1}{3}} = n^{\frac{2}{3}} = \sqrt[3]{n^2}$

分母をすべて $\sqrt[3]{n}$ にしたので，S_n より小さくなる。

42

●数列と関数の極限

$\therefore S_n > \sqrt[3]{n^2}$ だね。

ここで，$n \to \infty$ にすると，$\displaystyle\lim_{n\to\infty} S_n \geqq \lim_{n\to\infty} \overset{\infty}{\sqrt[3]{n^2}} = \infty$ となるので，

$\displaystyle\lim_{n\to\infty} a_n = 0$ であっても，無限級数は $\displaystyle\lim_{n\to\infty} S_n = \infty$ となって，発散する。

● ダランベールの判定法も押さえよう！

これまで，無限級数の和が求まる場合を中心に解説してきたけれど，本当のことを言うと，無限級数の和が求まることって，実はめったにないんだよ。たとえば「無限級数の和 $\displaystyle\sum_{k=1}^{\infty} \dfrac{5^k}{k!}$ を求めよ」と言われても，途方に暮れるだけだろうね。

ここで，$a_n > 0 \ (n = 1, \ 2, \ \cdots)$ の数列 $\{a_n\}$ の無限級数を "**無限正項級数**" または簡単に "**正項級数**" というんだけれど，この無限正項級数 $\displaystyle\sum_{k=1}^{\infty} a_k$ について，その和の値は求められなくても，これが収束するのか，発散するのかについては，次の "**ダランベールの判定法**" を用いれば決定できるので，紹介しておこう。

ダランベールの判定法

正項級数 $\displaystyle\sum_{k=1}^{\infty} a_k$ について，

$\displaystyle\lim_{n\to\infty} \dfrac{a_{n+1}}{a_n} = r$ のとき， ← r は ∞ でもかまわない。

$\begin{cases}(\ \mathrm{i}\ )\ 0 \leqq r < 1 \ \text{ならば，正項級数は収束し，} \\ (\ \mathrm{ii}\ )\ 1 < r \ \text{ならば，正項級数は発散する。}\end{cases}$

> この証明については，「微分積分キャンパス・ゼミ」（マセマ）で学習されることを勧める。

したがって，正項級数 $\displaystyle\sum_{k=1}^{\infty} \underset{a_k}{\boxed{\dfrac{5^k}{k!}}}$ についても，一般項 $a_n = \dfrac{5^n}{n!}$ だから，

$$\lim_{n\to\infty} \frac{a_{n+1}}{a_n} = \lim_{n\to\infty} \frac{\dfrac{5^{n+1}}{(n+1)!}}{\dfrac{5^n}{n!}} = \lim_{n\to\infty} \frac{5^{n+1}}{5^n} \cdot \frac{n!}{(n+1)!} = \lim_{n\to\infty} \frac{5}{n+1} = \overset{r}{\boxed{0}}$$

$(n+1)! = (n+1)\cdot n!$

よって，ダランベールの判定法により，この無限正項級数は収束することが分かるんだね。便利な判定法なので，是非覚えておこう。

43

§2. 漸化式と数列の極限

それでは "漸化式と数列の極限" の講義に入ろう。数列の漸化式には，(Ⅰ) それが解けて一般項が求まる場合と，(Ⅱ) 解けなくて一般項が求まらない場合の **2** 通りがある。

まず，(Ⅰ) 漸化式が解ける場合は，その一般項 a_n を (n の式) の形で求め，その極限 $\lim_{n \to \infty} a_n$ を求めればいい。次，(Ⅱ) 漸化式が解けない場合でも，その極限値 α のみは求められる場合があるんだよ。

これから詳しく解説しよう。

● まず，等差・等比・階差数列型の漸化式から始めよう！

漸化式というのは，第一義的には a_n と a_{n+1} との間の関係式のことで，これから一般項 a_n を求めることを，"漸化式を解く" というんだよ。

まず，一番簡単な **(1) 等差数列**，**(2) 等比数列** の場合の漸化式と，その解である一般項 a_n を書いておくから，まず確認しておこう。

(1) 等差数列型

漸化式：$a_{n+1} = a_n + \boxed{d}$ （公差）

のとき，$a_n = a_1 + (n-1)d$

(2) 等比数列型

漸化式：$a_{n+1} = \boxed{r}\,a_n$ （公比）

のとき，$a_n = a_1 \cdot r^{n-1}$

ここで，**(2)** の等比数列型漸化式とその解については，また後で重要な役割を演じるので，よ～く頭に入れておこう。

それでは次，**(3) 階差数列** の漸化式とその解についても示す。

(3) 階差数列型

漸化式：$a_{n+1} - a_n = b_n$

のとき，$n \geqq 2$ で，

$$a_n = a_1 + \sum_{k=1}^{n-1} b_k$$

$n = 1$ のとき，　$a_2 - a_1 = b_1$
$n = 2$ のとき，　$a_3 - a_2 = b_2$
$n = 3$ のとき，　$a_4 - a_3 = b_3$
$\cdots\cdots\cdots\cdots\cdots\cdots\cdots\cdots\cdots\cdots\cdots$
$n = n-1$ のとき，$a_n - a_{n-1} = b_{n-1}$ $\Big($ +
　　　　　　　　$a_n - a_1 = b_1 + b_2 + \cdots + b_{n-1}$

$\therefore n \geqq 2$ のとき，$a_n = a_1 + \sum\limits_{k=1}^{n-1} b_k$ となる！

以上のことは，既に高校の数学で学習されているはずだ。

44

● 数列と関数の極限

漸化式と数列の極限の問題では，これまでのように一般項 a_n が求まる場合は，まず一般項 a_n を求めて，それから極限の計算をすればいい。

それでは，次の例題で練習しておこう。

例題 14　数列 $\{a_n\}$ が，

$$a_1 = 0, \quad a_{n+1} - a_n = \sqrt{n-1} - \sqrt{n} \ \cdots\cdots ① \quad (n = 1, \ 2, \ \cdots)$$

で定義されるとき，極限 $\displaystyle\lim_{n\to\infty} \frac{a_n}{\sqrt{n}}$ を求めよう。

$a_{n+1} - a_n = \overbrace{\boxed{\sqrt{n-1} - \sqrt{n}}}^{b_n} \cdots\cdots ① \ (n = 1, 2, \cdots)$ は階差数列型の漸化式より，

$n \geq 2$ で，

部分分数分解型の $\sum$ 計算！

$$a_n = \overbrace{\boxed{a_1}}^{0} + \sum_{k=1}^{n-1} \left(\overbrace{\boxed{\sqrt{k-1} - \sqrt{k}}}^{b_k}\right) = \sum_{k=1}^{n-1}\left(\sqrt{k-1} - \sqrt{k}\right)$$

$$= (\sqrt{0} - \sqrt{1}) + (\sqrt{1} - \sqrt{2}) + (\sqrt{2} - \sqrt{3}) + \cdots + (\sqrt{n-2} - \sqrt{n-1})$$

$$= -\sqrt{n-1}$$

$\therefore a_n = -\sqrt{n-1}$ となる。これは $a_1 = -\sqrt{1-1} = 0$ となって，$n = 1$ のときもみたす。

よって，一般項 $a_n = -\sqrt{n-1}$ $(n = 1, \ 2, \ \cdots)$ となる。

以上より，求める極限は，

$$\lim_{n\to\infty} \frac{a_n}{\sqrt{n}} = \lim_{n\to\infty} \frac{-\sqrt{n-1}}{\sqrt{n}} = \lim_{n\to\infty} -\sqrt{1 - \boxed{\frac{1}{n}}} = -1 \quad \text{となって，答えだ！}$$

0

● $F(n+1) = rF(n)$ 型の漸化式もマスターしよう！

それではこれから，漸化式を解く上で最も有効な解法パターンを紹介しよう。それは "等比関数列型の漸化式" と呼ばれるもので，下に示すように "等比数列型の漸化式" と同じ形式をしている。

等比数列型
$a_{n+1} = ra_n$ のとき，
$a_n = a_1 r^{n-1}$

等比関数列型
$F(n+1) = rF(n)$ のとき，
$F(n) = F(1)r^{n-1}$

45

それでは，この等比関数列型の漸化式とその解法について，下にいくつか例を示す。これで，等比関数列型漸化式の解法パターンに慣れよう。

(ex1)

[n+1 の式] [n の式]
$a_{n+1} + 3 = 4(a_n + 3)$ のとき，
$[\, F(n+1) = 4 \ F(n) \,]$

[n の式] [1 の式]
$a_n + 3 = (a_1 + 3) \cdot 4^{n-1}$
$[\, F(n) = F(1) \cdot 4^{n-1}]$

(ex2)

[n+1 の式] [n の式]
$a_{n+1} - b_{n+1} = 3(a_n - b_n)$ のとき，
$[\, F(n+1) = 3 \ F(n) \,]$

[n の式] [1 の式]
$a_n - b_n = (a_1 - b_1) \cdot 3^{n-1}$
$[\, F(n) = F(1) \cdot 3^{n-1}]$

(ex3)

[n+1 の式] [n の式]
$a_{\boxed{n+2}} + a_{n+1} = 5(a_{n+1} + a_n)$ のとき，
[(n+1)+1 とみる]
$[\, F(n+1) = 5 \ F(n) \,]$

[n の式] [1 の式]
$a_{n+1} + a_n = (a_2 + a_1) \cdot 5^{n-1}$
$[\, F(n) = F(1) \cdot 5^{n-1}]$

(ex4)

[n+1 の式] [n の式]
$(n+1)a_{n+1} = 2na_n$ のとき，
$[\, F(n+1) = 2F(n)]$

[n の式] [1 の式]
$na_n = 1 \cdot a_1 \cdot 2^{n-1}$
$[F(n) = F(1) \cdot 2^{n-1}]$

どう？ 以上の例で要領はつかめた？

● $a_{n+1} = pa_n + q$ 型の漸化式を押さえよう！

一般に **2 項間の漸化式**と呼ばれる"$a_{n+1} = pa_n + q$"型の漸化式の解法パターンを下に示そう。

2 項間の漸化式

- $a_{n+1} = pa_n + q$ のとき，$(p, \ q：定数)$

  特性方程式：$x = px + q$ の解 α を使って，

  $a_{n+1} - \alpha = p(a_n - \alpha)$ の形にもち込んで解く。

  $[F(n+1) = p \cdot F(n)]$ ← 等比関数列型の漸化式

46

● 数列と関数の極限

慣れるが勝ちだ！　早速，次の例題で練習してみよう。

例題 15　数列 $\{a_n\}$ が次の漸化式で定義されている。

$$a_1 = 1, \quad a_{n+1} = \frac{3}{4}a_n + 1 \quad \cdots\cdots ① \quad (n = 1, \ 2, \ \cdots)$$

このとき，極限 $\lim_{n \to \infty} a_n$ を求めてみよう。

$a_1 = 1, \quad a_{n+1} = \dfrac{3}{4}a_n + 1 \quad \cdots\cdots ① \quad (n = 1, \ 2, \ \cdots)$

について，①の特性方程式：

$x = \dfrac{3}{4}x + 1 \quad \cdots\cdots ②$　を解くと，$\dfrac{1}{4}x = 1$ より，

$x = 4$ となる。よって，①を変形して，

$\underline{a_{n+1} - 4} = \dfrac{3}{4}(\underline{a_n - 4})$ となる。

$\left[\underline{F(n+1)} = \dfrac{3}{4} \ \underline{F(n)} \right]$

よって，

$a_n - 4 = (\overset{\boxed{1}}{\underline{a_1}} - 4)\left(\dfrac{3}{4}\right)^{n-1}$

$\left[\ \underline{F(n)} \ = \ \underline{F(1)} \ \left(\dfrac{3}{4}\right)^{n-1} \right]$

> 何故，特性方程式の解を使うと，$F(n+1) = rF(n)$ の形にもち込めるのかって？
> まず，①と②を並記して，
>
> $$\begin{cases} a_{n+1} = \dfrac{3}{4}a_n + 1 \quad \cdots\cdots ① \\ x = \dfrac{3}{4}x + 1 \quad \cdots\cdots ② \end{cases}$$
>
> ①－②を求めると，
>
> $\underline{a_{n+1} - x} = \dfrac{3}{4}(\underline{a_n - x})$
>
> $\left[\underline{F(n+1)} = \dfrac{3}{4} \ \underline{F(n)} \right]$
>
> の等比関数型の形になる！
> 後は②の解 $x = 4$ を代入すればいいんだね。

$\therefore$ 一般項 a_n は，$a_n = 4 - 3\left(\dfrac{3}{4}\right)^{n-1}$ $(n = 1, \ 2, \ 3, \ \cdots)$　となるね。

よって，求める数列の極限は，

$\lim_{n \to \infty} a_n = \lim_{n \to \infty} \left\{ 4 - 3\overset{0}{\boxed{\left(\dfrac{3}{4}\right)^{n-1}}} \right\} = 4$ となって，答えだ！

これで，基本的な 2 項間の漸化式と数列の極限の解法も理解できたと思う。それではさらに，この 2 項間の漸化式と数列の極限の問題を深めてみよう。

47

● さらに，2項間の漸化式を深めてみよう！

では，次の例題で2項間の漸化式と数列の極限の応用問題を解こう。

例題16 数列 $\{a_n\}$ が，次の漸化式で定義されている。

$$a_1 = 1, \quad a_{n+1} = \frac{1}{2}a_n + \left(\frac{2}{3}\right)^n \quad \cdots\cdots① \quad (n = 1, 2, \cdots)$$

このとき，極限 $\displaystyle\lim_{n\to\infty}\left(\frac{3}{2}\right)^n a_n$ を求めてみよう。

---

①の右辺の a_n の係数が $\dfrac{1}{2}$ から，①を変形して，等比関数列型の漸化式：

$F(n+1) = \dfrac{1}{2}F(n) \quad \cdots\cdots②$ にもち込めればいいんだね。ここで，①の右

辺の第2項 $\left(\dfrac{2}{3}\right)^n$ から，$F(n) = a_n + \underset{\underline{\underline{}}}{\alpha}\left(\dfrac{2}{3}\right)^n \quad \cdots\cdots③$ となることが推定で

きる。

> この係数はまだ未定だ！

よって，$F(n+1)$ は，$F(n+1) = a_{n+1} + \alpha\left(\dfrac{2}{3}\right)^{n+1} \quad \cdots\cdots④$ となる。

③，④を②に代入して，係数 α の値を決定しよう。

$$a_{n+1} + \alpha\left(\frac{2}{3}\right)^{n+1} = \frac{1}{2}\left\{a_n + \alpha\left(\frac{2}{3}\right)^n\right\} \quad \cdots\cdots⑤ \qquad \left[F(n+1) = \frac{1}{2}F(n)\right]$$

⑤をまとめると，

$$a_{n+1} = \frac{1}{2}a_n + \frac{\alpha}{2}\left(\frac{2}{3}\right)^n - \frac{2}{3}\alpha\left(\frac{2}{3}\right)^n$$

$$\therefore a_{n+1} = \frac{1}{2}a_n \boxed{-\frac{\alpha}{6}}\left(\frac{2}{3}\right)^n \quad \cdots\cdots⑤'$$

> これは，①を変形してできた式と考える。
> だから，①と⑤' が同じ式なんだ。

①と⑤' を比較して，$-\dfrac{\alpha}{6} = 1 \quad \therefore \alpha = -6$ ← α が決定できた！

これを⑤に代入すると，後は速いよ。

$$a_{n+1} - 6\left(\frac{2}{3}\right)^{n+1} = \frac{1}{2}\left\{a_n - 6\left(\frac{2}{3}\right)^n\right\} \qquad \left[F(n+1) = \frac{1}{2}F(n)\right]$$

$$\therefore a_n - 6\left(\frac{2}{3}\right)^n = \left\{a_1 - 6\cdot\left(\frac{2}{3}\right)^1\right\}\left(\frac{1}{2}\right)^{n-1} \qquad \left[F(n) = F(1)\left(\frac{1}{2}\right)^{n-1}\right] \quad となる。$$

48

● 数列と関数の極限

以上より，一般項 a_n は，

$$a_n = -3 \cdot \underline{\left(\frac{1}{2}\right)^{n-1}} + 6\left(\frac{2}{3}\right)^n = 6\left\{\left(\frac{2}{3}\right)^n - \left(\frac{1}{2}\right)^n\right\} \quad (n = 1,\ 2,\ \cdots) \text{ となる。}$$

$$\boxed{2 \cdot \left(\frac{1}{2}\right)^n}$$

よって，求める数列の極限は，

$$\lim_{n \to \infty}\left(\frac{3}{2}\right)^n a_n = \lim_{n \to \infty} 6 \cdot \boxed{\left(\frac{3}{2}\right)^n}\left\{\left(\frac{2}{3}\right)^n - \left(\frac{1}{2}\right)^n\right\} = \lim_{n \to \infty} 6\left\{1 - \boxed{\left(\frac{3}{4}\right)^n}^{\,0}\right\} = 6$$

となって，答えになるんだね。納得いった？

別解

例題 **16** は階差数列型の漸化式としても解ける。

①の両辺に 2^{n+1} をかけると，

$$2^{n+1} \cdot a_{n+1} = 2^{n+1}\left\{\frac{1}{2} a_n + \left(\frac{2}{3}\right)^n\right\} \text{ より，}$$

$$\underline{2^{n+1} \cdot a_{n+1}} = \underline{2^n a_n} + 2 \cdot \left(\frac{4}{3}\right)^n$$
$$\ \ \boxed{b_{n+1}} \qquad \boxed{b_n}$$

ここで，$b_n = 2^n a_n$ とおくと，$b_1 = 2^1 \cdot a_1 = 2 \cdot 1 = 2$ より，

$$b_1 = 2, \quad b_{n+1} - b_n = \boxed{2 \cdot \left(\frac{4}{3}\right)^n} \cdots\cdots (a) \text{ となる。}$$
$$\boxed{c_n}$$

> 階差数列型の漸化式
> の解法：
> $b_{n+1} - b_n = c_n$ ならば，
> $n \geqq 2$ で，
> $b_n = b_1 + \sum_{k=1}^{n-1} c_k$ となる。

よって，$n \geqq 2$ で，

$$b_n = \boxed{b_1}^{\,2} + \sum_{k=1}^{n-1} 2\left(\frac{4}{3}\right)^k$$

$$= 2 + \sum_{k=1}^{n-1} \frac{8}{3}\left(\frac{4}{3}\right)^{k-1} = 2 + \frac{\dfrac{8}{3}\left\{1 - \left(\dfrac{4}{3}\right)^{\boxed{n-1}}\right\}}{1 - \dfrac{4}{3}} \quad \text{項数}$$

$$= 2 - 8\left\{1 - \left(\frac{4}{3}\right)^{n-1}\right\} = 2 - 8 + 8 \times \frac{3}{4}\left(\frac{4}{3}\right)^n = -6 + 6\left(\frac{4}{3}\right)^n$$

$$= 6\left\{\left(\frac{4}{3}\right)^n - 1\right\}[\,= 2^n a_n\,]$$

よって，これから，a_n が同様に求まるんだね。

49

● 3項間の漸化式と数列の極限の問題も押さえよう！

次，3項間の漸化式：$a_{n+2}+pa_{n+1}+qa_n=0$ の解法パターンを下に示す。これにより一般項 a_n を求めて，極限の問題にもち込めばいいんだよ。

3項間の漸化式

- $a_{n+2}+pa_{n+1}+qa_n=0$ のとき，$(p，q：定数)$

  特性方程式：$x^2+px+q=0$ の解 $\alpha，\beta$ を用いて，

$$\begin{cases} \underline{a_{n+2}-\alpha a_{n+1}=\beta(a_{n+1}-\alpha a_n)} \cdots\cdots(a) & [F(n+1)=\beta F(n)] \\ \underline{a_{n+2}-\beta a_{n+1}=\alpha(a_{n+1}-\beta a_n)} \cdots\cdots(b) & [G(n+1)=\alpha G(n)] \end{cases}$$

の形にもち込んで解く！

(a) と (b) をまとめると，同じ式 $a_{n+2}\underbrace{-(\alpha+\beta)}a_{n+1}+\boxed{\alpha\beta}a_n=0 \cdots\cdots(c)$

$\underbrace{}_{x^2} \quad \underbrace{}_{p} \quad \boxed{}_{x} \quad \underbrace{}_{q} \boxed{1}$

になる。これが3項間の漸化式なんだね。そして，この $a_{n+2}，a_{n+1}，a_n$ の場所にそれぞれ $x^2，x，1$ を代入したものが，特性方程式：
$x^2-(\alpha+\beta)x+\alpha\beta=0 \cdots\cdots(d)$ であり，これは
$(x-\alpha)(x-\beta)=0$ と変形できるので，$(a)，(b)$ の式を作るのに必要な2つの係数 α と β を解に持つ方程式になっているんだね。

それでは，3項間の漸化式と数列の極限の問題も解いてみよう。

例題 17 数列 $\{a_n\}$ が，次の漸化式で定義されている。

$a_1=3，a_2=4，3a_{n+2}-4a_{n+1}+a_n=0 \cdots\cdots①$ $(n=1，2，\cdots)$

このとき，極限 $\displaystyle\lim_{n\to\infty}a_n$ を求めてみよう。

$a_1=3，a_2=4，3\underline{a_{n+2}}-4\underline{a_{n+1}}+\underline{a_n}=0 \cdots\cdots①$ $(n=1，2，\cdots)$ について，

$\boxed{x^2} \quad \boxed{x} \quad \boxed{1}$ ← これらを代入したものが特性方程式だ。

①の特性方程式は，$3x^2-4x+1=0$ となる。これを解いて，

$$\begin{matrix} 3 & \diagdown & -1 \\ 1 & \diagup & -1 \end{matrix}$$

$(3x-1)(x-1)=0$ より，$x=\dfrac{1}{3}，1$ となる。 ← これで，α と β の値が求まった！

50

●数列と関数の極限

これらの値を用いて①を変形すると，

$\boxed{\textbf{2つの等比関数列型漸化式}}$

$$\begin{cases} a_{n+2}-\dfrac{1}{3}a_{n+1}=1\cdot\left(a_{n+1}-\dfrac{1}{3}a_n\right) & [F(n+1)=1\cdot F(n)] \\[3mm] a_{n+2}-1\cdot a_{n+1}=\dfrac{1}{3}(a_{n+1}-1\cdot a_n) & \left[G(n+1)=\dfrac{1}{3}G(n)\right] \end{cases}$$　となる。

よって，

$$\begin{cases} a_{n+1}-\dfrac{1}{3}a_n=\left(\underset{\boxed{4}}{a_2}-\dfrac{1}{3}\underset{\boxed{3}}{a_1}\right)\cdot 1^{n-1} & [F(n)=F(1)\cdot 1^{n-1}] \\[3mm] a_{n+1}-a_n=(\underset{\boxed{4}}{a_2}-\underset{\boxed{3}}{a_1})\left(\dfrac{1}{3}\right)^{n-1} & \left[G(n)=G(1)\cdot\left(\dfrac{1}{3}\right)^{n-1}\right] \end{cases}$$

これから，

$$\begin{cases} a_{n+1}-\dfrac{1}{3}a_n=3 & \cdots\cdots② \\[3mm] a_{n+1}-a_n=\left(\dfrac{1}{3}\right)^{n-1} & \cdots\cdots③ \end{cases}$$　となる。ここまでは大丈夫？

後は②－③を実行して，a_{n+1} を消去すると，

$$\dfrac{2}{3}a_n=3-\left(\dfrac{1}{3}\right)^{n-1}$$

∴一般項 a_n は，$a_n=\dfrac{9}{2}-\dfrac{3}{2}\cdot\left(\dfrac{1}{3}\right)^{n-1}$　$(n=1,\ 2,\ 3,\ \cdots)$ となる。

よって，求める数列の極限は，

$$\lim_{n\to\infty}a_n=\lim_{n\to\infty}\left\{\dfrac{9}{2}-\dfrac{3}{2}\overset{0}{\boxed{\left(\dfrac{1}{3}\right)^{n-1}}}\right\}=\dfrac{9}{2}$$　となって，答えだ！

注意

3 項間の漸化式では，$F(n)=a_{n+1}-\dfrac{1}{3}a_n$ とおくと，

$F(n+1)=a_{n+1+1}-\dfrac{1}{3}a_{n+1}=a_{n+2}-\dfrac{1}{3}a_{n+1}$ となるし，また，

$F(1)=a_{1+1}-\dfrac{1}{3}a_1=a_2-\dfrac{1}{3}a_1$ となるんだね。これから，

$F(n+1)=1\cdot F(n)$ ならば，$F(n)=F(1)\cdot 1^{n-1}$ と変形したんだ。

51

● 一般項は求まらなくても，極限は求まる！

これまで，等比数列型の漸化式を中心に，漸化式を解いて一般項 a_n を求め，それを元にして数列の極限を求めてきた。しかし，漸化式には一般項が求まらない形のものも多い。たとえばキミは次の漸化式の一般項を求められるだろうか？

(ex1) $a_1 = 1$, $a_{n+1} = \sqrt{2a_n + 3}$ ……① $(n = 1, 2, 3, \cdots)$

(ex2) $a_1 = 3$, $a_{n+1} = \dfrac{4}{a_n} + 3$ ……①′ $(n = 1, 2, 3, \cdots)$

しかし，このような解くのが難しい漸化式でも，その極限 $\displaystyle\lim_{n \to \infty} a_n$ を求めることができる。その手法をまず下に示そう。

一般項 a_n が求まらない場合の極限の解法

$|a_{n+1} - \alpha| \leqq r|a_n - \alpha|$ （ただし，$0 < r < 1$）

$[\,F(n+1) \leqq r\,F(n)\,]$

$0 \leqq |a_n - \alpha| \leqq |a_1 - \alpha| r^{n-1}$

$[\quad F(n) \quad \leqq \quad F(1) \quad r^{n-1}\,]$

> ここでも，不等式の形式だけど，等比関数列型の漸化式の解法パターンが活かされている。

ここで，$n \to \infty$ の極値を求めると，

$$0 \leqq \lim_{n \to \infty}|a_n - \alpha| \leqq \lim_{n \to \infty}|a_1 - \alpha| \overset{0 \ (\because 0 < r < 1)}{r^{n-1}} = 0$$

よって，ハサミ打ちの原理より，

> 0 以上，0 以下のハサミ打ちだ！

$$\lim_{n \to \infty}|\overset{\alpha}{a_n} - \alpha| = 0 \quad \therefore \lim_{n \to \infty} a_n = \alpha \quad \text{となる。}$$

この解法は完璧なんだけれど，これを見て疑問に思う方も多いと思う。それは，最終的な答えである極限値 α が最初の式：$|a_{n+1} - \alpha| \leqq r|a_n - \alpha|$ の時点で既に分かっていないといけないからなんだね。

ボクはこれを"刑コロ問題"と呼んでいる。最近，放送されることはめ

> "刑事コロンボ"の略

ったになくなったけれど，ドラマ"刑事コロンボ"では，いつも初めに犯人が犯行を犯すシーンから始まる。それを，名刑事コロンボが追い詰めていくという筋書きだ。つまり，この種の問題も最初から犯人である極限値の α が分かっていないといけない特殊な問題なので，"刑コロ"問題と呼ぶことにしてるんだ。

● 数列と関数の極限

それでは，この刑コロ問題の解法パターンを次の問題で練習しておこう。

例題 18　数列 $\{a_n\}$ が，$a_1 = 6$，$|a_{n+1} - 5| \leqq \dfrac{1}{2}|a_n - 5|$　$(n = 1, 2, \cdots)$
をみたすとき，極限 $\displaystyle\lim_{n \to \infty} a_n$ を求めてみよう。

$a_1 = 6$，$\underline{|a_{n+1} - 5|} \leqq \dfrac{1}{2}\underline{|a_n - 5|}$　……①　$(n = 1, 2, \cdots)$ より，

$$\left[F(n+1) \leqq \dfrac{1}{2} F(n) \right]$$

> 刑コロ問題のスタートラインだ。

$0 \leqq \underline{|a_n - 5|} \leqq |\overset{6}{\underline{a_1}} - 5| \cdot \left(\dfrac{1}{2}\right)^{n-1}$

> 絶対値が付いているので $0 \leqq |a_n - 5|$ もいいね。

$$\left[F(n) \leqq F(1) \cdot \left(\dfrac{1}{2}\right)^{n-1} \right]$$

$0 \leqq |a_n - 5| \leqq \left(\dfrac{1}{2}\right)^{n-1}$

よって，各辺の $n \to \infty$ の極値をとると，

$0 \leqq \displaystyle\lim_{n \to \infty}|a_n - 5| \leqq \lim_{n \to \infty}\overset{0}{\left(\left(\dfrac{1}{2}\right)^{n-1}\right)} = 0$

$\therefore$ ハサミ打ちの原理より，

$\displaystyle\lim_{n \to \infty}|\overset{5}{a_n} - 5| = 0$　よって，$\displaystyle\lim_{n \to \infty} a_n = 5$　となる。

それでは，刑コロ問題の実践練習をしよう。

例題 19　数列 $\{a_n\}$ が次の漸化式で定義されている。
　　$a_1 = 1$，$a_{n+1} = \sqrt{2a_n + 3}$　……①　$(n = 1, 2, 3, \cdots)$
このとき，極限 $\displaystyle\lim_{n \to \infty} a_n$ を求めてみよう。

---

①は解けない形の漸化式だけれど，その極限が $\displaystyle\lim_{n \to \infty} a_n = \alpha$（極限値）となるものと仮定しよう。すると，$\displaystyle\lim_{n \to \infty} a_{n+1} = \alpha$ となるので，$n \to \infty$ のとき，①は，
$\alpha = \sqrt{2\alpha + 3}$　となる。これを解いて，

　　$\alpha^2 = 2\alpha + 3$　　$\alpha^2 - 2\alpha - 3 = 0$　　$(\alpha - 3)(\alpha + 1) = 0$

$\therefore \alpha = 3$　（明らかに $\alpha > 0$ だから，$\alpha \neq -1$）

エッ，これで $\displaystyle\lim_{n \to \infty} a_n = 3$ が求まって，オシマイだって!?　とんでもない!!

53

これはあくまでも，$\lim_{n \to \infty} a_n$ が極限値 α をもつものと仮定して出てきた結果だから，$\lim_{n \to \infty} a_n = 3$ となる保証はまだどこにもない。ただ，犯人 (極限値) は 3 らしいと分かっただけだ。したがって，この後ボク達はコロンボになって，$|a_{n+1} - 3| \le r|a_n - 3|$ $(0 < r < 1)$ の形にもち込んで，犯人を追い詰めていけばいいんだね。

それでは，実際の解答に入ろう。

$a_1 = 1$，$a_{n+1} = \sqrt{2a_n + 3}$ ……① $(n = 1, 2, \cdots)$ について，

①の両辺から 3 を引いて，

> まず，左辺に $a_{n+1} - 3$ の形を作るところから始める。

$$a_{n+1} - 3 = \sqrt{2a_n + 3} - 3$$

> 分子・分母に $\sqrt{} + 3$ をかけた。

$$= \frac{\left(\sqrt{2a_n + 3} - 3\right)\left(\sqrt{2a_n + 3} + 3\right)}{\sqrt{2a_n + 3} + 3}$$

> $2a_n + 3 - 9$

$$\therefore \ a_{n+1} - 3 = \frac{2}{3 + \sqrt{2a_n + 3}}(a_n - 3) \quad \text{……②}$$

②の両辺の絶対値をとって，

> ⊕ より，これは絶対値の外に出せる。

$$|a_{n+1} - 3| = \left| \frac{2}{3 + \sqrt{2a_n + 3}}(a_n - 3) \right|$$

$$= \frac{2}{3 + \sqrt{2a_n + 3}}|a_n - 3| \le \frac{2}{3}|a_n - 3|$$

> 0 以上

> 分母に ⊕ のこの数がない方が，分数は大きくなる。

> サァ，刑コロ問題のスタートラインだ！

$$\therefore \ |a_{n+1} - 3| \le \frac{2}{3}|a_n - 3| \quad \left[F(n+1) \le \frac{2}{3}F(n) \right] \text{より，}$$

$$0 \le |a_n - 3| \le |\overset{1}{a_1} - 3| \cdot \left(\frac{2}{3}\right)^{n-1} \quad \left[F(n) \le F(1) \cdot \left(\frac{2}{3}\right)^{n-1} \right]$$

$$0 \le |a_n - 3| \le 2 \cdot \left(\frac{2}{3}\right)^{n-1} \quad \text{各辺の } n \to \infty \text{ の極限をとって，}$$

$$0 \le \lim_{n \to \infty} |a_n - 3| \le \lim_{n \to \infty} 2 \cdot \overset{0}{\left(\frac{2}{3}\right)^{n-1}} = 0$$

以上，ハサミ打ちの原理より，$\lim_{n \to \infty} |\overset{3}{a_n} - 3| = 0$

よって，$\lim_{n \to \infty} a_n = 3$ となるんだね。納得いった？

では，もう 1 題，解いておこう！

54

● 数列と関数の極限

例題 20　数列 $\{a_n\}$ が，$a_1 = 3$，$a_{n+1} = \dfrac{4}{a_n} + 3$ ……① $(n = 1, 2, \cdots)$

で定義されているとき，極限 $\displaystyle\lim_{n\to\infty} a_n$ を求めよう。

まず，$a_n \geqq 3$ $(n = 1, 2, \cdots)$ を示す。←これが，後で役に立つんだ。

・$n = 1$ のとき，$a_1 = 3$ でみたす。

・$n = k$ のとき，$a_k \geqq 3$ と仮定すると，

　①´ より，$a_{k+1} = \dfrac{4}{\underset{\oplus}{a_k}} + 3 \geqq 3$ となる。

よって，$n = k+1$ のときも成り立つ。
以上より，数学的帰納法により，
$a_n \geqq 3$ $(n = 1, 2, \cdots)$ となる。
では，①´ の両辺から 4 を引いて，←

$$a_{n+1} - 4 = \frac{4}{a_n} - 1 = \frac{4 - a_n}{a_n}$$

この両辺の絶対値をとって，

> $\displaystyle\lim_{n\to\infty} a_n = \alpha$ と仮定すると，
> $\displaystyle\lim_{n\to\infty} a_{n+1} = \alpha$ となる。
> よって，$n\to\infty$ のとき①は，
> $\quad\alpha = \dfrac{4}{\alpha} + 3$
> $\quad\alpha^2 - 3\alpha - 4 = 0$
> $\quad(\alpha - 4)(\alpha + 1) = 0$
> $\therefore \alpha = 4$ $(\alpha \neq -1)$
> よって，
> $\quad|a_{n+1} - 4| \leqq r|a_n - 4|$ $(0 < r < 1)$
> の形にもち込もう！

$$|a_{n+1} - 4| = \left|\frac{1}{a_n}(4 - a_n)\right| = \frac{1}{a_n}|4 - a_n| = \frac{1}{a_n}|a_n - 4| \leqq \frac{1}{3}|a_n - 4|$$

$\oplus$ より，絶対値の外へ出せる。 　 $\because a_n \geqq 3$ だからね。 　 0 以上

$\therefore |a_{n+1} - 4| \leqq \dfrac{1}{3}|a_n - 4|$ 　$\left[F(n+1) \leqq \dfrac{1}{3}F(n) \right]$ ← スタートライン！

$0 \leqq |a_n - 4| \leqq |\underset{3}{\boxed{a_1}} - 4|\left(\dfrac{1}{3}\right)^{n-1}$ 　$\left[F(n) \leqq F(1)\left(\dfrac{1}{3}\right)^{n-1} \right]$

$0 \leqq |a_n - 4| \leqq \left(\dfrac{1}{3}\right)^{n-1}$ 　　各辺の $n \to \infty$ の極値をとって，

$0 \leqq \displaystyle\lim_{n\to\infty}|a_n - 4| \leqq \lim_{n\to\infty}\boxed{\left(\dfrac{1}{3}\right)^{n-1}} = 0$

以上，ハサミ打ちの原理より，$\displaystyle\lim_{n\to\infty}\left|\boxed{a_n} - 4\right| = 0$

よって，$\displaystyle\lim_{n\to\infty} a_n = 4$ となる。

　どう？　これで，"刑コロ" 問題にもずい分慣れることが出来ただろう。

55

§3. 関数の基本

これから"関数の極限"の解説に入ろう。しかし，その前に関数について，その基本を予め学習しておく必要があるんだね。だから，この講義では"関数の平行移動"，"1対1対応"，"逆関数"，"合成関数"などについて，グラフを使って，ヴィジュアルに分かりやすく解説するつもりだ。

● 関数の平行移動からはじめよう！

図1に示すように，一般に関数 $y=f(x)$ を x 軸方向に p，y 軸方向に q だけ平行移動したものは，x と y の代わりに $x-p$，$y-q$ を代入して，$y-q=f(x-p)$ となるのは大丈夫だね。

図1 関数の平行移動

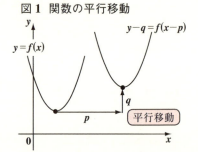

関数の平行移動

$$y=f(x) \xrightarrow[\text{平行移動}]{(p,\ q)\text{だけ}} y-q=f(x-p)$$
$$\therefore y=f(x-p)+q \text{ となる。}$$

ここで，分数関数：

$y = \dfrac{k}{x}$ （k：定数）

のグラフは，k の値の正・負によって，図2(ⅰ)(ⅱ)に示すように，2通りのグラフに分類される。

これと，関数の平行移動の知識を使って，次の例題のグラフを描いてみよう。

図2 分数関数 $y=\dfrac{k}{x}$ のグラフ

(ⅰ) $k>0$ のとき　　(ⅱ) $k<0$ のとき

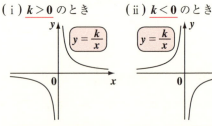

第1，3象限にグラフ　　第2，4象限にグラフ

● 数列と関数の極限

例題 21　$y = \dfrac{2x}{x-1}$ のグラフを描いてみよう。

与関数を変形すると，

$$y = \dfrac{2x}{x-1} = \dfrac{2(x-1)+2}{x-1} = 2 + \dfrac{2}{x-1}$$

∴ $y = \dfrac{2}{x-1} + 2$ は，$y = \dfrac{2}{x}$ を $(1, 2)$

だけ平行移動したものだ。
すなわち，

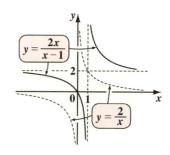

$y = \dfrac{2}{x}$ $\xrightarrow{(1,\,2)\text{だけ}\atop\text{平行移動}}$ $y - 2 = \dfrac{2}{x-1}$

よって，$y = \dfrac{2x}{x-1}$ のグラフは右上図のようになる。

では次，無理関数：

　$y = \sqrt{ax}$（a：定数）

のグラフは a の値の
正・負によって，図
3(ⅰ)(ⅱ)に示すよ
うに，2通りのグラ
フに分類される。

図3　無理関数 $y = \sqrt{ax}$ のグラフ
(ⅰ) $a > 0$ のとき　　(ⅱ) $a < 0$ のとき

だから，たとえば関数 $y = \sqrt{2x+2} + 2$ のグラフを求めたかったら，
$y = \sqrt{2(x+1)} + 2$ と変形すると，
$y = \sqrt{2x}$ を $(-1, 2)$ だけ平行移動
したものであることが分かるね。
つまり，

図4

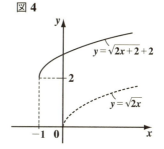

$y = \sqrt{2x}$ $\xrightarrow{(-1,\,2)\text{だけ}\atop\text{平行移動}}$ $y - 2 = \sqrt{2(x+1)}$

よって，$y = \sqrt{2x+2} + 2$ のグラフ
は，図4のようになるんだね。

57

● **逆関数もマスターしよう！**

それでは次，"1対1対応"の関数と，"逆関数"についても解説しよう。

関数 $y = f(x)$ が与えられたとき，図5(ⅰ)のように，1つの y の値 (y_1) に対して，1つの x の値 (x_1) が対応するとき，この関数を，**1対1対応の関数**という。これに対して，図5(ⅱ)のように，1つの y の値 (y_1) に対して，複数の x の値 (x_1，x_2) が対応する場合，当然これは1対1対応の関数ではないという。

図5
(ⅰ) 1対1対応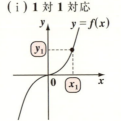
(ⅱ) 1対1対応ではない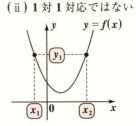

そして，$y = f(x)$ が1対1対応の関数のとき，x と y を入れ替え，さらにこれを $y = (x\text{の式})$ の形に変形したものを，$y = f(x)$ の"**逆関数**"と呼び，$y = f^{-1}(x)$ で表す。この $y = f(x)$ と $y = f^{-1}(x)$ は，直線 $y = x$ に関して対称なグラフになることも覚えておこう。

逆関数の公式

$y = f(x)$ ：1対1対応の関数のとき，

$y = f(x)$ ←逆関数→ $x = f(y)$
　　　　　　　　　　　$y = f^{-1}(x)$

直線 $y = x$ に関して対称なグラフ

元の関数の x と y を入れ替えたもの
これを，$y = (x\text{の式})$ の形に書き換える。
逆関数の出来上がり！

次の例題で，実際に逆関数を求めてみよう。

例題22　$y = f(x) = x^2 + 2$ $(x \geq 0)$ の逆関数 $y = f^{-1}(x)$ を求めてみよう。

$y = x^2 + 2$ $(-\infty < x < \infty)$ は，1対1対応の関数ではないけれど，右図に示すように，$y = f(x) = x^2 + 2$ $(x \geq 0)$ は，定義域を $x \geq 0$ に絞ることによって，1対1対応の関数になっているんだね。

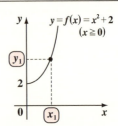

よって，$y = f(x) = x^2 + 2 \ (x \geq 0)$ ……①
の逆関数を求めることができる。

(i) まず①の x と y を入れ替えて，
$\quad x = y^2 + 2 \ (y \geq 0)$

(ii) これを $y = (x \text{の式})$ の形に変形すると，
$\quad y^2 = x - 2 \quad$ ここで，$y \geq 0$ より，
$\quad y = \sqrt{x-2} \quad$ となる。

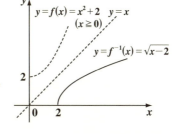

以上 (i)(ii) より，求める逆関数 $y = f^{-1}(x)$ は $y = f^{-1}(x) = \sqrt{x-2}$ となって，無理関数が導けた。

$y = f(x)$ と $y = f^{-1}(x)$ のグラフを右上図に示す。これから，$y = f(x) = x^2 + 2 \ (x \geq 0)$ と $y = f^{-1}(x) = \sqrt{x-2}$ のグラフは，直線 $y = x$ に関して線対称になることも確認できただろう。

同様に，三角関数 $y = \sin x$ は
1対1対応の関数ではないので，
その逆関数は存在しない。でも
図6に示すように，定義域を
$-\frac{\pi}{2} \leq x \leq \frac{\pi}{2}$ に限定して，

図6 $y = \sin x \left(-\frac{\pi}{2} \leq x \leq \frac{\pi}{2}\right)$ のグラフ

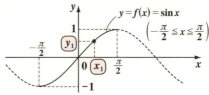

$\quad y = f(x) = \sin x \ \left(-\frac{\pi}{2} \leq x \leq \frac{\pi}{2}\right) \ (-1 \leq y \leq 1)$

とおくと，これは1対1対応の関数なので，その逆関数が存在するんだね。これも求めてみよう。

(i) まず x と y を入れ替えて，
$\quad x = \sin y \ \left(-\frac{\pi}{2} \leq y \leq \frac{\pi}{2}\right) \ (-1 \leq x \leq 1)$

(ii) これを $y = (x\text{の式})$ の形に表現するのに $\sin^{-1}$ の記号を用いて，
$\quad y = \underline{\sin^{-1} x} \ (-1 \leq x \leq 1) \ \left(-\frac{\pi}{2} \leq y \leq \frac{\pi}{2}\right) \ \text{となる。}$
$\quad \boxed{\text{これは，}\sin x \text{の逆関数で，"アークサイン} x \text{"と読む。}}$

これから，求める逆関数は $f^{-1}(x) = \sin^{-1} x \ (-1 \leq x \leq 1)$ となるんだね。

逆関数 $y = f^{-1}(x) = \sin^{-1}x \ (-1 \leq x \leq 1)$ のグラフを，図7に示す。当然，$y = f(x) = \sin^{-1}x \ (-1 \leq x \leq 1)$ のグラフは，元の関数
$y = f(x) = \sin x \ \left(-\dfrac{\pi}{2} \leq x \leq \dfrac{\pi}{2}\right)$ のグラフと直線 $y = x$ に関して線対称になる。
同様に，$\cos x \ (0 \leq x \leq \pi)$ や
$\tan x \ \left(-\dfrac{\pi}{2} \leq x \leq \dfrac{\pi}{2}\right)$ の逆関数 $\cos^{-1}x$ と $\tan^{-1}x$ も定義できる。

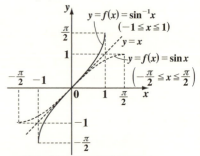

図7 $y = \sin^{-1}x \ (-1 \leq x \leq 1)$ のグラフ

"アークコサイン x"

"アークタンジェント x" と読む。

$y = \sin^{-1}x \ (-1 \leq x \leq 1)$ は上のグラフを表す関数のことで，決して $\dfrac{1}{\sin x}$ のことではないよ。

詳しく知りたい方は，「微分積分キャンパス・ゼミ」（マセマ）で学習されることを勧める。

● 合成関数は，東京発・SF 経由・NY 行きで覚えよう！

では，これから "合成関数" について解説しよう。下に，合成関数の考え方の模式図を示す。

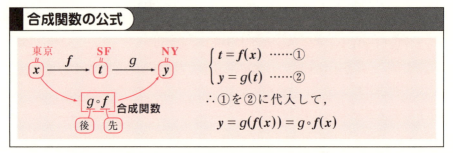

合成関数の公式

東京　SF　NY
$x \xrightarrow{f} t \xrightarrow{g} y$
$g \circ f$ 合成関数
後　先

$\begin{cases} t = f(x) \ \cdots\cdots ① \\ y = g(t) \ \cdots\cdots ② \end{cases}$

∴ ①を②に代入して，
$y = g(f(x)) = g \circ f(x)$

上の公式の x を東京，t を SF（サンフランシスコ），y を NY（ニューヨーク）とみると，上の図は，"東京発，SF 経由，NY 行き" ってことになるね。まず，(ⅰ) f という飛行機で x（東京）から t（SF）に行き，次に(ⅱ) g という飛行機で，中継地の t（SF）から最終目的地の y（NY）に行くことを表している。

この(ⅰ) $x \longrightarrow t$，(ⅱ) $t \longrightarrow y$ の代わりに，x（東京）から y（NY）に直航便を飛ばすのが合成関数なんだね。これを数式で表すと，

●数列と関数の極限

（ⅰ）$t = f(x)$ ……① 　[$x \longrightarrow t$]

（ⅱ）$y = g(t)$ ……② 　[$t \longrightarrow y$] 　となる。ここで，

①を②に代入して，直接 x と y の関係式にしたものが，合成関数なんだ。

　　$y = g(f(x))$ 　[$x \longrightarrow y$ の直航便]

これは，$y = g \circ f(x)$ と書いてもいい。ここで，$g \circ f(x)$ は，x に f が先に作

　　　　　　　　　　　　　（後）（先）

用して，g が後で作用することに注意しよう。これを間違えて，$f \circ g(x)$ とす

ると，g が先で，f が後だから，"東京発，台北経由，ハノイ行き(??)" な

んてことになるかも知れない。この $g \circ f(x)$ と $f \circ g(x)$ の違いを，次の例題

でシッカリ確認しておこう。

例題 23 　$f(x) = 4x^3 - 3x$，$g(x) = \cos x$ のとき，合成関数 $g \circ f(x)$ と
　　　　　$f \circ g(x)$ を求めてみよう。

（ⅰ）$g \circ f(x) = g(f(x)) = \cos\{f(x)\} = \cos(4x^3 - 3x)$ となる。

（ⅱ）$f \circ g(x) = f(g(x)) = 4\{g(x)\}^3 - 3g(x)$

　　　　　　　　$= 4\cos^3 x - 3\cos x = \cos 3x$ 　となる。

　三角関数の 3 倍角の公式：$\cos 3x = 4\cos^3 x - 3\cos x$ を使った！

これで違いも十分理解できたと思う。

　この合成関数の考え方は，複雑な関数の微分計算や積分計算でも利用す

ることになるので，シッカリ頭に入れておこう。

61

§4. 関数の極限

"関数の基本"の解説も終わったので，いよいよ"**関数の極限**"の解説に入ろう。"関数の極限"はこれまで学習した"数列の極限"と，$\frac{\infty}{\infty}$ の不定形など，オーバーラップする部分も多いので，学習しやすいはずだ。

しかし，$\frac{0}{0}$ の不定形など，関数の極限で新たに出てくるテーマもあるので，また分かりやすく解説するつもりだ。

今回の講義では，具体的には"**分数関数**"，"**無理関数**"，そして"**三角関数**"の極限を中心に教えよう。

● まず，$\frac{0}{0}$ の不定形の意味をマスターしよう！

まず，分数関数 $\frac{1}{x}$ に対して，

(i) $x \to +0$ と (ii) $x \to -0$ の

| $x = +0.00\cdots01$ のように，$\oplus$ 側から 0 に近づく。 | $x = -0.00\cdots01$ のように，$\ominus$ 側から 0 に近づくことを表す。 |

図1 $\lim_{x \to +0}\frac{1}{x}$ と $\lim_{x \to -0}\frac{1}{x}$ のグラフのイメージ

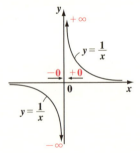

2つの極限について考えよう。

(i) $x \to +0$ のときは，

$$\lim_{x \to +0}\frac{1}{\boxed{x}} = \frac{1}{+0} = +\infty \quad \text{と発散し，}$$
$$\boxed{+0.00\cdots01}$$

(ii) $x \to -0$ のときは，

$$\lim_{x \to -0}\frac{1}{\boxed{x}} = \frac{1}{-0} = -\infty \quad \text{と発散するのも大丈夫だね。}$$
$$\boxed{-0.00\cdots01}$$

このグラフのイメージを図1に示しておいた。

また，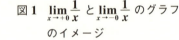 となるのも大丈夫だね。

● 数列と関数の極限

一般に，$x \to 0$ とした場合，$x \to +0$ と $x \to -0$ のいずれの場合も含む。初めの $\frac{1}{x}$ の極限の例では，$x \to +0$ か，$x \to -0$ でまったく異なる結果になるけれど，$\frac{x}{3}$ や $\frac{x^2}{4}$ の $x \to 0$ の極限では，特にこの **2** つを区別する必要はないのが分かると思う。

関数の極限では，数列の極限のところで解説した $\frac{\infty}{\infty}$ の不定形も問題になるけれど，新たに $\frac{0}{0}$ の不定形も頻繁に出てくることになる。まず，この $\frac{0}{0}$ の不定形のイメージを押さえておこう。

（ⅰ）$\dfrac{0.000000004}{0.001} \longrightarrow 0$ （収束）$\left[\dfrac{\text{強い } 0}{\text{弱い } 0} \longrightarrow 0 \right]$

（ⅱ）$\dfrac{0.005}{0.000000002} \longrightarrow \infty$ （発散）$\left[\dfrac{\text{弱い } 0}{\text{強い } 0} \longrightarrow \infty \right]$

（ⅲ）$\dfrac{0.00001}{0.00003} \longrightarrow \dfrac{1}{3}$ （収束）$\left[\dfrac{\text{同じ強さの } 0}{\text{同じ強さの } 0} \longrightarrow \text{有限な値} \right]$

$\frac{0}{0}$ の極限なので，分母，分子がともに **0** に近づいていくのは大丈夫だね。

注意

> ここで，"強い **0**" とは "**0** に収束する速さが大きい **0** のこと" で，"弱い **0**" とは "**0** に収束する速さが小さい **0** のこと" だ。これらも，理解を助けるための便宜上の表現なので，答案には "強い **0**" や "弱い **0**" を記述してはいけない。

（ⅰ）（ⅱ）（ⅲ）はいずれも，**0** に近づいていく動きのある極限のある瞬間をとらえたスナップ写真と考えてくれたらいい。

（ⅰ）$\dfrac{\text{強い } 0}{\text{弱い } 0}$ の形では，分子の方が分母より相対的にずっとずっと小さくなるので，**0** に収束してしまうんだね。

（ⅱ）これは，（ⅰ）の逆数のパターンなので，割り算したら ∞ に発散する。

（ⅲ）これは，分母・分子ともに同じ強さの **0** なので，割り算をした結果，有限なある値 (有限確定値) に近づくパターンだ。

63

それでは，関数の極限の問題を実際に解いてみることにしよう。

例題 24 極限値 $\displaystyle\lim_{x \to 0} \frac{\sqrt{4+x} - \sqrt{4-x}}{x}$ を求めよう。

$\displaystyle\lim_{x \to 0} \frac{\sqrt{4 + \boxed{x}} - \sqrt{4 - \boxed{x}}}{\boxed{x}}$ ← $\dfrac{\sqrt{4} - \sqrt{4}}{0} = \dfrac{0}{0}$ の不定形だ。

$\displaystyle = \lim_{x \to 0} \frac{(\sqrt{4+x} - \sqrt{4-x})(\sqrt{4+x} + \sqrt{4-x})}{x(\sqrt{4+x} + \sqrt{4-x})}$ ← $\sqrt{} - \sqrt{}$ が出てきたら，分子・分母に $\sqrt{} + \sqrt{}$ をかけるといい。

$\displaystyle = \lim_{x \to 0} \frac{4 + x - (4 - x)}{x(\sqrt{4+x} + \sqrt{4-x})}$

$\displaystyle = \lim_{x \to 0} \frac{2x}{x(\sqrt{4+x} + \sqrt{4-x})}$ ← これで，$\dfrac{0}{0}$ の不定形の要素が消えた！

$\displaystyle = \lim_{x \to 0} \frac{2}{\sqrt{4 + \boxed{x}} + \sqrt{4 - \boxed{x}}} = \frac{2}{\sqrt{4} + \sqrt{4}} = \frac{2}{4} = \frac{1}{2}$　となる。

例題 25 $\displaystyle\lim_{x \to 1} \frac{ax - b\sqrt{x^2 + 8}}{x - 1} = 8$ ……① となるとき，定数 a と b の値を求めてみよう。

---

①の左辺の極限について，

・分母：$\displaystyle\lim_{x \to 1}(x - 1) = 1 - 1 = 0$ より，

・分子：$\displaystyle\lim_{x \to 1}\left(a\boxed{x} - b\sqrt{\boxed{x^2} + 8}\right) = a - 3b = 0$

分母 $\to 0$ ならば分子 $\to 0$ となって，$\dfrac{0.0008}{0.0001}$ のイメージで，8 に収束しなければならないからね。

　∴ $a = 3b$ ……②

②を①に代入して，

①の左辺 $\displaystyle = \lim_{x \to 1} \frac{3bx - b\sqrt{x^2 + 8}}{x - 1}$ ← $\dfrac{0}{0}$ の不定形だ。

$\displaystyle = \lim_{x \to 1} \frac{b(3x - \sqrt{x^2 + 8})(3x + \sqrt{x^2 + 8})}{(x - 1)(3x + \sqrt{x^2 + 8})}$

$9x^2 - (x^2 + 8) = 8(x + 1)(x - 1)$

分子・分母に $(3x + \sqrt{x^2 + 8})$ をかけた。

● 数列と関数の極限

①の左辺 $= \lim_{x \to 1} \dfrac{8b(x+1)(x-1)}{(x-1)(3x+\sqrt{x^2+8})}$ ← $\dfrac{0}{0}$ の不定形の要素が消えた！

$= \lim_{x \to 1} \dfrac{8b(x+1)}{3x+\sqrt{x^2+8}} = \dfrac{16b}{3+3} = \boxed{\dfrac{8}{3}b = 8}$ （ $=$ ①の右辺）

$\dfrac{8}{3}b = 8$ より，$b = 3$　　これを②に代入して，$a = 9$

以上より，$a = 9$，$b = 3$ と求まるんだね。大丈夫だった？

● 三角関数の3つの極限の基本公式を紹介しよう！

それでは次，三角関数（$\sin x$, $\cos x$, $\tan x$）の極限の3つの基本公式を

もちろん，角 x の単位は "ラジアン" だ！（$180° = \pi$（ラジアン））

下に示す。これらは頻出の公式なので，シッカリ頭に入れておこう。

三角関数の極限公式

(1) $\displaystyle\lim_{x \to 0} \dfrac{\sin x}{x} = 1$　　(2) $\displaystyle\lim_{x \to 0} \dfrac{\tan x}{x} = 1$　　(3) $\displaystyle\lim_{x \to 0} \dfrac{1-\cos x}{x^2} = \dfrac{1}{2}$

$x \to 0$ のとき，$\dfrac{\sin x}{x}$, $\dfrac{\tan x}{x}$, $\dfrac{1-\cos x}{x^2}$ はすべて $\dfrac{0}{0}$ の不定形になるんだ

（$\sin 0 = 0$　$\tan 0 = 0$　$1 - \cos 0 = 1 - 1 = 0$　$0^2 = 0$）

けれど，公式で示す通り，これらはすべて有限な値に収束する。

実は，(2)，(3) の公式は，(1) の公式から次のように導ける。

(2) $\displaystyle\lim_{x \to 0} \dfrac{\tan x}{x} = \lim_{x \to 0} \dfrac{\sin x}{x} \cdot \dfrac{1}{\cos x} = 1 \cdot \dfrac{1}{1} = 1$　となる。

（$\dfrac{\sin x}{\cos x}$）（1（公式(1) より））（$\cos 0 = 1$）

(3) $\displaystyle\lim_{x \to 0} \dfrac{1-\cos x}{x^2} = \lim_{x \to 0} \dfrac{(1-\cos x)(1+\cos x)}{x^2(1+\cos x)}$

（$1 - \cos^2 x = \sin^2 x$）　分子・分母に（$1 + \cos x$）をかけた。

$= \displaystyle\lim_{x \to 0} \left(\dfrac{\sin x}{x}\right)^2 \cdot \dfrac{1}{1+\cos x} = 1^2 \cdot \dfrac{1}{1+1} = \dfrac{1}{2}$　と，これも導けた！

65

(1),(2)はスナップ写真のイメージでは$\dfrac{0.0001}{0.0001}$のパターンだから，その逆数の極限も，

$$\lim_{x \to 0} \dfrac{x}{\sin x} = 1 \qquad \lim_{x \to 0} \dfrac{x}{\tan x} = 1 \quad \text{となる。}$$

> (1) $\lim_{x \to 0} \dfrac{\sin x}{x} = 1$
> (2) $\lim_{x \to 0} \dfrac{\tan x}{x} = 1$
> (3) $\lim_{x \to 0} \dfrac{1 - \cos x}{x^2} = \dfrac{1}{2}$

これに対して(3)の公式は$\dfrac{0.0001}{0.0002}$のパターンだから，この逆数の極限は当然，$\lim\limits_{x \to 0} \dfrac{x^2}{1 - \cos x} = 2$ となるんだね。

それでは，三角関数の極限の最重要公式(1) $\lim\limits_{x \to 0} \dfrac{\sin x}{x} = 1$ の証明をやっておこう。これは図形的に証明するので，まず，扇形の面積の公式から入ろう。

図2に示すように，中心角 x (ラジアン)の扇形の面積を S，円弧の長さを l とおくと，これらはそれぞれ，円の面積 πr^2 と円周の長さ $2\pi r$ を $\dfrac{x}{2\pi}$ 倍したものになるので，

図2 扇形の面積

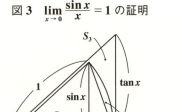

（$\dfrac{x}{2\pi}$ は 360°のこと）

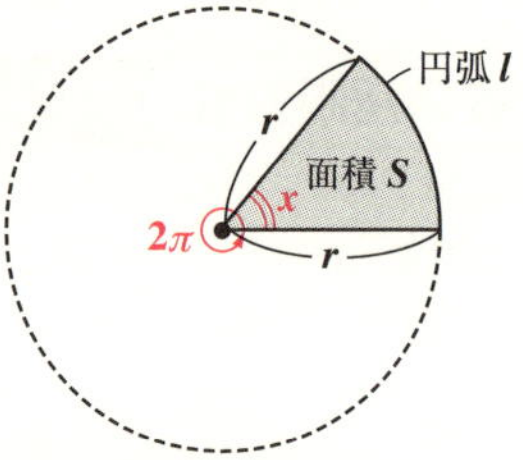

$$\begin{cases} \text{扇形の面積 } S = \dfrac{1}{2} r^2 x \\ \text{円弧の長さ } l = rx \end{cases} \quad \text{となる。}$$

・$S = \pi r^2 \times \dfrac{x}{2\pi} = \dfrac{1}{2} r^2 x$
・$l = 2\pi r \times \dfrac{x}{2\pi} = rx$

では，極限の証明に入ろう。

図3に示すように，中心角 x $\left(0 < x < \dfrac{\pi}{2}\right)$，半径1の扇形を考える。この面積を S_2 とおくと，公式より，

$S_2 = \dfrac{1}{2} \cdot 1^2 \cdot x = \dfrac{x}{2}$ となる。

図3 $\lim\limits_{x \to 0} \dfrac{\sin x}{x} = 1$ の証明

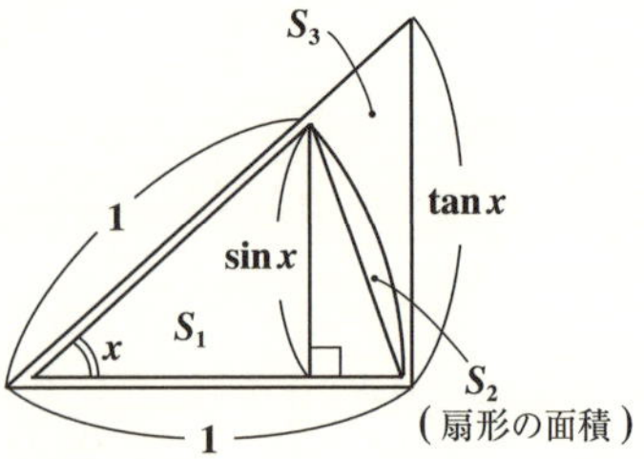

- この扇形に内接する，底辺が 1，高さが $\sin x$ の三角形の面積を S_1 とおくと，
  $S_1 = \dfrac{1}{2} \cdot 1 \cdot \sin x = \dfrac{1}{2} \sin x$ となる。
- この扇形に外接する，底辺が 1，高さが $\tan x$ の三角形の面積を S_3 とおくと，
  $S_3 = \dfrac{1}{2} \cdot 1 \cdot \tan x = \dfrac{1}{2} \cdot \dfrac{\sin x}{\cos x}$ となる。

図3より明らかに，$S_1 < S_2 < S_3$

よって，$\dfrac{1}{2}\sin x < \dfrac{x}{2} < \dfrac{1}{2} \cdot \dfrac{\sin x}{\cos x}$　　各辺を 2 倍して，

$\underset{(ア)}{\sin x < x} < \underset{(イ)}{\dfrac{\sin x}{\cos x}}$　$\left(0 < x < \dfrac{\pi}{2}\right)$

ここで，$0 < x < \dfrac{\pi}{2}$ より，$\sin x > 0$，$\cos x > 0$ だね。よって，

(ア) $\sin x \leqq x$ について，両辺を $x\,(>0)$ で割って，

　　極限をとるため，等号を加えた！　等号を加えて範囲を広げてもかまわない。

　　$\dfrac{\sin x}{x} \leqq 1$　となる。

(イ) $x \leqq \dfrac{\sin x}{\cos x}$ について，両辺に $\dfrac{\cos x}{x}\,(>0)$ をかけて，

　　等号を加えた！

　　$\cos x \leqq \dfrac{\sin x}{x}$　となる。

以上 (ア)(イ) より，$x > 0$ のとき，$\cos x \leqq \dfrac{\sin x}{x} \leqq 1$ ……①

(ⅰ) ここで，①の各辺に $x \to +0$ の極限をとると，　　$x > 0$ より，まず $x \to +0$ の極限を調べる。

　　$\displaystyle\lim_{x \to +0} \boxed{\cos x} \leqq \lim_{x \to +0} \dfrac{\sin x}{x} \leqq 1$　となって，
　　　　$\cos 0 = 1$

　　ハサミ打ちの原理より，$\displaystyle\lim_{x \to +0} \dfrac{\sin x}{x} = 1$ ……② が導かれる。

(ii) 次，$x<0$ のとき，$x \to -0$ の極限がどうなるかも調べてみよう。

$x>0$ のとき $\cos x \leq \dfrac{\sin x}{x} \leq 1$ ……①

$x<0$ より，$-x>0$　よって，①の x に $-x\,(>0)$ を代入して，

$$\underbrace{\cos(-x)}_{\cos x} \leq \dfrac{\overbrace{\sin(-x)}^{-\sin x}}{-x} \leq 1$$

（ただし，この x は負）

$\cos x \leq \dfrac{\sin x}{x} \leq 1$ ……①′　となって，①と同じ式が導ける。

①′ の各辺に $x \to -0$ の極限をとると，

$$\lim_{x \to -0}\underbrace{\cos x}_{\cos 0 = 1} \leq \lim_{x \to -0}\dfrac{\sin x}{x} \leq 1 \quad \text{となって，}$$

ハサミ打ちの原理より，$\displaystyle\lim_{x \to -0}\dfrac{\sin x}{x} = 1$ ……③ も導かれた。

以上②，③より，(1) の公式 $\displaystyle\lim_{x \to 0}\dfrac{\sin x}{x} = 1$ が導けた。

この (1) の公式より，$x \to 0$ の極限を少しゆるめて，$x \fallingdotseq 0$ とすると，$\dfrac{\sin x}{x} \fallingdotseq 1$，すなわち $\sin x \fallingdotseq x$ の近似公式が導ける。$y = \sin x$ と $y = x$ はまったく異なるグラフなんだけれど，右図に示すように，$x \fallingdotseq 0$ 付近ではほとんど区別できない。よって，$\sin x \fallingdotseq x$ が成り立つんだね。同様に，(2), (3) の公式から，$x \fallingdotseq 0$ のとき，$\tan x \fallingdotseq x$，$\cos x \fallingdotseq 1 - \dfrac{1}{2}x^2$ の近似式も成り立つことも分かると思う。

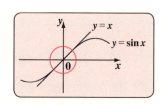

(2) $\displaystyle\lim_{x \to 0}\dfrac{\tan x}{x} = 1$ より，$x \fallingdotseq 0$ のとき，$\dfrac{\tan x}{x} \fallingdotseq 1$

(3) $\displaystyle\lim_{x \to 0}\dfrac{1-\cos x}{x^2} = \dfrac{1}{2}$ より，$x \fallingdotseq 0$ のとき，$\dfrac{1-\cos x}{x^2} \fallingdotseq \dfrac{1}{2}$

それでは，次の例題で三角関数の極限を求めてみよう。

● 数列と関数の極限

例題 26 次の関数の極限を求めよう。

$$(1)\lim_{x \to 0} \frac{\sin 2x}{x} \qquad (2)\lim_{x \to 0} \frac{x\sin 2x}{\tan^2 x} \qquad (3)\lim_{x \to 0} \frac{1-\cos 3x}{x\tan 2x}$$

$(1)\ \displaystyle\lim_{x \to 0} \frac{\sin 2x}{x} = \lim_{\substack{x \to 0 \\ (\theta \to 0)}} \frac{\sin 2x}{2x} \cdot 2$

$2x = \theta$ とおくと、
$x \to 0$ のとき $\theta \to 0$ より、
公式：$\displaystyle\lim_{\theta \to 0} \frac{\sin\theta}{\theta} = 1$
を使った。

$\qquad\qquad = 1 \cdot 2 = 2$ となる。

$(2)\ \displaystyle\lim_{x \to 0} \frac{x\sin 2x}{\tan^2 x}$ $\dfrac{0}{0}$ の不定形

$\qquad = \displaystyle\lim_{x \to 0} \frac{x^2}{\tan^2 x} \cdot \frac{\sin 2x}{x}$

$2x = \theta$ とおくと、
$x \to 0$ のとき $\theta \to 0$ より、
公式：$\displaystyle\lim_{\theta \to 0} \frac{\sin\theta}{\theta} = 1$
を使った。

$\qquad = \displaystyle\lim_{\substack{x \to 0 \\ (\theta \to 0)}} \left(\frac{x}{\tan x}\right)^2 \cdot \frac{\sin 2x}{2x} \cdot 2$

公式：$\displaystyle\lim_{x \to 0} \frac{x}{\tan x} = 1$

$\qquad = 1^2 \cdot 1 \cdot 2 = 2$ となる。

$(3)\ \displaystyle\lim_{x \to 0} \frac{1-\cos 3x}{x\tan 2x}$ $\dfrac{0}{0}$ の不定形

$\qquad = \displaystyle\lim_{x \to 0} \frac{1-\cos 3x}{9x^2} \cdot \frac{9x}{\tan 2x}$

φ（ファイ）：ギリシャ文字

$2x = \varphi$ とおくと、
$x \to 0$ のとき $\varphi \to 0$ より、
公式：$\displaystyle\lim_{\varphi \to 0} \frac{\varphi}{\tan\varphi} = 1$

$\qquad = \displaystyle\lim_{\substack{x \to 0 \\ (\theta \to 0) \\ (\varphi \to 0)}} \frac{1-\cos 3x}{(3x)^2} \cdot \frac{2x}{\tan 2x} \cdot \frac{9}{2}$

$3x = \theta$ とおくと、
$x \to 0$ のとき $\theta \to 0$ より、
公式：$\displaystyle\lim_{\theta \to 0} \frac{1-\cos\theta}{\theta^2} = \frac{1}{2}$
を使った。

$\qquad = \dfrac{1}{2} \cdot 1 \cdot \dfrac{9}{2} = \dfrac{9}{4}$

となって，答えだ！

69

講義 2 ● 数列と関数の極限　公式エッセンス

1. 無限級数の和の公式

(1) 無限等比級数の和

> このとき，$\lim_{n \to \infty} r^n = 0$

$$\sum_{k=1}^{\infty} ar^{k-1} = a + ar + ar^2 + \cdots\cdots = \frac{a}{1-r} \quad (\text{収束条件}: -1 < r < 1)$$

(2) 部分分数分解型：$(ex)\sum_{k=1}^{\infty} \frac{1}{k(k+1)}$ について，

部分和 $S_n = \sum_{k=1}^{n} \frac{1}{k(k+1)} = \sum_{k=1}^{n} \left(\underset{I_k}{\frac{1}{k}} - \underset{I_{k+1}}{\frac{1}{k+1}} \right) = \underset{I_1}{1} - \underset{I_{n+1}}{\frac{1}{n+1}}$ より，

$$\sum_{k=1}^{\infty} \frac{1}{k(k+1)} = \lim_{n \to \infty} S_n = \lim_{n \to \infty} \left(1 - \overset{0}{\frac{1}{n+1}} \right) = 1 \quad \text{と求める。}$$

2. ダランベールの判定法

> r は ∞ でもかまわない。

正項級数 $\sum_{k=1}^{\infty} \overset{\oplus}{a_k}$ について，$\lim_{n \to \infty} \frac{a_{n+1}}{a_n} = r$ のとき，正項級数は，

(i) $0 \leqq r < 1$ ならば，収束し，　　(ii) $1 < r$ ならば，発散する。

3. 一般項 a_n が求まらない場合の極限の解法

$|a_{n+1} - \alpha| \leqq r|a_n - \alpha| \quad (0 < r < 1)$ のとき，$0 \leqq |a_n - \alpha| \leqq |a_1 - \alpha| r^{n-1}$

$[F(n+1) \leqq r \ F(n)]$　　　　　　　　　　$[\ F(n) \leqq F(1) \ r^{n-1}]$

にもち込み，$n \to \infty$ の極限をとって，

$$0 \leqq \lim_{n \to \infty} | \overset{\alpha}{a_n} - \alpha | \leqq \lim_{n \to \infty} |a_1 - \alpha| \overset{0}{r^{n-1}} = 0 \quad \therefore \lim_{n \to \infty} a_n = \alpha$$

> はさみ打ちの原理より

4. 逆関数の公式

$y = f(x)$：1 対 1 対応の関数のとき，

$$y = f(x) \underset{\text{関して対称}}{\overset{\text{直線 } y=x \text{ に}}{\longleftrightarrow}} x = f(y)$$

y について解いて，逆関数 $y = f^{-1}(x)$ を求める。

5. 合成関数の公式

$y = g(t)$，$t = f(x)$ のとき，合成関数 $y = g(f(x)) = g \circ f(x)$

6. 三角関数の極限公式

(1) $\lim_{x \to 0} \frac{\sin x}{x} = 1$　　(2) $\lim_{x \to 0} \frac{\tan x}{x} = 1$　　(3) $\lim_{x \to 0} \frac{1 - \cos x}{x^2} = \frac{1}{2}$

微分法

― テーマ ―

▶ 微分係数と導関数
$$\left(f'(a) = \lim_{h \to 0} \frac{f(a+h) - f(a)}{h}\right)$$

▶ 微分計算
$$\left(\text{合成関数の微分}\ \frac{dy}{dx} = \frac{dy}{dt} \cdot \frac{dt}{dx}\right)$$

▶ 微分法と関数のグラフ
$$\left(\text{平均値の定理}\ \frac{f(b) - f(a)}{b - a} = f'(c)\right)$$

▶ マクローリン展開
$$\left(f(x) = f(0) + \frac{f^{(1)}(0)}{1!}x + \frac{f^{(2)}(0)}{2!}x^2 + \cdots\right)$$

§1. 微分係数と導関数

サァ，これから"微分法"の解説に入ろう。"微分・積分"は大学数学の中でも最も基本となる分野で，大学数学を攻略していくためには，まずこの"微分・積分"をシッカリマスターしておく必要があるんだね。

ここでは，"微分法"の基礎として，"微分係数"と"導関数"の定義式について教えよう。さらに，副産物として，"ネイピア数"e の正体もここで明らかにするつもりだ。また，"指数関数"e^x や"自然対数関数" $\log x$ に関する極限公式についても解説しよう。

（底 e の対数のこと）

● 微分係数の定義式から始めよう！

まず，"微分係数"$f'(a)$ の定義式を下に示す。

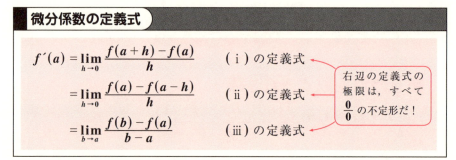

微分係数の定義式

$$f'(a) = \lim_{h \to 0} \frac{f(a+h) - f(a)}{h} \quad \text{(i) の定義式}$$

$$= \lim_{h \to 0} \frac{f(a) - f(a-h)}{h} \quad \text{(ii) の定義式}$$

$$= \lim_{b \to a} \frac{f(b) - f(a)}{b - a} \quad \text{(iii) の定義式}$$

（右辺の定義式の極限は，すべて $\frac{0}{0}$ の不定形だ！）

では，(i) の定義式から解説しよう。図 1 に示すように，曲線 $y = f(x)$ 上に 2 点 $A(a, f(a))$，$B(a+h, f(a+h))$ をとり，直線 AB の傾きを求めると，$\dfrac{f(a+h) - f(a)}{h}$ となるね。これを"平均変化率"と呼ぶ。

ここで，$h \to 0$ として，極限を求めると，

$$\lim_{h \to 0} \frac{f(a+\boxed{h}) - f(a)}{\boxed{h}} = \frac{0}{0}$$ の不定形になる。

図 1 平均変化率は直線 AB の傾き

そして，これが極限値をもつときに，これを"**微分係数**" $f'(a)$ と定義する。

つまり，$f'(a) = \lim_{h \to 0} \dfrac{f(a+h) - f(a)}{h}$ となるんだね。

> これが極限値をもつとき，$f'(a)$ は存在する。

図2 微分係数 $f'(a)$ は極限から求まる

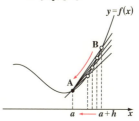

これをグラフで見ると，図2のように，$h \to 0$ のとき，$a+h \to a$ となるので，点Bは限りなく点Aに近づくだろう。結局，図3のように，直線ABは，曲線 $y = f(x)$ 上の点 $A(a, f(a))$ における接線に限りなく近づくから，$f'(a)$ はこの点Aにおける接線の傾きを表すことになるんだね。納得いった？

図3 微分係数 $f'(a)$ は接線の傾き

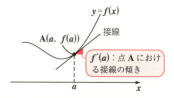

> $f'(a)$：点Aにおける接線の傾き

ここで，図1の $a+h$ を，$a+h = b$ とおくと，平均変化率は図4に示すように，$\dfrac{f(b) - f(a)}{b - a}$ となる。ここで，$b \to a$ とすると，同様に $f'(a)$ が得られるのが分かるだろう。これが，(ⅲ) の定義式だ。

図4 $a+h = b$ とおいても $f'(a)$ は求まる

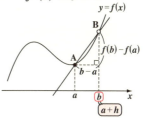

では，(ⅱ) の定義式についても解説しよう。
これは，$A(a, f(a))$，$B(a-h, f(a-h))$ とおいて，平均変化率 $\dfrac{f(a) - f(a-h)}{h}$ を求め，$h \to 0$ の極限として，$f'(a)$ を求める定義式のことなんだ。
ここで，$h > 0$ と考えると，
(ⅰ) の定義式では，Bは右からAに近づくので，"**右側微分係数**" と呼び，
(ⅱ) の定義式では，Bは左からAに近づくので，"**左側微分係数**" と呼ぶこともあるので，覚えておこう。

それでは，微分係数の定義式について，次の例題を解いてみよう。

例題 27 微分係数 $f'(a)$ が存在するとき，次の極限：
$$\lim_{h \to 0} \frac{f(a+5h)-f(a-h)}{h} \text{ を, } f'(a) \text{ で表してみよう。}$$

$$\lim_{h \to 0} \frac{f(a+5h)-f(a-h)}{h}$$

（$f(a)$ を引いた分，たした！）

$$= \lim_{h \to 0} \frac{\{f(a+5h)-f(a)\}+\{f(a)-f(a-h)\}}{h}$$

$$= \lim_{\substack{h \to 0 \\ (h' \to 0)}} \left\{ \frac{f(a+\boxed{5h})-f(a)}{\boxed{5h}} \cdot 5 + \frac{f(a)-f(a-h)}{h} \right\}$$

（↑ $f'(a)$ ）　　　（↑ $f'(a)$ ）

（$h \to 0$ のとき，$2h = h' \to 0$ となる。）

$= f'(a) \times 5 + f'(a) = 6f'(a)$　となって，答えだ！

● ネイピア数 e の定義はこれだ！

微分係数 $f'(a)$ の定義式から，指数関数 $y = f(x) = a^x$ $(a>0)$ の $x=0$ における微分係数 $f'(0)$ は，次のようになる。

図5　指数関数 $y = e^x$

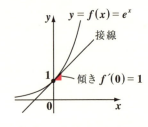

$$f'(0) = \lim_{h \to 0} \frac{\overbrace{f(0+h)}^{a^{0+h}=a^h} - \overbrace{f(0)}^{a^0=1}}{h}$$

$$= \lim_{h \to 0} \frac{a^h - 1}{h}$$

ここで，図5に示すように，この $f'(0)$ が1となるときの底 a の値のことを "**ネイピア数**" e と定義するわけだから，

$$f'(0) = \lim_{h \to 0} \frac{e^h - 1}{h} = 1 \quad \text{となる。}$$

（変数 h の代わりに x を用いてもかまわないね。）

∴ 極限公式：$\lim_{x \to 0} \dfrac{e^x - 1}{x} = 1$ …(∗1)　が導ける。

これが"ネイピア数"eの定義式なんだ。そして，大学の数学で一般に指数関数というと，このeを底にした$y = e^x$を指すことも頭に入れておいてくれ。それではさらに，このeについて深めていこう。

● 自然対数は，底がeの対数のことだ！

　$a^b = c$ と $b = \log_a c$ が同値な式であることは，高校の数学で習っていると思う。ここで，$\log_a c$ を「a を底とする c の対数」という。

（底）（真数）

また，底と真数の条件が，

$\begin{cases} (\text{i}) \ 底 a の条件：a > 0 \ かつ \ a \neq 1 \\ (\text{ii}) \ 真数条件：c > 0 \end{cases}$ と であることもいいね。

そして，底 a の対数関数は $y = \log_a x$ で表され，このグラフは図6に示すように，点 $(1, \ 0)$ を通り，
(i) $a > 1$ のときは，単調に増加し，
(ii) $0 < a < 1$ のときは，単調に減少する関数であることも御存知のはずだ。

図6　対数関数 $y = \log_a x$

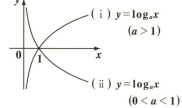

(i) $y = \log_a x$
　　$(a > 1)$

(ii) $y = \log_a x$
　　$(0 < a < 1)$

ここで，底が $e(= 2.7182\cdots)$ の対数関数 $y = \log_e x$ のことを"自然対数関数"と呼び，底 e を省略して，$\log x$ と表す。
さらに，大学で対数関数という場合，この自然対数関数 $y = \log x$ を指すことも覚えておこう。

　対数関数 $y = \log x$ は，$x = e^y$ と同値で，これは指数関数 $y = e^x$ の逆関数なんだね。よって，指数関数 $y = e^x$

図7　指数関数 $y = e^x$ と
　　　対数関数 $y = \log x$

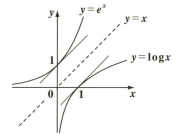

と対数関数 $y = \log x$ のグラフは図7に示すように，直線 $y = x$ に関して対称なグラフになる。

それでは，自然対数の計算公式についても，下に示しておこう。

自然対数の計算公式

(1) $\log 1 = 0$ ← $e^0 = 1$

(2) $\log e = 1$ ← $e^1 = e$

(3) $\log xy = \log x + \log y$

(4) $\log \dfrac{x}{y} = \log x - \log y$

(5) $\log x^p = p \log x$

(6) $\log_a x = \dfrac{\log x}{\log a}$

(ただし，e：ネイピア数，$x > 0$，$y > 0$，$a > 0$ かつ $a \neq 1$，p：実数)

これらは，高校で学習した対数の計算公式と本質的には同じものだから，特に問題はないはずだ。ここで，ネイピア数 e は，"自然対数の底"と表現することもあるので，覚えておこう。

● e^x と $\log x$ の極限公式も押さえよう！

準備が整ったので，指数関数 e^x と対数関数 $\log x$ の極限の基本公式を導いておこう。まず，P74 で示した e^x の極限公式：

$$\lim_{x \to 0} \frac{e^x - 1}{x} = 1 \quad \cdots (*1) \quad \text{からスタートしよう。}$$

ここで，$e^x - 1 = u$ とおくと，$e^x = 1 + u$ $\quad \therefore x = \log(1 + u)$ となる。また，$x \to 0$ のとき，$u \to 0$ となるから，$(*1)$ は次のようになる。

$e^x - 1$ $\quad$ $e^0 - 1 = 1 - 1$

$$\lim_{x \to 0} \frac{\overbrace{e^x - 1}^{u}}{\underset{\log(1+u)}{x}} = \lim_{u \to 0} \frac{u}{\log(1 + u)} = \boxed{\lim_{u \to 0} \frac{1}{\dfrac{\log(1 + u)}{u}} = 1}$$

これから，$\lim_{u \to 0} \dfrac{\log(1 + u)}{u} = 1$ ここで，文字変数 u を x に代えてもいいので，

$$\lim_{x \to 0} \frac{\log(1 + x)}{x} = 1 \quad \cdots (*2) \quad \text{も導ける。}$$

さらに，$(*2)$ を変形すると，

● 微分法

$$\lim_{x \to 0} \frac{1}{x} \log(1+x) = \lim_{x \to 0} \log(1+x)^{\frac{1}{x}} = \log e \quad \text{となる。よって,}$$

（↑ e）（↑ 1 のこと）

$$\lim_{x \to 0} (1+x)^{\frac{1}{x}} = e \quad \cdots(*3) \quad \text{も導ける。}$$

> これが, P21 の e の定義式として示した
> $$e = \lim_{h \to 0}(1+h)^{\frac{1}{h}}$$
> のことだ。(文字は x でも, h でもなんでもかまわないからね。)

$(*3)$ について, $\dfrac{1}{x} = t \left(x = \dfrac{1}{t} \right)$ と置き換えると,

$x \to 0$ のとき, $t \to \pm\infty$ となるので, $(*3)$ は

（↑ ±0 のこと）

$$\lim_{t \to \pm\infty} \left(1 + \frac{1}{t} \right)^t = e \quad \text{と表すこともできる。ここで, 変数 } t \text{ を } x \text{ に代えると,}$$

$$\lim_{x \to \pm\infty} \left(1 + \frac{1}{x} \right)^x = e \quad \cdots(*4) \quad \text{の極限公式も導ける。}$$

　以上より, 指数関数と対数関数, それに "ネイピア数" e に関連した関数の極限公式がすべて導けたんだね。これらをまとめて下に示そう。これでネイピア数 e の正体もスッキリ分かっただろう？

指数・対数関数の極限公式

$$(1)\ \lim_{x \to 0} \frac{e^x - 1}{x} = 1 \qquad\qquad (2)\ \lim_{x \to 0} \frac{\log(1+x)}{x} = 1$$

$$(3)\ \lim_{x \to 0} (1+x)^{\frac{1}{x}} = e \qquad\qquad (4)\ \lim_{x \to \pm\infty} \left(1 + \frac{1}{x} \right)^x = e$$

(1), (2) の分数関数の極限は, $\dfrac{0}{0}$ の不定形が 1 に収束するということだから, イメージとしては $\dfrac{0.0001}{0.0001}$ ということだね。よって, これらの逆数をとっても共に 1 に収束することになる。つまり, (1) から $\lim_{x \to 0} \dfrac{x}{e^x - 1} = 1$ が, また (2) から $\lim_{x \to 0} \dfrac{x}{\log(1+x)} = 1$ が言えるんだね。納得いった？

　それでは, 指数関数と対数関数の極限の問題を次の例題で練習しておこう。

77

例題 28　次の関数の極限を求めよう。

$$(1)\ \lim_{x \to 0} \frac{e^{-3x}-1}{x} \qquad (2)\ \lim_{x \to 0} \frac{\log(1+6x)}{3x} \qquad (3)\ \lim_{x \to 0} \frac{(e^{3x}-1) \cdot \log(1+2x)}{\sin^2 3x}$$

$(1)\ \displaystyle\lim_{x \to 0} \frac{e^{-3x}-1}{x} = \lim_{\substack{x \to 0 \\ (t \to 0)}} \frac{e^{-3x}-1}{-3x} \cdot (-3)$

$-3x = t$ とおくと，
$x \to 0$ のとき $t \to 0$ より，
公式：$\displaystyle\lim_{t \to 0} \frac{e^t - 1}{t} = 1$
を使った！

$\qquad\qquad = 1 \times (-3) = -3$　となる。

$(2)\ \displaystyle\lim_{x \to 0} \frac{\log(1+6x)}{3x} = \lim_{\substack{x \to 0 \\ (t \to 0)}} \frac{\log(1+6x)}{6x} \cdot 2$

$6x = t$ とおくと，
$x \to 0$ のとき $t \to 0$ より，
公式：$\displaystyle\lim_{t \to 0} \frac{\log(1+t)}{t} = 1$
を使った！

$\qquad\qquad = 1 \cdot 2 = 2$　となるね。

$(3)\ \displaystyle\lim_{x \to 0} \frac{(e^{3x}-1) \cdot \log(1+2x)}{\sin^2 3x}$ ← $\dfrac{0}{0}$ の不定形

$= \displaystyle\lim_{\substack{x \to 0 \\ (t \to 0) \\ (u \to 0)}} \frac{e^{3x}-1}{3x} \cdot \frac{\log(1+2x)}{2x} \cdot \left(\frac{3x}{\sin 3x}\right)^2 \cdot \frac{3 \cdot 2}{3^2}$

$3x = t$ とおくと，
$x \to 0$ のとき $t \to 0$ より，
公式：$\displaystyle\lim_{t \to 0} \frac{e^t - 1}{t} = 1$, $\displaystyle\lim_{t \to 0} \frac{t}{\sin t} = 1$
を使った！

$2x = u$ とおくと，
$x \to 0$ のとき $u \to 0$ より，
公式：$\displaystyle\lim_{u \to 0} \frac{\log(1+u)}{u} = 1$
を使った！

$= 1 \cdot 1 \cdot 1^2 \cdot \dfrac{6}{9} = \dfrac{2}{3}$　となって，答えだ。

$x \to 0$ のとき 1 に近づく三角・指数・対数関数の極限公式として，

$\displaystyle\lim_{x \to 0} \frac{\sin x}{x} = 1$, $\displaystyle\lim_{x \to 0} \frac{e^x - 1}{x} = 1$, $\displaystyle\lim_{x \to 0} \frac{\log(1+x)}{x} = 1$ をまとめて覚えてお

くと，忘れないかも知れないね。

78

● 微分法

● 導関数 $f'(x)$ も極限で定義される！

それでは次，"導関数" $f'(x)$ の定義式を下に示そう。

導関数 $f'(x)$ の定義式

$$f'(x) = \lim_{h \to 0} \frac{f(x+h) - f(x)}{h}$$

$$= \lim_{h \to 0} \frac{f(x) - f(x-h)}{h}$$

右辺の極限はいずれも $\dfrac{0}{0}$ の不定形だ。よって，この右辺の極限が存在するとき，これを導関数 $f'(x)$ というんだ。

微分係数 $f'(a)$ の定義式とソックリだね。定数 a の代わりに変数 x を使ったものが，導関数 $f'(x)$ の定義式になっているんだね。ただし，$f'(x)$ は x の関数なのに対して，微分係数 $f'(a)$ は，この変数 x に定数 a を代入して求まるある値 (接線の傾き) であることに気を付けよう。

それでは，さまざまな関数の導関数を求めてみよう。

・まず，微分公式：

$(x^\alpha)' = \alpha x^{\alpha - 1}$ (α：実数) が成り立つことを，$f(x) = x^{\frac{3}{2}}$ の導関数 $f'(x)$ を求めることで確かめてみよう。公式より，

自然数 n に対して，微分公式：$(x^n)' = nx^{n-1}$ となることは高校数学で既に習っていると思う。でも，実はこの公式は自然数 n だけでなく，一般の実数 α についても成り立つ公式なんだ。

$$f'(x) = \lim_{h \to 0} \frac{f(x+h) - f(x)}{h}$$

$$= \lim_{h \to 0} \frac{(x+h)^{\frac{3}{2}} - x^{\frac{3}{2}}}{h}$$

$$= \lim_{h \to 0} \frac{\{(x+h)^{\frac{3}{2}} - x^{\frac{3}{2}}\}\{(x+h)^{\frac{3}{2}} + x^{\frac{3}{2}}\}}{h\{(x+h)^{\frac{3}{2}} + x^{\frac{3}{2}}\}}$$

$$= \lim_{h \to 0} \frac{h(3x^2 + 3xh + h^2)}{h\{(x+h)^{\frac{3}{2}} + x^{\frac{3}{2}}\}}$$

$$= \lim_{h \to 0} \frac{3x^2 + 3x\,h + h^2}{(x+h)^{\frac{3}{2}} + x^{\frac{3}{2}}} = \frac{3x^2}{2x^{\frac{3}{2}}} = \frac{3}{2}x^{\frac{1}{2}} = \frac{3}{2}\sqrt{x} \quad \text{となる。}$$

$$(x+h)^3 - x^3$$
$$= x^3 + 3x^2h + 3xh^2 + h^3 - x^3$$
$$= h(3x^2 + 3xh + h^2)$$

分母・分子に $(x+h)^{\frac{3}{2}} + x^{\frac{3}{2}}$ をかけた。

$\dfrac{0}{0}$ の不定形の要素が消えた！

よって，$(x^{\frac{3}{2}})' = \dfrac{3}{2}x^{\frac{1}{2}}$ が成り立つので，これから，実数 α に対しても，

微分公式 $(x^\alpha)' = \alpha x^{\alpha - 1}$ が成り立っていることが確認できた。

79

・次，公式：$(\sin x)' = \cos x$ となることも示そう。

$f(x) = \sin x$ とおいて，その導関数 $f'(x)$ を定義より求めると，

$$f'(x) = \lim_{h \to 0} \frac{f(x+h) - f(x)}{h}$$

三角関数の加法定理
$$\sin(\alpha + \beta) = \sin\alpha \cdot \cos\beta + \cos\alpha \cdot \sin\beta$$

$$= \lim_{h \to 0} \frac{\overbrace{\sin(x+h)}^{\sin x \cdot \cos h + \cos x \cdot \sin h} - \sin x}{h}$$

$$= \lim_{h \to 0} \frac{\sin x \cdot \cos h + \cos x \cdot \sin h - \sin x}{h}$$

$$= \lim_{h \to 0} \left(\cos x \cdot \frac{\sin h}{h} - \frac{1 - \cos h}{h} \cdot \sin x \right)$$

公式：
$$\lim_{h \to 0} \frac{\sin h}{h} = 1$$
$$\lim_{h \to 0} \frac{1 - \cos h}{h^2} = \frac{1}{2}$$

$\dfrac{1 - \cos h}{h^2} \cdot h$ → $\dfrac{1}{2} \cdot 0 = 0$

$$= \cos x \quad \text{となる。}$$

∴ 微分公式：$(\sin x)' = \cos x$ が成り立つ。

・では次，公式：$(\cos x)' = -\sin x$ となることも証明してみよう。

$f(x) = \cos x$ とおいて，$f'(x)$ を定義より求めると，

$$f'(x) = \lim_{h \to 0} \frac{f(x+h) - f(x)}{h}$$

三角関数の加法定理
$$\cos(\alpha + \beta) = \cos\alpha \cdot \cos\beta - \sin\alpha \cdot \sin\beta$$

$$= \lim_{h \to 0} \frac{\overbrace{\cos(x+h)}^{\cos x \cdot \cos h - \sin x \cdot \sin h} - \cos x}{h}$$

$$= \lim_{h \to 0} \frac{\cos x \cdot \cos h - \sin x \cdot \sin h - \cos x}{h}$$

$$= \lim_{h \to 0} \left(-\sin x \cdot \frac{\sin h}{h} - \frac{1 - \cos h}{h} \cdot \cos x \right)$$

公式：
$$\lim_{h \to 0} \frac{\sin h}{h} = 1$$
$$\lim_{h \to 0} \frac{1 - \cos h}{h^2} = \frac{1}{2}$$

$\dfrac{1 - \cos h}{h^2} \cdot h$ → $\dfrac{1}{2} \cdot 0 = 0$

$$= -\sin x \quad \text{となるんだね。}$$

∴ 微分公式：$(\cos x)' = -\sin x$ も成り立つ。

80

● 微分法

・指数関数の微分公式：$(e^x)' = e^x$ も導いてみよう。

$f(x) = e^x$ とおいて，$f'(x)$ を定義より求めると，

$$f'(x) = \lim_{h \to 0} \frac{f(x+h) - f(x)}{h} = \lim_{h \to 0} \frac{\overset{e^x \cdot e^h}{\overbrace{e^{x+h}}} - e^x}{h}$$

$$= \lim_{h \to 0} \frac{e^x e^h - e^x}{h} = \lim_{h \to 0} e^x \cdot \underset{1}{\boxed{\frac{e^h - 1}{h}}}$$

公式：
$\lim_{h \to 0} \dfrac{e^h - 1}{h} = 1$

これは，$f(x) = e^x$ の $x = 0$ における接線の傾きが 1 であることを示しているんだね。

$$= e^x \cdot 1 = e^x \quad となる。$$

∴ 微分公式：$(e^x)' = e^x$ が成り立つ。

これから，指数関数 e^x は微分しても変化しない特別な関数であることが分かった。

・それでは次，対数関数の微分公式：$(\log x)' = \dfrac{1}{x} \quad (x > 0)$

も導いてみよう。

$f(x) = \log x \ (x > 0)$ とおいて，定義式から導関数 $f'(x)$ を求めると，

$$f'(x) = \lim_{h \to 0} \frac{f(x+h) - f(x)}{h}$$

$\log \dfrac{x+h}{x}$
$= \log\left(1 + \dfrac{h}{x}\right)$

公式：$\log x - \log y = \log \dfrac{x}{y}$

$$= \lim_{h \to 0} \frac{\boxed{\log(x+h) - \log x}}{h}$$

$$= \lim_{h \to 0} \frac{1}{h} \log\left(1 + \frac{h}{x}\right)$$

公式：$\alpha \log x = \log x^\alpha$

$$= \lim_{h \to 0} \frac{1}{x} \cdot \boxed{\frac{x}{h}} \log\left(1 + \frac{h}{x}\right)$$

$$= \lim_{\substack{h \to 0 \\ (u \to 0)}} \frac{1}{x} \log \overset{\frac{1}{u}}{\boxed{\left(1 + \underset{u}{\boxed{\frac{h}{x}}}\right)^{\frac{x}{h}}}}$$

$\dfrac{h}{x} = u$ とおくと，
$h \to 0$ のとき $u \to 0$ より，
$\lim_{u \to 0} (1 + u)^{\frac{1}{u}} = e$
を使った。

$$= \frac{1}{x} \cdot \underset{\boxed{1 \text{のこと}}}{\log e} = \frac{1}{x} \quad となる。$$

∴ 微分公式：$(\log x)' = \dfrac{1}{x}$ も導けた。

81

§2. 微分計算

前回の講義では，極限の定義式に従って，導関数 $f'(x)$ を求めた。しかし，高校数学の微分計算でも，たとえば x^3 の微分は，公式 $(x^n)' = nx^{n-1}$ を利用して x^3 の導関数を $(x^3)' = 3x^2$ と，テクニカルに求めただろう。それと同様に，これから微分公式を使って，さまざまな関数の導関数をテクニカルに求める手法について詳しく解説しようと思う。

そのためには，まず公式を正確に覚えて，それを実践的に使いこなしていくことが大切だ。例題を沢山解きながら慣れていくといいよ。

● **微分計算の基本公式を使いこなそう！**

大学基礎数学として，是非マスターしてほしい微分計算の **8** つの基本公式を，まず下に示そう。

微分計算の 8 つの基本公式

(1) $(x^\alpha)' = \alpha x^{\alpha-1}$ 　　　　(2) $(\sin x)' = \cos x$

(3) $(\cos x)' = -\sin x$ 　　(4) $(\tan x)' = \dfrac{1}{\cos^2 x}$ 　[$\sec^2 x$ とも書く。]

(5) $(e^x)' = e^x$ 　$(e \fallingdotseq 2.7)$ 　　(6) $(a^x)' = a^x \cdot \log a$

(7) $(\log x)' = \dfrac{1}{x}$ 　$(x > 0)$ 　　(8) $\{\log f(x)\}' = \dfrac{f'(x)}{f(x)}$ 　$(f(x) > 0)$

（ただし，α は実数，$a > 0$ かつ $a \neq 1$）

これらの公式には，前回の講義では証明しなかったものも含まれているけれど，これらは微分計算の基礎なので，まず公式としてシッカリ覚えよう。

さらに，導関数の定義式から，次の性質も当然成り立つことが分かるね。

導関数の性質

$f(x)$，$g(x)$ が微分可能なとき，以下の式が成り立つ。

(1) $\{kf(x)\}' = k \cdot f'(x)$ 　　（k：実数定数）

(2) $\{f(x) \pm g(x)\}' = f'(x) \pm g'(x)$ 　　（複号同順）

[この 2 つの性質を，"導関数の線形性" と呼ぶ。]

●微分法

それでは，次の例題で早速練習してみよう。

例題 29　次の関数を微分してみよう。

(1) $y = 2x^{\frac{7}{2}} + 4x^{\frac{5}{2}}$　　　　(2) $y = 3\sin x - 4\cos x$

(3) $y = e^x - 3^{x+2}$　　　　(4) $y = \log x + \log(2x^2 + 1)$　$(x > 0)$

---

(1) $y' = \left(2x^{\frac{7}{2}} + 4x^{\frac{5}{2}}\right)'$

$= 2\left(x^{\frac{7}{2}}\right)' + 4\left(x^{\frac{5}{2}}\right)'$

　　　$\underline{\frac{7}{2}x^{\frac{5}{2}}}$　　$\underline{\frac{5}{2}x^{\frac{3}{2}}}$

> 導関数の線形性より，微分計算は，(ⅰ) 項別に，そして，(ⅱ) 係数を別にして，計算できる。

> 公式：$(x^\alpha)' = \alpha x^{\alpha-1}$

$= 2 \cdot \dfrac{7}{2}\underline{x^{\frac{5}{2}}} + 4 \cdot \dfrac{5}{2}\underline{x^{\frac{3}{2}}} = 7x^2\sqrt{x} + 10x\sqrt{x} = x\sqrt{x}\,(7x + 10)$　となる。

　　　　　$\boxed{x^2\sqrt{x}}$　　$\boxed{x\sqrt{x}}$

(2) $y' = (3\sin x - 4\cos x)'$

$= 3(\underline{\sin x})' - 4(\underline{\cos x})'$

　　$\boxed{\cos x}$　　$\boxed{-\sin x}$

> 導関数の線形性

> 公式：$(\sin x)' = \cos x$,　$(\cos x)' = -\sin x$

$= 3\cos x + 4\sin x$　となって，答えだ。

(3) $y' = (e^x - \underline{3^{x+2}})' = (e^x)' - 9(3^x)'$

　　　　$\boxed{9 \cdot 3^x}$　　　$\boxed{e^x}$　$\boxed{3^x \cdot \log 3}$

> 線形性

> 公式：$(e^x)' = e^x$,　$(a^x)' = a^x \log a$

$= e^x - (9 \cdot \log 3) \cdot 3^x$　となる。

(4) $y' = \{\log x + \log(2x^2 + 1)\}'$

$= (\underline{\log x})' + \{\underline{\log(2x^2 + 1)}\}'$

　　$\boxed{\dfrac{1}{x}}$　　$\boxed{\dfrac{(2x^2+1)'}{2x^2+1} = \dfrac{4x}{2x^2+1}}$

> 線形性

> 公式：$(\log x)' = \dfrac{1}{x}$,　$(\log f)' = \dfrac{f'}{f}$

$= \dfrac{1}{x} + \dfrac{4x}{2x^2+1} = \dfrac{2x^2 + 1 + 4x^2}{x(2x^2+1)}$

$= \dfrac{6x^2 + 1}{x(2x^2+1)}$　となって，答えだ。大丈夫だった？

これで，基本公式の使い方にも慣れたはずだ。

83

● 3つの重要公式で，微分計算の幅が広がる！

　それでは次，微分計算の **3** つの重要公式を下に示そう。これらを使いこなすことによって，さまざまな複雑な関数の微分も簡単にできるようになるんだよ。

微分計算の 3つの重要公式

$f(x)=f$，$g(x)=g$ と略記して表すと，次の公式が成り立つ。

(1) $(f \cdot g)' = f' \cdot g + f \cdot g'$

(2) $\left(\dfrac{f}{g}\right)' = \dfrac{f' \cdot g - f \cdot g'}{g^2}$

> $\left(\dfrac{分子}{分母}\right)' = \dfrac{(分子)' \cdot 分母 - 分子 \cdot (分母)'}{(分母)^2}$
> と口ずさみながら覚えるといいよ！

(3) 合成関数の微分

$$y' = \frac{dy}{dx} = \frac{dy}{dt} \cdot \frac{dt}{dx}$$

> 複雑な関数の微分で
> 威力を発揮する公式だ。

　これらの公式も，導関数の定義式からすべて導ける。ここでは，**(1)** の公式のみを導いてみせよう。

(1) $(f \cdot g)' = f' \cdot g + f \cdot g'$ の証明

$$\{f(x) \cdot g(x)\}' = \lim_{h \to 0} \frac{f(x+h) \cdot g(x+h) - f(x) \cdot g(x)}{h}$$

> 同じものを引いて，たした！

$$= \lim_{h \to 0} \frac{\{f(x+h) \cdot g(x+h) - f(x) \cdot g(x+h)\} + \{f(x) \cdot g(x+h) - f(x) \cdot g(x)\}}{h}$$

$$= \lim_{h \to 0} \left\{ \underbrace{\frac{f(x+h) - f(x)}{h}}_{f'(x)} \cdot g(x+\underbrace{h}_{0}) + f(x) \cdot \underbrace{\frac{g(x+h) - g(x)}{h}}_{g'(x)} \right\}$$

$$= f'(x) \cdot g(x) + f(x) \cdot g'(x) \quad となって証明できた！$$

> 他の公式の証明についても興味のある方は，次のステップとして，「**初めから学べる 微分積分キャンパス・ゼミ**」や「**微分積分キャンパス・ゼミ**」（マセマ）で学習されることを勧める。

　それでは，これらの公式も絡めた次の微分計算の練習問題を解いてみよう。

84

● 微分法

例題 30　次の関数を微分してみよう。

(1) $y = x^2 \sin x$　　　　(2) $y = x^4 \cdot \log x$　　　　(3) $y = \dfrac{x}{x^2 - 2}$

(4) $y = \dfrac{2\sin x}{\cos x}$　　　　(5) $y = (1 + x^3)^2$　　　　(6) $y = \sin^5 x$

---

(1), (2) は，積の微分公式：$(f \cdot g)' = f' \cdot g + f \cdot g'$ を使う問題だ。

(1) $y' = (x^2 \sin x)' = \underbrace{(x^2)'}_{2x} \cdot \sin x + x^2 \cdot \underbrace{(\sin x)'}_{\cos x}$　←　公式：$(f \cdot g)' = f' \cdot g + f \cdot g'$

$= 2x \sin x + x^2 \cos x$　となる。

(2) $y' = (x^4 \cdot \log x)' = \underbrace{(x^4)'}_{4x^3} \cdot \log x + x^4 \cdot \underbrace{(\log x)'}_{\frac{1}{x}}$　←　公式：$(f \cdot g)' = f' \cdot g + f \cdot g'$

←　公式：$(\log x)' = \dfrac{1}{x}$

$= 4x^3 \cdot \log x + x^4 \cdot \dfrac{1}{x} = x^3(4\log x + 1)$　となる。

(3), (4) は，商の微分公式：$\left(\dfrac{f}{g}\right)' = \dfrac{f' \cdot g - f \cdot g'}{g^2}$ を使う問題だ。

(3) $y' = \left(\dfrac{x}{x^2 - 2}\right)'$

$\left(\dfrac{分子}{分母}\right)' = \dfrac{(分子)' \cdot 分母 - 分子 \cdot (分母)'}{(分母)^2}$
と口ずさんで覚えよう！

$= \dfrac{x' \cdot (x^2 - 2) - x \cdot (x^2 - 2)'}{(x^2 - 2)^2}$

$= \dfrac{x^2 - 2 - x \cdot 2x}{(x^2 - 2)^2} = -\dfrac{x^2 + 2}{(x^2 - 2)^2}$　となる。

(4) $y' = \left(\dfrac{2\sin x}{\cos x}\right)'$

$\left(\dfrac{f}{g}\right)' = \dfrac{f' \cdot g - f \cdot g'}{g^2}$
を使った！

$= 2 \cdot \dfrac{\overbrace{(\sin x)'}^{\cos x} \cos x - \sin x \cdot \overbrace{(\cos x)'}^{(-\sin x)}}{\cos^2 x}$

$= 2 \cdot \dfrac{\overbrace{\cos^2 x + \sin^2 x}^{1}}{\cos^2 x} = \dfrac{2}{\cos^2 x}$

85

(5)，**(6)** の問題は，合成関数の微分の問題だ。

> **(5)** $y = (1 + x^3)^2$
> **(6)** $y = \sin^5 x$

導関数 y' は，$y' = \dfrac{dy}{dx}$ と表すんだけれど，この

> "y を x で微分する" という意味。"ディー y・ディー x" と読む。

y の関数の中の（x の **1** かたまりの関数）を t とおくと，これは次のように表すことができる。

$$y' = \frac{dy}{dx} = \frac{dy}{dt} \cdot \frac{dt}{dx}$$

> 見かけ上は，dt で割った分 dt をかけている。

y を t で微分 ｜ t を x で微分

これが合成関数の微分の要領だ。

(5) $y = (\boxed{1 + x^3})^2$ について，$1 + x^3 = t$ とおくと，$y = t^2$ となる。

> この（**1** かたまり）を t とおく。

　よって，合成関数の微分公式を使うと，

$$y' = \frac{dy}{dx} = \frac{d\boxed{y}}{dt} \cdot \frac{d\boxed{t}}{dx} = 2\boxed{t} \cdot 3x^2$$

$\boxed{t^2}$ ｜ $\boxed{1+x^3}$ ｜ $(1+x^3)$ に戻す。

t^2 を t で微分 ｜ $1+x^3$ を x で微分

$$= 6x^2(1 + x^3) \quad \text{となって，答えだ。}$$

(6) $y = \sin^5 x = (\boxed{\sin x})^5$

> この（**1** かたまり）を u とおく。

> 文字は，t でも u でも何でもかまわない。

　ここで，$\sin x = u$ とおくと，$y = u^5$ となる。

　よって，この微分は，

$$y' = \frac{dy}{dx} = \frac{d\boxed{y}}{du} \cdot \frac{d\boxed{u}}{dx} = 5\boxed{u^4} \cdot \cos x$$

$\boxed{u^5}$ ｜ $\boxed{\sin x}$ ｜ $\sin^4 x$ に戻す。

u^5 を u で微分 ｜ $\sin x$ を x で微分

$$= 5\sin^4 x \cdot \cos x \quad \text{となって，答えだね。納得いった？}$$

　エッ，もっと練習したいって!?　いいよ。次の例題で練習しよう。

86

● 微分法

例題 31　次の関数を微分してみよう。

(1) $y = \log(x + \sqrt{x^2 + 2})$　　(2) $y = \cos 4x$　　　(3) $y = e^{-x}\sin 3x$

(4) $y = x^2 e^{-3x}$　　　　　　(5) $y = \dfrac{\log x}{x^2}$　　　　(6) $y = \dfrac{e^{-2x}}{x^3}$

(1) $y' = \{\log(x + \sqrt{x^2 + 2})\}' = \dfrac{(x + \sqrt{x^2 + 2})'}{x + \sqrt{x^2 + 2}}$

公式：$(\log f)' = \dfrac{f'}{f}$

$= \dfrac{\overset{1}{x'} + \left\{(x^2 + 2)^{\frac{1}{2}}\right\}'}{x + \sqrt{x^2 + 2}}$

$x^2 + 2 = t$ とおいて，合成関数の微分

$\dfrac{dy}{dt} \cdot \dfrac{dt}{dx} = \dfrac{d(t^{\frac{1}{2}})}{dt} \cdot \dfrac{d(x^2 + 2)}{dx} = \dfrac{1}{2}t^{-\frac{1}{2}} \cdot 2x$

$= \dfrac{1 + \dfrac{1}{2} \cdot \dfrac{2x}{\sqrt{x^2 + 2}}}{x + \sqrt{x^2 + 2}} = \dfrac{\sqrt{x^2 + 2} + x}{(x + \sqrt{x^2 + 2})\sqrt{x^2 + 2}}$

分子・分母に $\sqrt{x^2 + 2}$ をかけた。

$= \dfrac{1}{\sqrt{x^2 + 2}}$　　となる。

(2) $y = \cos(\overset{t}{4x})$ について，$4x = t$ とおくと，$y = \cos t$ より，合成関数の微分を行って，

$y' = \dfrac{dy}{dx} = \dfrac{dy}{dt} \cdot \dfrac{dt}{dx} = \dfrac{d(\cos t)}{dt} \cdot \dfrac{d(4x)}{dx} = -\sin\boxed{t} \cdot 4$

$4x$ に戻す。

$= -4\sin 4x$　　になる。

(3) $y' = (e^{-x} \cdot \sin 3x)'$

公式：$(f \cdot g)' = f' \cdot g + f \cdot g'$

$= (e^{\overset{t}{-x}})' \cdot \sin 3x + e^{-x} \cdot (\sin\overset{u}{3x})'$

$\dfrac{dy}{dx} = \dfrac{d(e^t)}{dt} \cdot \dfrac{d(-x)}{dx} = e^t \cdot (-1) = -e^{-x}$　　$\dfrac{dy}{dx} = \dfrac{d(\sin u)}{du} \cdot \dfrac{d(3x)}{dx} = \cos u \cdot 3 = 3\cos 3x$

共に合成関数の微分になるけれど，このような操作を頭の中で自然にできるようになると，スバラシイ！頑張って，練習しよう！

$= -e^{-x}\sin 3x + e^{-x} \cdot 3\cos 3x$

$= e^{-x}(3\cos 3x - \sin 3x)$　　となって，答えだ。

87

(4) $y' = (x^2 \cdot e^{-3x})'$

$\qquad = \underline{(x^2)'} \cdot e^{-3x} + x^2 \cdot \underline{(e^{-3x})'}$

公式：
$(f \cdot g)' = f' \cdot g + f \cdot g'$

$\boxed{2x}$

$\dfrac{dy}{dx} = \dfrac{d(e^t)}{dt} \cdot \dfrac{d(-3x)}{dx} = e^t \cdot (-3) = -3e^{-3x}$

合成関数の微分

（右上のボックス）
(4) $y = x^2 e^{-3x}$

(5) $y = \dfrac{\log x}{x^2}$

(6) $y = \dfrac{e^{-2x}}{x^3}$

$\qquad = 2xe^{-3x} + x^2 \cdot (-3)e^{-3x}$

$\qquad = x(2 - 3x)e^{-3x} \quad$ となる。

(5) $y' = \left(\dfrac{\log x}{x^2}\right)'$

$\qquad = \dfrac{\overbrace{(\log x)'}^{\frac{1}{x}} \cdot x^2 - \log x \cdot \overbrace{(x^2)'}^{2x}}{x^4}$

$\qquad = \dfrac{1 - 2\log x}{x^3} \quad$ となるね。

合成関数の微分

(6) $y' = \left(\dfrac{e^{-2x}}{x^3}\right)'$

$\dfrac{dy}{dx} = \dfrac{d(e^t)}{dt} \cdot \dfrac{d(-2x)}{dx} = e^t \cdot (-2) = -2e^{-2x}$

$\qquad = \dfrac{\overbrace{(e^{-2x})'}^{t} \cdot x^3 - e^{-2x} \cdot \overbrace{(x^3)'}^{3x^2}}{x^6}$

公式：
$\left(\dfrac{f}{g}\right)' = \dfrac{f' \cdot g - f \cdot g'}{g^2}$

$\qquad = \dfrac{-2e^{-2x} \cdot x^3 - 3x^2 e^{-2x}}{x^6}$

$\qquad = -\dfrac{(2x + 3)e^{-2x}}{x^4} \quad$ となって，答えだね。大丈夫だった？

　もし，結果を正確に出せない問題があったら，迅速に正確に答えが出せるようになるまで何度でも反復練習しよう。この微分計算がスラスラ出来るようになれば，この後の積分計算が出来るようになる基礎が固まったと言えるんだ。何故なら，微分と積分は逆の操作だからなんだね。

● 微分法

● 対数微分法の練習もしておこう！

$y = (x\text{ の式})^{(x\text{ の式})}$ の形の関数，たとえば関数 $y = x^{2x}$ $(x > 0)$ の導関数を求めようとしても，これまでの知識だけでは手が出ないはずだ。このような関数を微分するには，まず両辺が正であることを確認して，両辺の自然対数をとるとウマクいくんだよ。

次の例題で，実際にこの導関数を求めてみよう。

例題 32　関数 $y = x^{-3x}$ $(x > 0)$ の導関数を求めてみよう。

関数 $y = x^{-3x}$ $(x > 0)$ の<u>両辺は正</u>より，この両辺の自然対数をとると，

$$\boxed{真数条件}$$

$\log y = \log x^{-3x}$，　$\log y = -3x \cdot \log x$ …① となる。

①の両辺を x で微分して，

$$(\log y)' = (-3x \cdot \log x)' = -3 \underset{1}{(x')} \cdot \log x - 3x \cdot \overset{\frac{1}{x}}{(\log x)'}$$

$$\boxed{\frac{d(\log y)}{dx} = \frac{d(\log y)}{dy} \cdot \frac{dy}{dx} = \frac{1}{y} \cdot y'} \longleftarrow \boxed{合成関数の微分と同様だね。}$$

$$\frac{1}{y} \cdot y' = -3\log x - 3$$

この両辺に $y(= x^{-3x})$ をかけると，導関数 y' が求まって，

$$y' = y(-3\log x - 3) = -3x^{-3x}(\log x + 1) \quad となる。$$

89

§3. 微分法と関数のグラフ

　微分計算の練習も十分にやったので，いよいよ "微分法の応用" について解説しよう。具体的には，"平均値の定理"，"曲線の接線と法線"，そして "関数のグラフの概形" に微分法を利用する。

　特に，関数のグラフの概形については，微分をしなくても，極限の知識を用いて直感的にイメージを描く手法についても教えるつもりだ。

　今回も盛り沢山の内容だけど，頑張ろう！

● 導関数の符号により，関数の増減が決まる！

　関数 $y = f(x)$ の導関数 $f'(x)$ は，曲線 $y = f(x)$ 上の点における接線の傾きを表す関数なので，図1にそのイメージを示すように，

（ ⅰ ） $f'(x) > 0$ のとき，

　　$y = f(x)$ は増加し，

（ ⅱ ） $f'(x) < 0$ のとき，

　　$y = f(x)$ は減少する。

そして，$f'(x) = 0$ のとき，$y = f(x)$ は，極大 (山) や極小 (谷) をとる可能性が出てくるんだね。

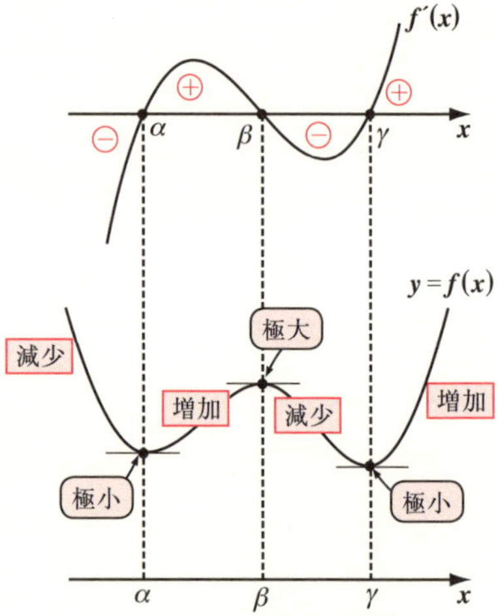

右図に示すように，$f'(x) = 0$，すなわち，接線の傾きが0となる点でも，極大や極小とならない点もあるので気を付けよう。

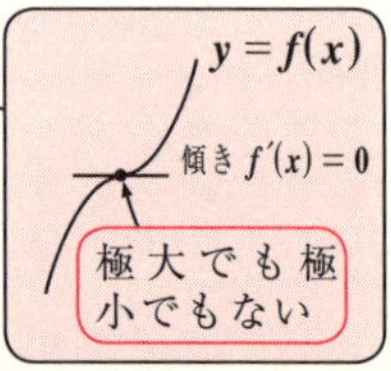

さらに，$f(x)$ が 2 階の導関数 $f''(x)$ をもつとき，

（ ⅰ ） $f''(x) > 0$ のとき，

　　$f'(x)$ は増加するので，右図のように

　　$y = f(x)$ は下に凸なグラフになり，

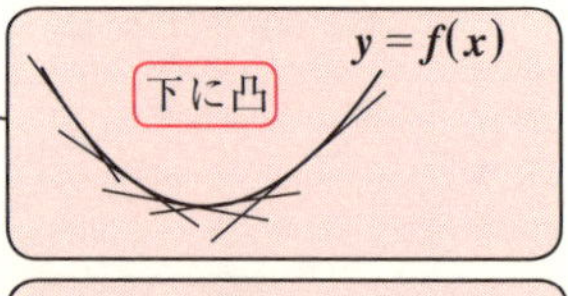

（ ⅱ ） $f''(x) < 0$ のとき，

　　$f'(x)$ は減少するので，右図のように

　　$y = f(x)$ は上に凸なグラフになる。

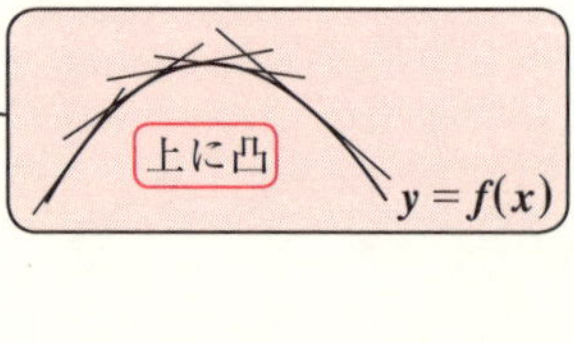

図1　$f'(x)$ の符号と $f(x)$ の増減

● 平均値の定理をマスターしよう！

"平均値の定理"の解説に入る前に，(ⅰ) **不連続**，(ⅱ) **連続**，(ⅲ) 連続かつ**微分可能**なグラフのイメージを下に示そう。

図2 不連続，連続，微分可能な関数のイメージ

(ⅰ) 不連続

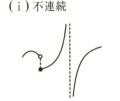

（プツン，プツンちぎれている所が不連続点だ。）

(ⅱ) 連続

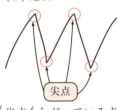

尖点

（尖点（とがっている点）では微分不能だ。）

(ⅲ) 連続かつ微分可能

（連続でかつ滑らかな曲線になる。）

> **注意** "微分可能"と言った場合，当然その中に"連続"の条件は含まれているので，"連続かつ微分可能"の代わりに，ただ"微分可能"といっても同じことだ。

それでは，"平均値の定理"について，その基本事項を下に示そう。

平均値の定理

関数 $f(x)$ が，連続かつ微分可能な関数のとき， ← (ただ"微分可能"といってもいい。)

$$\frac{f(b)-f(a)}{b-a} = f'(c)$$

をみたす c が，$a < x < b$ の範囲に少なくとも1つ存在する。

図3に示すように，微分可能な曲線 $y = f(x)$ 上に2点 A$(a, f(a))$，B$(b, f(b))$ $(a < b)$ をとると，直線 AB の傾きは，

(これは平均変化率だ。)

$\frac{f(b)-f(a)}{b-a}$ となる。すると，$y = f(x)$ は連続でなめらかな曲線だから，直線 AB と平行な，つまり傾きの等しい接線の接点で，

図3 平均値の定理

その x 座標が $a < x < b$ の範囲にあるようなものが，少なくとも1つは存在することが分かるだろう。図3では，$x = c_1, c_2$ と2つ存在する例を示した。これで，平均値の定理の意味もよく分かったと思う。

ここで，平均値の定理は，微分係数の(ⅲ)の定義式(**P72**)とよく似ているので，対比して覚えておくといいよ．

・微分係数：$\displaystyle\lim_{b \to a} \dfrac{f(b)-f(a)}{b-a} = f'(a)$

・平均値の定理：$\dfrac{f(b)-f(a)}{b-a} = f'(c) \quad (a < c < b)$

> **lim** がなければ"平均値の定理"，と覚えておこう！

それでは，"平均値の定理"の問題を，次の例題で練習しておこう．

例題33 $0 < a$ のとき，次の不等式が成り立つことを示そう．
$$\log(a+2) - \log a < \dfrac{2}{a} \quad \cdots (*)$$

$(*)$ の両辺を $2(=(a+2)-a)$ で割ってみると，

$\dfrac{\log(a+2) - \log a}{(a+2)-a} < \dfrac{1}{a}$ となって，左辺に平均変化率 $\dfrac{f(a+2)-f(a)}{(a+2)-a}$ の式が現れるので，<u>平均値の定理の問題</u>であることが分かる．では，証明を始めよう！

> **lim** がない！

> 「$\dfrac{f(b)-f(a)}{b-a} = f'(c)$ をみたす $c\ (a < c < b)$ が必ず存在する．」
> （$a+2$）

ここで，$f(x) = \log x$ とおくと，$x > 0$ で $f(x)$ は微分可能な関数で，

$f'(x) = (\log x)' = \dfrac{1}{x}$ となる．よって，平均値の定理より，

$\dfrac{f(a+2)-f(a)}{(a+2)-a} = f'(c)$，すなわち

$\dfrac{\log(a+2) - \log a}{(a+2)-a} = \dfrac{1}{c} \quad \cdots ①$ をみたす

c が，$a < x < a+2$ の範囲に存在する．

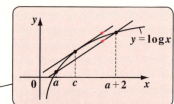

ここで，$y = \dfrac{1}{x}\ (>0)$ は単調減少関数なので，

$0 < a < c$ より，$\dfrac{1}{c} < \dfrac{1}{a} \quad \cdots ②$

となる．

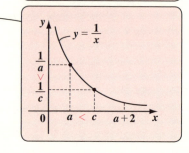

以上①, ②より, $\dfrac{\log(a+2) - \log a}{(a+2) - a} = \dfrac{1}{c} < \dfrac{1}{a}$ となり, 両辺に $2(= a+2-a)\,(>0)$
をかけて, $\log(a+2) - \log a < \dfrac{2}{a}$ ……(*) が成り立つことが分かる。納得いった?

● 接線と法線の方程式も押さえよう!

曲線 $y = f(x)$ 上の点 $(t, f(t))$ における接線の傾きは $f'(t)$ だ。また, この点において, 接線と直交する直線のことを "**法線**" といい, この法線の傾きが $-\dfrac{1}{f'(t)}$ (ただし, $f'(t) \neq 0$) となるのもいいね。よって, 次のような接線と法線の公式が導かれる。これも頭に入れておこう。

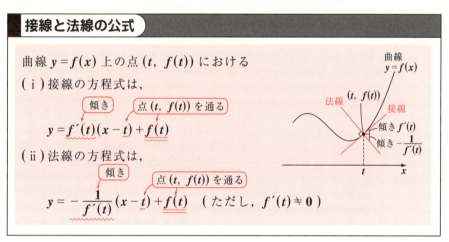

では, 次の例題で, 接線と法線の方程式を求めてみよう。

例題 34 曲線 $y = f(x) = \dfrac{2\log x}{x}$ 上の点 $(e^2, f(e^2))$ における接線と法線の方程式を求めてみよう。

$f(e^2) = \dfrac{2\log e^2}{e^2} = \dfrac{4\log e}{e^2} = \dfrac{4}{e^2}$　となるので,

曲線 $y = f(x)$ 上の点 $\left(e^2, \dfrac{4}{e^2}\right)$ における接線の傾きと法線の傾きを求めればいいんだね。

93

$y=f(x)=\dfrac{2\log x}{x}$ を x で微分して,

$f'(x)=2\cdot\dfrac{\frac{1}{x}\cdot x-\log x\cdot 1}{x^2}=\dfrac{2(1-\log x)}{x^2}$

公式：$\left(\dfrac{f}{g}\right)'=\dfrac{f'\cdot g-f\cdot g'}{g^2}$

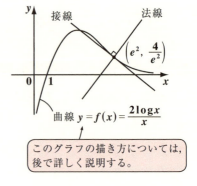

曲線 $y=f(x)=\dfrac{2\log x}{x}$

このグラフの描き方については，後で詳しく説明する。

となる。よって,

$f'(e^2)=\dfrac{2(1-\overset{2}{\boxed{\log e^2}})}{e^4}=-\dfrac{2}{e^4}$ より，

接線の傾き

(ⅰ) $y=f(x)$ 上の点 $(e^2, f(e^2))$ における接線の方程式は,

$y=-\dfrac{2}{e^4}(x-e^2)+\dfrac{4}{e^2}$ ← $y=f'(e^2)(x-e^2)+f(e^2)$

∴ $y=-\dfrac{2}{e^4}x+\dfrac{6}{e^2}$ となる。

(ⅱ) $y=f(x)$ 上の点 $(e^2, f(e^2))$ における法線の方程式は，その傾きが

$-\dfrac{1}{f'(e^2)}=\dfrac{e^4}{2}$ より， ← $y=-\dfrac{1}{f'(e^2)}(x-e^2)+f(e^2)$

$y=\dfrac{e^4}{2}(x-e^2)+\dfrac{4}{e^2}=\dfrac{e^4}{2}x-\dfrac{e^6}{2}+\dfrac{4}{e^2}$

∴ $y=\dfrac{e^4}{2}x-\dfrac{e^8-8}{2e^2}$ となる。大丈夫？

● **ロピタルの定理を紹介しよう！**

証明はかなり大変なんだけれど，$\dfrac{0}{0}$ や $\dfrac{\infty}{\infty}$ の不定形の関数の極限を求めるのに非常に役に立つ "**ロピタルの定理**" を紹介しよう。利用する分には便利で簡単な定理だから，是非マスターしよう。

"ロピタルの定理" の証明は，大学の微分積分の重要テーマの1つだ。これに興味のある方は「**微分積分キャンパス・ゼミ**」（マセマ）で学習されることを勧める。

● 微分法

■ ロピタルの定理

（Ⅰ）$\dfrac{0}{0}$ の不定形について，

$f(x)$，$g(x)$ が $x=a$ 付近で微分可能で，かつ $f(a)=g(a)=0$ のとき，

$\boxed{\dfrac{0}{0}\text{ の不定形}}$

$\displaystyle\lim_{x\to a}\dfrac{f(x)}{g(x)}=\lim_{x\to a}\dfrac{f'(x)}{g'(x)}$ …（＊1） が成り立つ。

（Ⅱ）$\dfrac{\infty}{\infty}$ の不定形について，

$f(x)$，$g(x)$ が $x=a$ を除く $x=a$ 付近で微分可能で，かつ

$\displaystyle\lim_{x\to a}f(x)=\pm\infty$，$\displaystyle\lim_{x\to a}g(x)=\pm\infty$ のとき，

$\boxed{\dfrac{\infty}{\infty}\text{ の不定形}}$

$\displaystyle\lim_{x\to a}\dfrac{f(x)}{g(x)}=\lim_{x\to a}\dfrac{f'(x)}{g'(x)}$ …（＊2） が成り立つ。

（a は，$\pm\infty$ でもかまわない。）

これから，$\dfrac{0}{0}$ や $\dfrac{\infty}{\infty}$ の不定形の関数の極限は，分子・分母を微分したものの極限として求めることができるんだね。早速，これまでにやった典型的な $\dfrac{0}{0}$ の不定形の極限を，このロピタルの定理を使って求めてみよう。

$\boxed{\dfrac{0}{0}}$　$\boxed{\cos 0=1}$

（ex1）$\displaystyle\lim_{x\to 0}\dfrac{\sin x}{x}=\lim_{x\to 0}\dfrac{(\sin x)'}{x'}=\lim_{x\to 0}\dfrac{\boxed{\cos x}}{1}=1$

$\boxed{\dfrac{0}{0}}$　$\boxed{1}$

（ex2）$\displaystyle\lim_{x\to 0}\dfrac{1-\cos x}{x^2}=\lim_{x\to 0}\dfrac{(1-\cos x)'}{(x^2)'}=\lim_{x\to 0}\dfrac{\sin x}{2x}=\lim_{x\to 0}\dfrac{1}{2}\cdot\boxed{\dfrac{\sin x}{x}}=\dfrac{1}{2}$

$\boxed{\dfrac{0}{0}}$

（ex3）$\displaystyle\lim_{x\to 0}\dfrac{\tan x}{x}=\lim_{x\to 0}\dfrac{(\tan x)'}{x'}=\lim_{x\to 0}\dfrac{\dfrac{1}{\cos^2 x}}{1}=\lim_{x\to 0}\dfrac{1}{\boxed{\cos^2 x}}=1$

$\boxed{\cos^2 0=1}$

95

$(ex4)$ $\displaystyle\lim_{x \to 0} \frac{e^x - 1}{x} = \lim_{x \to 0} \frac{(e^x - 1)'}{x'} = \lim_{x \to 0} \frac{e^x}{1} = 1$ （$\frac{0}{0}$、$e^0 = 1$）

$(ex5)$ $\displaystyle\lim_{x \to 0} \frac{\log(1+x)}{x} = \lim_{x \to 0} \frac{\{\log(1+x)\}'}{x'} = \lim_{x \to 0} \frac{\frac{1}{1+x}}{1} = \lim_{x \to 0} \frac{1}{1+x} = 1$ （$\frac{0}{0}$、$x \to 0$）

どう？ あっけない程簡単に関数の極限が求まるから，面白いだろう。では次，$\frac{\infty}{\infty}$ の極限もロピタルの定理を使って，実際に求めてみよう。

$(ex6)$ $\displaystyle\lim_{x \to \infty} \frac{x}{e^x} = \lim_{x \to \infty} \frac{x'}{(e^x)'} = \lim_{x \to \infty} \frac{1}{e^x} = 0$ （$\frac{\infty}{\infty}$、$e^x \to \infty$）

$(ex7)$ $\displaystyle\lim_{x \to \infty} \frac{e^x}{x} = \lim_{x \to \infty} \frac{(e^x)'}{x'} = \lim_{x \to \infty} \frac{e^x}{1} = \infty$ （$\frac{\infty}{\infty}$、$e^x \to \infty$）

$(ex8)$ $\displaystyle\lim_{x \to \infty} \frac{\log x}{x} = \lim_{x \to \infty} \frac{(\log x)'}{x'} = \lim_{x \to \infty} \frac{\frac{1}{x}}{1} = \lim_{x \to \infty} \frac{1}{x} = 0$ （$\frac{\infty}{\infty}$、$\frac{1}{x} \to 0$）

$(ex9)$ $\displaystyle\lim_{x \to \infty} \frac{x}{\log x} = \lim_{x \to \infty} \frac{x'}{(\log x)'} = \lim_{x \to \infty} \frac{1}{\frac{1}{x}} = \lim_{x \to \infty} x = \infty$ （$\frac{\infty}{\infty}$、$x \to \infty$）

実は，$(ex6) \sim (ex9)$ の極限は，図 4 に示すようにグラフから確認することもできる。$x \to \infty$ のとき，e^x も x も $\log x$ もすべて，∞ に発散するけれど，∞ に大きくなるパワーがまったく異なることが分かるだろう。すなわち，

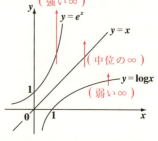

図 4 $\frac{\infty}{\infty}$ の不定形の極限

$\displaystyle\lim_{x \to \infty} \frac{x}{e^x} = \frac{(\text{中位の} \infty)}{(\text{強い} \infty)} = 0$, $\displaystyle\lim_{x \to \infty} \frac{e^x}{x} = \frac{(\text{強い} \infty)}{(\text{中位の} \infty)} = \infty$

$$\lim_{x\to\infty}\frac{\log x}{x} = \frac{(弱い\infty)}{(中位の\infty)} = 0, \quad \lim_{x\to\infty}\frac{x}{\log x} = \frac{(中位の\infty)}{(弱い\infty)} = \infty \quad となる。$$

もちろん，この(強い∞)，(中位の∞)，(弱い∞)というのは，あくまでもイメージで，数学的に正式な呼び方ではないので，答案には書いてはいけない。

ここで，x^α (α：正の実数)とおくと，…，$x^{\frac{1}{2}}$, x^1, x^2, …と，αの値によって，$x\to\infty$のときのx^αの∞に大きくなる速さ(強さ)は異なるんだけれど，これらを一まとめにして，$\log x$よりは強く，e^xよりは弱い，つまり(中位の∞)と言えるんだ。これを，$\frac{\infty}{\infty}$の知識として，まとめて下に示す。

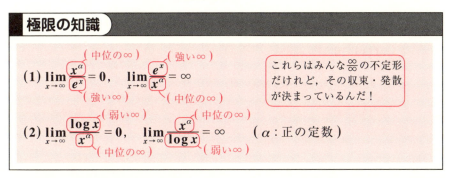

これらの関数の極限の知識があると，さまざまな関数のグラフの概形も直感的にアッという間につかむことができるんだ。そのやり方をこれから解説しよう。

● **関数のグラフを描こう！**

関数 $y = f(x)$ のグラフを描く場合，まず実数xのとり得る値の範囲(定義域)を押さえ，$f'(x)$や$f''(x)$を求めて，増減，凹凸表を作り，さらに極限も調べて，xy座標平面上に描くことが一般的なやり方だ。

でも，ここでは，極限の知識も利用して，与えられた関数の形から直感的にグラフの概形を把握する方法についても教えよう。典型的なパターンとして，(I) 2つの関数の積と，(II) 2つの関数の和の形のものについて教えよう。

(Ⅰ) 2つの関数の積の形の関数の例

例として，$y = f(x) = \dfrac{2\log x}{x}$ ($\underline{x > 0}$) のグラフにチャレンジしよう。 （定義域）

これは，$y = 2 \cdot \log x$ と $y = \dfrac{1}{x}$ の2つの関数の y 座標同士をかけたものと考えると，分かりやすい。

(ⅰ) $x = 1$ のとき，$y = 2 \cdot \log x = 0$，$y = \dfrac{1}{x} = 1$

より，$f(1) = 0 \times 1 = 0$ → 点 $(1, 0)$ を通る

・$0 < x < 1$ のとき，$2 \cdot \log x < 0$，$\dfrac{1}{x} > 0$ より，

$f(x) < 0$

・$1 < x$ のとき，$2 \cdot \log x > 0$，$\dfrac{1}{x} > 0$ より，

$f(x) > 0$

図5　$y = f(x)$ のグラフ
(ⅰ) $y = f(x)$ の存在領域

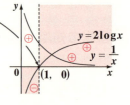

(ⅱ) $x \to +0$ のとき，$2 \cdot \log x \to -\infty$，$\dfrac{1}{x} \to +\infty$

∴ $f(x) \to (-\infty) \times (+\infty) = -\infty$

(ⅲ) $x \to +\infty$ のとき，

$\displaystyle\lim_{x \to \infty} f(x) = \lim_{x \to \infty} \dfrac{2\log x}{x} = 0$　（弱い∞）（中位の∞）

(ⅱ)(ⅲ) 極限のチェック

(ⅲ) $\displaystyle\lim_{x \to \infty} f(x) = 0$

(ⅱ) $\displaystyle\lim_{x \to +0} f(x) = -\infty$

(ⅳ) 最後に，あいてる部分をどう埋めるかだ。これは，ニョロニョロするような複雑な関数ではないので，エイッ！と一山作ってやればオシマイだ。

(ⅳ) 一山作る！

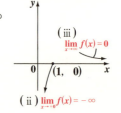

エイ！　$y = f(x) = \dfrac{2 \cdot \log x}{x}$

どう？　$f'(x)$ や $f''(x)$ を一切使わなくても，$y = f(x)$ のグラフが描けて面白かっただろう。

　それでは，今度はキチンと微分計算もして，グラフを求めてみよう。

まず，$y = f(x) = \dfrac{2 \cdot \log x}{x}$ を x で順に2回微分して，

●微分法

・$f'(x) = 2 \cdot \dfrac{(\log x)' \cdot x - \log x \cdot x'}{x^2} = 2 \cdot \dfrac{1 - \log x}{x^2}$

$f'(x) = 0$ のとき，$1 - \log x = 0$ ∴ $x = e$

・$f''(x) = 2 \cdot \dfrac{(1 - \log x)' \cdot x^2 - (1 - \log x) \cdot (x^2)'}{x^4}$

$= 2 \cdot \dfrac{-\dfrac{1}{x} \cdot x^2 - 2x(1 - \log x)}{x^4} = 2 \cdot \dfrac{-1 - 2(1 - \log x)}{x^3}$

$= 2 \cdot \dfrac{2\log x - 3}{x^3}$

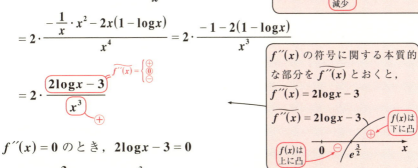

$f''(x) = 0$ のとき，$2\log x - 3 = 0$

$\log x = \dfrac{3}{2}$ ∴ $x = e^{\frac{3}{2}}$

ここで，$f(e) = \dfrac{2 \cdot \log e}{e} = \dfrac{2}{e}$ （極大値）

$f(e^{\frac{3}{2}}) = \dfrac{2 \cdot \log e^{\frac{3}{2}}}{e^{\frac{3}{2}}} = \dfrac{3}{e^{\frac{3}{2}}}$

右に，増減・凹凸表を示す。
次に，極限も調べよう。

$\displaystyle\lim_{x \to +0} f(x) = \lim_{x \to +0} \dfrac{2 \cdot \log x}{x} = -\infty$

増減・凹凸表 ($x > 0$)

x	0		e		$e^{\frac{3}{2}}$	
$f'(x)$		+	0	−	−	−
$f''(x)$		−	−	−	0	+
$f(x)$		↗	$\dfrac{2}{e}$	↘	$\dfrac{3}{e^{\frac{3}{2}}}$	↘

増加 上に凸 ／ 極大値 ／ 減少 上に凸 ／ 減少 下に凸

$\displaystyle\lim_{x \to \infty} f(x) = \lim_{x \to \infty} \dfrac{2 \cdot \log x}{x} = \lim_{x \to \infty} \dfrac{(2 \cdot \log x)'}{x'} = \lim_{x \to \infty} \dfrac{\dfrac{2}{x}}{1} = 0$ （ロピタルの定理より）

以上より，求める関数 $y = f(x)$
$= \dfrac{2 \cdot \log x}{x}$ のグラフの概形は右図
のようになる。

上に凸から下に凸に変わる点のこと。
変曲点 $\left(e^{\frac{3}{2}}, \dfrac{3}{e^{\frac{3}{2}}}\right)$

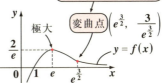

(Ⅱ) 2つの関数の和の形の関数の例

例として，$y = g(x) = 2\sqrt{x} + \dfrac{1}{x}$ $(x > 0)$ のグラフの概形を描いてみよう。

これは，$y = 2\sqrt{x}$ と $y = \dfrac{1}{x}$ の 2 つの関数の y 座標同士をたしたものが，新たな $y = g(x)$ の y 座標となる。

図 6 に示すように，$y = 2\sqrt{x}$ と $y = \dfrac{1}{x}$ のグラフから，簡単に $y = g(x) = 2\sqrt{x} + \dfrac{1}{x}$ のグラフの概形がつかめ，そして，1 つの極小値をもつことも分かるんだね。

図6　$y = g(x)$ のグラフ

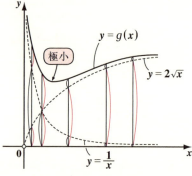

それでは今度は微分計算もキチンと行って，このグラフを求めてみよう。

まず，$y = g(x) = 2x^{\frac{1}{2}} + x^{-1}$ $(x > 0)$ を x で順に 2 回微分して，

$\cdot\ g'(x) = 2 \cdot \dfrac{1}{2} x^{-\frac{1}{2}} - 1 \cdot x^{-2} = \dfrac{1}{\sqrt{x}} - \dfrac{1}{x^2}$

$\qquad = \dfrac{x\sqrt{x} - 1}{x^2}$ $\widetilde{g'(x)} = \begin{cases} \oplus \\ 0 \\ \ominus \end{cases}$

$g'(x)$ の符号に関する本質的な部分を $\widetilde{g'(x)}$ とおくと，

$\widetilde{g'(x)} = x\sqrt{x} - 1$

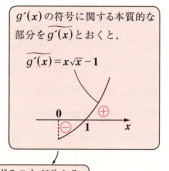

$g'(x) = 0$ のとき，$x\sqrt{x} - 1 = 0$ より，

$x^{\frac{3}{2}} = 1$ $\quad \therefore x = 1^{\frac{2}{3}} = 1$

よって，$g'(x)$ は，$x = 1$ を境に $\ominus$ から $\oplus$ に転ずることが分かる。

$\cdot\ g''(x) = \left(x^{-\frac{1}{2}} - x^{-2}\right)' = -\dfrac{1}{2} x^{-\frac{3}{2}} + 2x^{-3} = -\dfrac{1}{2x\sqrt{x}} + \dfrac{2}{x^3}$

$\qquad = \dfrac{-x\sqrt{x} + 4}{2x^3}$ $\widetilde{g''(x)} = \begin{cases} \oplus \\ 0 \\ \ominus \end{cases}$

よって，$g''(x) = 0$ のとき，

$-x\sqrt{x} + 4 = 0 \qquad x^{\frac{3}{2}} = 4$

$\therefore x = 4^{\frac{2}{3}} = (2^2)^{\frac{2}{3}}$
$= 2^{\frac{4}{3}} (= \sqrt[3]{2^4} = \sqrt[3]{16})$

$\sqrt[3]{16} = 2.5\cdots$

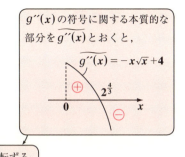

$g''(x)$ の符号に関する本質的な部分を $\widetilde{g''(x)}$ とおくと，$\widetilde{g''(x)} = -x\sqrt{x} + 4$

よって，$g''(x)$ は，$x = 2^{\frac{4}{3}}$ を境に ⊕ から ⊖ に転ずる。

・$x = 1$ のとき，極小値 $g(1) = 2\sqrt{1} + \dfrac{1}{1} = 3$

・$x = 2^{\frac{4}{3}}$ のとき，

$g\left(2^{\frac{4}{3}}\right) = 2 \cdot \sqrt{2^{\frac{4}{3}}} + \dfrac{1}{2^{\frac{4}{3}}} = \dfrac{2 \cdot 2^{\frac{2}{3}} \cdot 2^{\frac{4}{3}} + 1}{2^{\frac{4}{3}}} = 9 \cdot 2^{-\frac{4}{3}}$

$2^{1+\frac{2}{3}+\frac{4}{3}} = 2^3 = 8$

$\therefore$ 変曲点 $\left(2^{\frac{4}{3}},\ 9 \cdot 2^{-\frac{4}{3}}\right)$

よって，$y = g(x)$ の増減・凹凸表は右のようになる。

次に，関数 $g(x)$ の $x \to +0$，$x \to +\infty$ の極限を求めると，

・$\lim_{x \to +0} g(x) = \lim_{x \to +0} \left(\underbrace{2\sqrt{x}}_{0} + \underbrace{\dfrac{1}{x}}_{+\infty}\right)$
$= \infty$

・$\lim_{x \to \infty} g(x) = \lim_{x \to \infty} \left(\underbrace{2\sqrt{x}}_{\infty} + \underbrace{\dfrac{1}{x}}_{0}\right)$
$= \infty$

以上より，$y = g(x)$ のグラフを描くと右図のようになる。

$g(x)$ の増減・凹凸表

x	0		1		$2^{\frac{4}{3}}$	
$g'(x)$		−	0	+	+	+
$g''(x)$		+	+	+	0	−
$g(x)$		↘	3	↗	$9 \cdot 2^{-\frac{4}{3}}$	↗

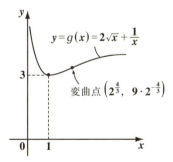

変曲点 $\left(2^{\frac{4}{3}},\ 9 \cdot 2^{-\frac{4}{3}}\right)$

$y = g(x) = 2\sqrt{x} + \dfrac{1}{x}$

§4. マクローリン展開

　サァ，これから，関数 $f(x)$ の "**マクローリン展開**" について解説しよう。一般に，関数 $f(x)$ を x のベキ級数で表すことができれば，積分など $f(x)$ に対するその後の処理を簡単に行えるようになるので便利なんだね。

　実際に，大学受験問題でもときどき出題される $e^x = 1 + \dfrac{x}{1!} + \dfrac{x^2}{2!} + \dfrac{x^3}{3!} +$ … は，指数関数 e^x のマクローリン展開の一例なんだ。

　今回の講義では，このマクローリン展開の式がどのようにして導けるのか？ 詳しく解説しよう。そして，指数関数 e^x と三角関数 $\sin x, \cos x$ のマクローリン展開を基に，オイラーの公式：$e^{i\theta} = \cos\theta + i\sin\theta$ （**P20**）を導いてみよう。

● マクローリン展開は，曲線の近似から導ける！

　何回でも微分可能な関数 $y = f(x)$ が与えられたとき，この曲線上の点 $(0, \ f(0))$ における接線の方程式が，

$$y = f'(0)x + f(0)$$

公式：$y = f'(0)(x - 0) + f(0)$

と表されることは，大丈夫だね。

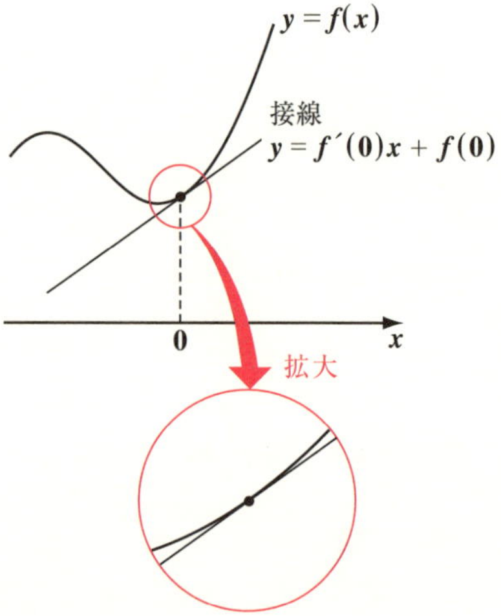

(Ⅰ) 実は，この接線の公式が $x = 0$ 付近での，曲線 $y = f(x)$ の "**第1次近似**" になっているんだね。図1に示すように，$x = 0$ の付近では，曲線 $y = f(x)$ と接線 $y = f'(0)x + f(0)$ がほとんど一致していることが分かるはずだ。

図1　曲線 $y = f(x)$ の第1次近似

$y = f(x)$

接線
$y = f'(0)x + f(0)$

拡大

　∴ $x \fallingdotseq 0$ のとき，$f(x) \fallingdotseq f(0) + f'(0)x$ …① と，$f(x)$ を第1次近似できる。この "第1次" の意味は，"1次式による近似" という意味だ。

● 微分法

（Ⅱ）それでは，この近似精度を上げて，$f(x)$
を 2 次式で近似することにすると，

これからは，
1 階微分 $f'(x)$, 2 階微分 $f''(x)$,
3 階微分 $f'''(x)$, … をそれぞれ
$f^{(1)}(x)$, $f^{(2)}(x)$, $f^{(3)}(x)$, …
と表すことにする。

これはまだ未定

$$f(x) \fallingdotseq \underline{f(0)} + \underline{f^{(1)}(0)}x + \underline{p}x^2 \cdots ② \quad (x \fallingdotseq 0 \text{ のとき})$$

定数　　$f'(0)$（定数）　　定数

とおける。ここで，この定数 p の値を決定してみよう。

（ⅰ）②の両辺を x で微分すると，

　　　　左辺 $= f^{(1)}(x)$, 右辺 $= f^{(1)}(0) + 2px$　となる。

　　　　この両辺に $x = 0$ を代入すると，

　　　　左辺 $= f^{(1)}(0)$, 右辺 $= f^{(1)}(0)$　となって，一致する。

（ⅱ）②の両辺を x で 2 回微分すると，

　　　　左辺 $= f^{(2)}(x)$, 右辺 $= 2p$　となる。

　　　　ここで，この両辺に $x = 0$ を代入すると，

　　　　左辺 $= f^{(2)}(0)$, 右辺 $= \underline{2p}$　より，これらを一致させるためには，

元々定数

$$f^{(2)}(0) = 2p, \text{ すなわち } p = \frac{f^{(2)}(0)}{\boxed{2}} \text{ となる。}$$

p が決定
できた！

$2! = 2 \cdot 1$ とおく。

これを②に代入すると，$f(x)$ の第 2 次近似が次のように求まる。

$$f(x) \fallingdotseq f(0) + \frac{f^{(1)}(0)}{1!}x + \frac{f^{(2)}(0)}{2!}x^2 \cdots ②' \quad (x \fallingdotseq 0 \text{ のとき})$$

後の形式のため，$f^{(1)}(0)$ をこのようにおいた。

（Ⅲ）さらに，精度を上げて，$f(x)$ を 3 次式で近似すると，

未定

$$f(x) \fallingdotseq f(0) + \frac{f^{(1)}(0)}{1!}x + \frac{f^{(2)}(0)}{2!}x^2 + \underline{q}x^3 \cdots ③ \quad (x \fallingdotseq 0 \text{ のとき})$$

これは，x の 2 次式なので，x で
3 回微分すると，当然 0 になる。

$(qx^3)''' = (3qx^2)''$
$\qquad = (6qx)'$
$\qquad = 6q$

となる。同様に，この両辺を x で 3 回微分すると，

左辺 $= f^{(3)}(x)$, 右辺 $= 6q$　となる。

ここで，この両辺に $x = 0$ を代入したものを一致させるためには，

$$f^{(3)}(0) = \boxed{6}q, \text{ すなわち } q = \frac{f^{(3)}(0)}{3!} \text{ となる。}$$

q が決定できた！

$3!$

103

$q = \dfrac{f^{(3)}(0)}{3!}$ を，$f(x) ≒ f(0) + \dfrac{f^{(1)}(0)}{1!}x + \dfrac{f^{(2)}(0)}{2!}x^2 + qx^3 \cdots$③ に代入する

と，$f(x)$ の第 3 次近似が次のように求まる。

$$f(x) ≒ f(0) + \frac{f^{(1)}(0)}{1!}x + \frac{f^{(2)}(0)}{2!}x^2 + \frac{f^{(3)}(0)}{3!}x^3$$

ここで，この右辺の次数を次々に大きくしていくと，$x ≒ 0$ の付近で，

$$f(x) ≒ f(0) + \frac{f^{(1)}(0)}{1!}x + \frac{f^{(2)}(0)}{2!}x^2 + \frac{f^{(3)}(0)}{3!}x^3 + \frac{f^{(4)}(0)}{4!}x^4 + \cdots + \frac{f^{(n)}(0)}{n!}x^n$$

と，近似精度が上がっていくことが分かると思う。

そして，右辺の次数を無限に上げて，x の無限ベキ級数で表すことにする

と，$x ≒ 0$ 付近だけでなく<u>ある x の値の範囲</u>で，関数 $f(x)$ を正確に表すこ

> これを "ダランベールの収束半径" という。

とができるようになる。つまり，

x のある値の範囲で，

$$f(x) = f(0) + \frac{f^{(1)}(0)}{1!}x + \frac{f^{(2)}(0)}{2!}x^2 + \frac{f^{(3)}(0)}{3!}x^3 + \frac{f^{(4)}(0)}{4!}x^4 + \cdots + \frac{f^{(n)}(0)}{n!}x^n + \cdots$$

と表せるようになる。これを，関数 $f(x)$ の "**マクローリン展開**" と

呼ぶ。

参考

"マクローリン展開" をより一般化したものが "**テイラー展開**" と呼

ばれるものだ。マクローリン展開が $x = 0$ のまわりの展開と呼ばれる

のに対して，テイラー展開は $x = a$ のまわりの展開と呼ばれ，次の

ように表される。

x のある値の範囲で，

$$f(x) = f(a) + \frac{f^{(1)}(a)}{1!}(x - a) + \frac{f^{(2)}(a)}{2!}(x - a)^2 + \cdots + \frac{f^{(n)}(a)}{n!}(x - a)^n + \cdots$$

ここで，指数関数 e^x と三角関数 $\sin x$, $\cos x$ については，$-\infty < x < \infty$ の範

囲で，マクローリン展開できることが分かってる。

よって，まず，指数関数 e^x のマクローリン展開を求めてみることにしよう。

104

● 微分法

$f(x) = e^x$ とおくと，$f(0) = e^0 = 1$

$f^{(1)}(x) = (e^x)' = e^x$ より，$f^{(1)}(0) = e^0 = 1$

$f^{(2)}(x) = (e^x)'' = e^x$ より，$f^{(2)}(0) = e^0 = 1$

$f^{(3)}(x) = (e^x)''' = e^x$ より，$f^{(3)}(0) = e^0 = 1$

⋯⋯⋯⋯⋯⋯⋯⋯⋯⋯⋯⋯⋯⋯⋯⋯⋯⋯⋯⋯⋯⋯⋯⋯⋯

$f^{(n)}(x) = (e^x)^{(n)} = e^x$ より，$f^{(n)}(0) = e^0 = 1$　だね。

以上の結果を，マクローリン展開の公式：

$$\underbrace{f(x)}_{e^x} = \underbrace{f(0)}_{1} + \frac{\overbrace{f^{(1)}(0)}^{1}}{1!}x + \frac{\overbrace{f^{(2)}(0)}^{1}}{2!}x^2 + \frac{\overbrace{f^{(3)}(0)}^{1}}{3!}x^3 + \cdots + \frac{\overbrace{f^{(n)}(0)}^{1}}{n!}x^n + \cdots$$

に代入すると，e^x のマクローリン展開が，次のようにできる。

$$e^x = 1 + \frac{x}{1!} + \frac{x^2}{2!} + \frac{x^3}{3!} + \cdots + \frac{x^n}{n!} + \cdots \qquad (-\infty < x < \infty)$$

大丈夫だった？　では，$\sin x$ と $\cos x$ も次の例題でマクローリン展開してみよう。

例題 35　$\sin x$ をマクローリン展開してみよう。

$f(x) = \sin x$ とおくと，$f(0) = \sin 0 = 0$

$f^{(1)}(x) = (\sin x)' = \cos x$ より，$f^{(1)}(0) = \cos 0 = 1$

$f^{(2)}(x) = (\cos x)' = -\sin x$ より，$f^{(2)}(0) = -\sin 0 = 0$

$f^{(3)}(x) = (-\sin x)' = -\cos x$ より，$f^{(3)}(0) = -\cos 0 = -1$

$f^{(4)}(x) = (-\cos x)' = \sin x$ より，$f^{(4)}(0) = \sin 0 = 0$

これで 1 サイクルの終了

$f^{(5)}(x) = (\sin x)' = \cos x$ より，$f^{(5)}(0) = \cos 0 = 1$

以下，同様の繰り返し

⋯⋯⋯⋯⋯⋯⋯⋯⋯⋯⋯⋯⋯⋯⋯⋯⋯⋯⋯⋯⋯⋯⋯⋯⋯

以上の結果を，マクローリン展開の公式：

$$\underbrace{f(x)}_{\sin x} = \underbrace{f(0)}_{0} + \frac{\overbrace{f^{(1)}(0)}^{1}}{1!}x + \frac{\overbrace{f^{(2)}(0)}^{0}}{2!}x^2 + \frac{\overbrace{f^{(3)}(0)}^{-1}}{3!}x^3 + \frac{\overbrace{f^{(4)}(0)}^{0}}{4!}x^4 + \frac{\overbrace{f^{(5)}(0)}^{1}}{5!}x^5 + \cdots$$

に代入すると，$\sin x$ のマクローリン展開が次のようにできる。

$$\sin x = \frac{x}{1!} - \frac{x^3}{3!} + \frac{x^5}{5!} - \frac{x^7}{7!} + \cdots \qquad (-\infty < x < \infty)$$

例題 36　$\cos x$ をマクローリン展開してみよう。

$f(x) = \cos x$ とおくと，$f(0) = \cos 0 = 1$

$f^{(1)}(x) = (\cos x)' = -\sin x$ より，$f^{(1)}(0) = -\sin 0 = 0$

$f^{(2)}(x) = (-\sin x)' = -\cos x$ より，$f^{(2)}(0) = -\cos 0 = -1$

$f^{(3)}(x) = (-\cos x)' = \sin x$ より，$f^{(3)}(0) = \sin 0 = 0$

$f^{(4)}(x) = (\sin x)' = \cos x$ より，$f^{(4)}(0) = \cos 0 = 1$

$f^{(5)}(x) = (\cos x)' = -\sin x$ より，$f^{(5)}(0) = -\sin 0 = 0$

> これで1サイクルの終了

> 以下，同様の繰り返し

以上の結果を，マクローリン展開の公式：

$$\underset{\cos x}{f(x)} = \underset{1}{f(0)} + \frac{\overset{0}{f^{(1)}(0)}}{1!}x + \frac{\overset{-1}{f^{(2)}(0)}}{2!}x^2 + \frac{\overset{0}{f^{(3)}(0)}}{3!}x^3 + \frac{\overset{1}{f^{(4)}(0)}}{4!}x^4 + \frac{\overset{0}{f^{(5)}(0)}}{5!}x^5 + \cdots$$

に代入すると，$\cos x$ のマクローリン展開が次のようにできる。

$$\cos x = 1 - \frac{x^2}{2!} + \frac{x^4}{4!} - \frac{x^6}{6!} + \cdots \qquad (-\infty < x < \infty)$$

どう？　マクローリン展開にもずい分慣れてきただろう。

● オイラーの公式を導いてみよう！

以上の結果をまとめると，次の通りだね。

$$e^x = 1 + \frac{x}{1!} + \frac{x^2}{2!} + \frac{x^3}{3!} + \frac{x^4}{4!} + \frac{x^5}{5!} + \frac{x^6}{6!} + \frac{x^7}{7!} + \cdots \quad \cdots① \quad (-\infty < x < \infty)$$

$$\sin x = \frac{x}{1!} - \frac{x^3}{3!} + \frac{x^5}{5!} - \frac{x^7}{7!} + \cdots \qquad\qquad \cdots② \quad (-\infty < x < \infty)$$

$$\cos x = 1 - \frac{x^2}{2!} + \frac{x^4}{4!} - \frac{x^6}{6!} + \cdots \qquad\qquad \cdots③ \quad (-\infty < x < \infty)$$

これから，オイラーの公式：$e^{i\theta} = \cos\theta + i\sin\theta \cdots(*)$ を導いてみよう。

まず，①の両辺の x に $i\theta$ を代入すると，

106

● 微分法

$$e^{i\theta} = 1 + \frac{i\theta}{1!} + \underbrace{\frac{(i\theta)^2}{2!}}_{-\theta^2} + \underbrace{\frac{(i\theta)^3}{3!}}_{-i\theta^3} + \underbrace{\frac{(i\theta)^4}{4!}}_{\theta^4} + \underbrace{\frac{(i\theta)^5}{5!}}_{i\theta^5} + \underbrace{\frac{(i\theta)^6}{6!}}_{-\theta^6} + \underbrace{\frac{(i\theta)^7}{7!}}_{-i\theta^7} + \cdots$$

$$= 1 + i\frac{\theta}{1!} - \frac{\theta^2}{2!} - i\frac{\theta^3}{3!} + \frac{\theta^4}{4!} + i\frac{\theta^5}{5!} - \frac{\theta^6}{6!} - i\frac{\theta^7}{7!} + \cdots$$

$$= \underbrace{\left(1 - \frac{\theta^2}{2!} + \frac{\theta^4}{4!} - \frac{\theta^6}{6!} + \cdots\right)}_{\cos\theta\ (③より)} + i\underbrace{\left(\frac{\theta}{1!} - \frac{\theta^3}{3!} + \frac{\theta^5}{5!} - \frac{\theta^7}{7!} + \cdots\right)}_{\sin\theta\ (②より)}$$

> 実部と虚部
> に分けた。

$$= \cos\theta + i\sin\theta \qquad (②, ③より)$$

よって，オイラーの公式：$e^{i\theta} = \cos\theta + i\sin\theta \cdots(*)$ が導けた！

　でも，ここで，疑問をもつ方もいらっしゃると思う。e^x のマクローリン展開の式の実数 x に，純虚数 $i\theta$ を代入することが果たして許されるのか？ ってことだと思う。確かに，この正当性を保証するものは何もない。

　"複素数平面" の講義のところでも述べたように，本来，オイラーの公式は "定義" として考えるべきものであって，何かある式から導くものではないんだね。でも，形式的にではあるけれど，①の x に $i\theta$ を代入することにより導けるということは，このオイラーの公式の定義の汎用性を示していると考えていいんだよ。

107

講義3 ● 微分法　公式エッセンス

1. 指数・対数関数の極限公式

(1) $\lim\limits_{x \to 0} \dfrac{e^x - 1}{x} = 1$

(2) $\lim\limits_{x \to 0} \dfrac{\log(1 + x)}{x} = 1$

(3) $\lim\limits_{x \to 0}(1 + x)^{\frac{1}{x}} = e$

(4) $\lim\limits_{x \to \pm\infty}\left(1 + \dfrac{1}{x}\right)^x = e$

2. 微分計算の8つの基本公式

(1) $(x^\alpha)' = \alpha x^{\alpha - 1}$　(α：実数)

(2) $(\sin x)' = \cos x$

(3) $(\cos x)' = -\sin x$

(4) $(\tan x)' = \sec^2 x\left[= \dfrac{1}{\cos^2 x}\right]$

(5) $(e^x)' = e^x$

(6) $(a^x)' = a^x \cdot \log a$

(7) $(\log x)' = \dfrac{1}{x}$　$(x > 0)$

(8) $\{\log f(x)\}' = \dfrac{f'(x)}{f(x)}$　$(f(x) > 0)$

3. 微分計算の3つの重要公式

(1) $(f \cdot g)' = f' \cdot g + f \cdot g'$

(2) $\left(\dfrac{f}{g}\right)' = \dfrac{f' \cdot g - f \cdot g'}{g^2}$

(3) 合成関数の微分：$y' = \dfrac{dy}{dx} = \dfrac{dy}{dt} \cdot \dfrac{dt}{dx}$　(ただし, $f(x) = f$, $g(x) = g$ とする。)

4. 平均値の定理

微分可能な関数 $f(x)$ について, $\dfrac{f(b) - f(a)}{b - a} = f'(c)$　$(a < c < b)$

開区間 $a < x < b$ のこと

をみたす c が, 区間 (a, b) に少なくとも1つ存在する。

5. ロピタルの定理

(i) $\dfrac{0}{0}$ の不定形について, $\lim\limits_{x \to a} \dfrac{f(x)}{g(x)} = \lim\limits_{x \to a} \dfrac{f'(x)}{g'(x)}$

(ii) $\dfrac{\infty}{\infty}$ の不定形について, $\lim\limits_{x \to a} \dfrac{f(x)}{g(x)} = \lim\limits_{x \to a} \dfrac{f'(x)}{g'(x)}$　(a は $\pm\infty$ でもよい。)

6. マクローリン展開

$|x| < r$ (r：ダランベールの収束半径) をみたす x に対して,

$$f(x) = f(0) + \frac{f^{(1)}(0)}{1!}x + \frac{f^{(2)}(0)}{2!}x^2 + \frac{f^{(3)}(0)}{3!}x^3 + \frac{f^{(4)}(0)}{4!}x^4 + \cdots + \frac{f^{(n)}(0)}{n!}x^n + \cdots$$

積分法

- ▶ 不定積分と定積分（部分積分，置換積分）
- ▶ 定積分で表された関数，区分求積法
  $$\left(\lim_{n \to \infty} \frac{1}{n} \sum_{k=1}^{n} f\left(\frac{k}{n}\right) = \int_0^1 f(x)dx\right)$$
- ▶ 面積計算，体積計算
  $$\left(\text{バウムクーヘン型積分}: V = 2\pi \int_a^b x f(x)dx\right)$$
- ▶ 媒介変数表示された曲線と面積計算
  $$\left(\int_a^b y\,dx = \int_\alpha^\beta y \frac{dx}{d\theta}\,d\theta\right)$$
- ▶ 極方程式と面積計算
  $$\left(S = \frac{1}{2}\int_\alpha^\beta r^2\,d\theta\right)$$

§1. 不定積分と定積分

さァ, これから "積分" の講義に入ろう。積分とは, 本質的には微分の逆の操作のことなんだけれど, 後で解説するように, この積分により面積や体積の計算も出来るようになるので, さらに応用範囲が広がるんだ。

実は, この積分は, "不定積分" と "定積分" の2種類がある。今回は, この2通りの積分について, "部分積分" や "置換積分" など有効なテクニックも含めて, 詳しく解説するつもりだ。

それでは, 早速講義を始めよう。

● 不定積分から始めよう!

$F(x)$ の導関数が $f(x)$ のとき, すなわち,

$F'(x) = f(x)$ のとき, $F(x)$ を $f(x)$ の "原始関数" という。例として, $f(x) = \cos x$ とすると, $F(x)$ はどうなる? …エッ, $(\sin x)' = \cos x$ だから, $F(x) = \sin x$ になるって?ウ〜ン, 惜しいけど, 正確じゃないね。$F(x)$ は, $\sin x + 2$ でも, $\sin x - 1$ でも, $\sin x + 2\sqrt{5}$ でも……, かまわないね。みんな, $(\sin x + 2)' = (\sin x - 1)' = (\sin x + 2\sqrt{5})' = \cos x$ をみたすからね。だから, $f(x)$ の原始関数 $F(x)$ は無数に存在することになる。でも, 無数にあると言っても, 定数値が異なるだけだから, 原始関数の1つを $F(x)$ とおき, これに "積分定数" C を加えたものを, $f(x)$ の "不定積分" $F(x) + C$ と定める。また, $f(x)$ のことを "被積分関数" と呼ぶことも覚えておこう。

それでは, 不定積分の定義を, 記号法と共に下に示そう。

不定積分の定義

$f(x)$ の原始関数の1つが $F(x)$ のとき, $f(x)$ の不定積分を $\displaystyle\int f(x)dx$ で表し, これを次のように定義する。

"インテグラル・$f(x)$・dx" と読む。

$$\int f(x)dx = F(x) + C$$

($f(x)$: 被積分関数, $F(x)$: 原始関数の1つ, C : 積分定数)

110

● 積分法

つまり，$F'(x) = f(x) \rightleftarrows \displaystyle\int f(x)dx = F(x) + C$　の関係なんだね。さらに，

$F(x) + C \xrightarrow[\text{積分}]{\text{微分}} f(x)$ から，不定積分が微分の逆の操作であることも分かるね。

よって，微分のときと同様に，不定積分にも次の **8 つの基本公式**がある。

不定積分の 8 つの基本公式

(1) $\displaystyle\int x^a\,dx = \dfrac{1}{\alpha+1}x^{\alpha+1} + C$ 　　(2) $\displaystyle\int \cos x\,dx = \sin x + C$

(3) $\displaystyle\int \sin x\,dx = -\cos x + C$ 　　(4) $\displaystyle\int \dfrac{1}{\cos^2 x}\,dx = \tan x + C$

(5) $\displaystyle\int e^x\,dx = e^x + C$ 　　(6) $\displaystyle\int a^x\,dx = \dfrac{a^x}{\log a} + C$

(7) $\displaystyle\int \dfrac{1}{x}\,dx = \log|x| + C$ 　　(8) $\displaystyle\int \dfrac{f'(x)}{f(x)}\,dx = \log|f(x)| + C$

(ただし，$\alpha \neq -1$，$a > 0$ かつ $a \neq 1$，対数は自然対数，C:積分定数)

当然，各公式の右辺を微分したら，左辺の被積分関数になる。確かめてみてくれ。エッ，(7) と (8) で不定積分の対数関数の真数に絶対値がついているのが解せないって？　当然の疑問だね。(7) について，ていねいに解説しよう。

(7) の被積分関数 $\dfrac{1}{x}$ の $\underline{x\text{ は正・負いずれの値も取りうる。}}$

$\boxed{\text{これは，対数の真数ではないからね。}}$ 　　$\boxed{|x|\,(\because x > 0)}$

(ⅰ) $x > 0$ のとき，$(\log x)' = \dfrac{1}{x}$　より，　$\displaystyle\int \dfrac{1}{x}\,dx = \log x + C$　となる。

　　　　　　　　　　　　　　　　　　　　　　　　　　$\boxed{|x|\,(\because x < 0)}$

(ⅱ) $x < 0$ のとき，$\{\log(-x)\}' = \dfrac{-1}{-x} = \dfrac{1}{x}$ より，　$\displaystyle\int \dfrac{1}{x}\,dx = \log(-x) + C$

　　となる。

ここで，　・$x > 0$ のとき，$|x| = x$，　・$x < 0$ のとき，$|x| = -x$　なので，

(ⅰ)(ⅱ) より，x の正・負に関わらず，$\displaystyle\int \dfrac{1}{x}\,dx = \log|x| + C$　が成り立つんだね。(8) についても同様だ。

111

また，微分のときと同様に，不定積分には次の **2** つの性質がある。

不定積分の **2** つの性質

$(1) \displaystyle\int k f(x) dx = k \int f(x) dx \quad (k : 定数)$

$(2) \displaystyle\int \{f(x) \pm g(x)\} dx = \int f(x) dx \pm \int g(x) dx \quad (複号同順)$

この **2** つの性質を "**不定積分の線形性**" と呼ぶ。

それでは，次の例題で不定積分を実際に求めてみよう。

例題 **37**　次の不定積分を求めよう。

$(1) \displaystyle\int \left(4\sin x + \frac{2}{x}\right) dx \qquad (2) \int e^{x-2} dx \qquad (3) \int \cot x \, dx$

$(1) \displaystyle\int \left(4\sin x + \frac{2}{x}\right) dx$

不定積分の線形性により，不定積分は，（ i ）項別に，そして（ ii ）係数を別にして計算できる。

$= 4 \displaystyle\int \sin x \, dx + 2 \int \frac{1}{x} dx$

$\underbrace{-\cos x + C_1}$　$\underbrace{\log|x| + C_2}$

公式：$\displaystyle\int \sin x \, dx = -\cos x$

$\displaystyle\int \frac{1}{x} dx = \log|x|$

$= -4\cos x + 2\log|x| + \underbrace{C}_{4C_1 + 2C_2}$

積分定数 C は最後にまとめて付ける。

$(2) \displaystyle\int \underbrace{e^{x-2}}_{e^{-2} \cdot e^x} dx = \underbrace{e^{-2}}_{定数} \int \underbrace{e^x dx}_{e^x + C_1} = \underbrace{e^{-2} e^x + C}_{e^{-2} C_1} = e^{x-2} + C \quad となる。$

公式：$\displaystyle\int e^x dx = e^x$

$(3) \displaystyle\int \cot x \, dx = \int \frac{\overset{f'}{\cos x}}{\underset{f}{\sin x}} dx$

公式：

$\displaystyle\int \frac{f'}{f} dx = \log|f|$

$= \log|\sin x| + C \quad となる。$

$\left(ただし，\cot x = \dfrac{1}{\tan x} = \dfrac{\cos x}{\sin x}\right)$

"**不定積分**" の計算にも慣れてきた？

では次，"**定積分**" の解説に入ろう。

112

●積分法

● 定積分の計算もマスターしよう！

それではまず，積分区間 $[a, b]$ における定積分の定義を下に示そう。

> 閉区間 $a \leqq x \leqq b$ のことだ。

定積分の定義

閉区間 $a \leqq x \leqq b$ で，$f(x)$ の原始関数 $F(x)$ が存在するとき，定積分を次のように定義する。

$$\int_a^b f(x)dx = \left[F(x)\right]_a^b = F(b) - F(a)$$

> 定積分の結果は数値になる。

> 定積分の計算では，原始関数に積分定数 C がたされていても，
> $\left[F(x)+C\right]_a^b = F(b)+C - \{F(a)+C\} = F(b) - F(a)$ となって，
> どうせ引き算で打ち消し合う。よって，定積分の計算で C は不要だ。

それでは，次の例題で定積分の計算練習をしよう。

例題 38　次の定積分を求めよう。

$$(1) \int_0^{\frac{\pi}{3}} 4\cos x\,dx \qquad (2) \int_0^2 e^{x-2}\,dx \qquad (3) \int_0^{\frac{\pi}{3}} \tan x\,dx$$

$(1) \displaystyle\int_0^{\frac{\pi}{3}} 4\cos x\,dx = 4\int_0^{\frac{\pi}{3}} \cos x\,dx$

> 定積分においても，線形性の性質はそのまま成り立つ。

$\qquad = 4\left[\sin x\right]_0^{\frac{\pi}{3}} = 4\left(\sin\dfrac{\pi}{3} - \sin 0\right) = 2\sqrt{3}$ となる。

> 結果は数値だ。

$\sin\dfrac{\pi}{3} = \dfrac{\sqrt{3}}{2}$，$\sin 0 = 0$

$(2) \displaystyle\int_0^2 e^{x-2}\,dx = e^{-2}\int_0^2 e^x\,dx = e^{-2}\left[e^x\right]_0^2 = e^{-2}(e^2 - e^0)$

$e^0 = 1$

$\qquad = e^{-2}(e^2 - 1) = 1 - e^{-2}$ となって，答えだ。

$(3) \displaystyle\int_0^{\frac{\pi}{3}} \tan x\,dx = -\int_0^{\frac{\pi}{3}} \dfrac{-\sin x}{\cos x}\,dx = -\left[\log|\cos x|\right]_0^{\frac{\pi}{3}}$

$\qquad = -\left\{\log\left|\cos\dfrac{\pi}{3}\right| - \log|\cos 0|\right\} = \log 2$ となる。

> $\log\dfrac{1}{2} = \log 2^{-1} = -\log 2$
>
> $\log 1 = 0$

大丈夫だった？

113

● 合成関数の微分を逆に利用して積分しよう！

合成関数の微分を使えば，$\sin 2x$ の微分は，

$(\sin 2x)' = (\cos 2x) \cdot 2 = 2\cos 2x$ となるね。よって，この両辺を 2 で割っ

て，積分の形で書きかえると，$\displaystyle\int \cos 2x \, dx = \dfrac{1}{2}\sin 2x + C$　となる。

このように，合成関数の微分を逆に考えると，次の公式が出てくる。

> 以後，不定積分の公式では
> 積分定数 C は略して書くことにする。

$\cos mx,\ \sin mx$ の積分公式

$$(1)\ \int \cos mx \, dx = \frac{1}{m}\sin mx \qquad (2)\ \int \sin mx \, dx = -\frac{1}{m}\cos mx$$

$$(\text{ただし，}m \text{ は } 0 \text{ 以外の実数})$$

これらは，右辺を微分したら，なるほど左辺の被積分関数になるからね。

さらに，$f(x)^{\alpha+1}$（ただし，$\alpha \neq -1$）を x で微分すると，これも合成関数の微分公式から，

$$\{f(x)^{\alpha+1}\}' = (\alpha+1)f(x)^{\alpha} \cdot f'(x)$$　となるので，これを逆に利用する

と，次の積分公式も導けるんだね。

$f^{\alpha}f'$ の積分

$f(x) = f,\ f'(x) = f'$ と略記すると，次の公式が成り立つ。

$$\int f^{\alpha} \cdot f' \, dx = \frac{1}{\alpha+1}f^{\alpha+1} \quad (\text{ただし，}\alpha \neq -1)$$

このように，合成関数の微分を逆手にとって，積分がうまくいく場合もあるんだね。それでは，この手の問題も次の例題でシッカリ練習しておこう。

114

● 積分法

例題 39 次の定積分を求めよう。

(1) $\displaystyle\int_0^{\frac{\pi}{2}} \sin 2x\, dx$ (2) $\displaystyle\int_0^{\frac{\pi}{3}} \cos^2 3x\, dx$ (3) $\displaystyle\int_0^2 x(x^2+1)^2\, dx$

(4) $\displaystyle\int_0^{\frac{\pi}{3}} \sin^3 x \cos x\, dx$ (5) $\displaystyle\int_1^e \frac{(\log x)^4}{x}\, dx$

---

(1) $\displaystyle\int_0^{\frac{\pi}{2}} \sin 2x\, dx = \left[-\frac{1}{2}\cos 2x\right]_0^{\frac{\pi}{2}}$ 公式：$\displaystyle\int \sin mx\, dx = -\frac{1}{m}\cos mx$

$\qquad = -\frac{1}{2}(\underset{-1}{\cos \pi} - \underset{1}{\cos 0}) = 1$ となる。

公式：$\displaystyle\int \cos mx\, dx = \frac{1}{m}\sin mx$

(2) $\displaystyle\int_0^{\frac{\pi}{3}} \underset{\frac{1+\cos 6x}{2}}{\cos^2 3x}\, dx = \frac{1}{2}\int_0^{\frac{\pi}{3}} (1+\cos 6x)\, dx = \frac{1}{2}\left[x + \frac{1}{6}\sin 6x\right]_0^{\frac{\pi}{3}}$

半角の公式：$\cos^2\theta = \dfrac{1+\cos 2\theta}{2}$ $\dfrac{1}{6}(\underset{0}{\sin 2\pi} - \underset{0}{\sin 0})$

$\qquad = \frac{1}{2}\cdot\left(\frac{\pi}{3} - 0\right) = \frac{\pi}{6}$ となる。

(3) $\displaystyle\int_0^2 x(x^2+1)^2\, dx = \frac{1}{2}\int_0^2 \underset{f^2}{(x^2+1)^2}\cdot \underset{f'}{2x}\, dx = \frac{1}{2}\left[\frac{1}{3}(x^2+1)^3\right]_0^2$

$\displaystyle\int f^2\cdot f'\, dx = \frac{1}{3}f^3$

$\qquad = \frac{1}{6}\{(2^2+1)^3 - (0^2+1)^3\} = \frac{1}{6}(125-1) = \frac{124}{6} = \frac{62}{3}$

(4) $\displaystyle\int_0^{\frac{\pi}{3}} \underset{f^3}{\sin^3 x}\cdot \underset{f'}{\cos x}\, dx = \left[\underset{\frac{1}{4}f^4}{\frac{1}{4}\sin^4 x}\right]_0^{\frac{\pi}{3}}$ $\displaystyle\int f^3\cdot f'\, dx = \frac{1}{4}f^4$

$\qquad = \frac{1}{4}\left(\sin^4\frac{\pi}{3} - \sin^4 0\right) = \frac{1}{4}\left\{\left(\frac{\sqrt{3}}{2}\right)^4 - 0^4\right\} = \frac{9}{64}$

(5) $\displaystyle\int_1^e \underset{f^4}{(\log x)^4}\cdot \underset{f'}{\frac{1}{x}}\, dx = \left[\underset{\frac{1}{5}f^5}{\frac{1}{5}(\log x)^5}\right]_1^e$ $\displaystyle\int f^4\cdot f'\, dx = \frac{1}{5}f^5$

$\qquad = \frac{1}{5}\{(\underset{1}{\log e})^5 - (\underset{0}{\log 1})^5\} = \frac{1}{5}(1^5 - 0^5) = \frac{1}{5}$ となって，

答えだ。

115

● 置換積分法は 3 つのステップで解く！

　ちょっと複雑な関数の積分になると，これまでのやり方だけでは通用しなくなるんだけれど，そんなときに役に立つのが "**置換積分法**" だ。この置換積分法は，次の 3 つのステップで積分する。頭に入れておこう。

　（ⅰ）被積分関数の中の（ある 1 固まりの x の関数）を t とおく。

　（ⅱ）t の積分区間を求める。

　（ⅲ）dx と dt の関係式を求める。

それでは，$\displaystyle\int_0^2 x\underline{(x^2+1)}^2\,dx$ ……① を例にとって解説しよう。

（t とおく）

> これは，例題 **39(3)(P115)** と同じ問題だ。

　（ⅰ）まず，$x^2+1=t$ ……② とおく。

　（ⅱ）$x:0\to 2$ のとき，$t:\underset{(0^2+1)}{1}\to\underset{(2^2+1)}{5}$ となる。

　（ⅲ）$\underline{(x^2+1)'\,dx}=\underline{t'\cdot dt}$ 　　　$2x\,dx=dt$ 　　$\therefore\ x\,dx=\dfrac{1}{2}dt$

（②の x の式を x で微分して，dx をかける。）　（②の t の式を t で微分して，dt をかける。）

以上（ⅰ）（ⅱ）（ⅲ）の 3 つのステップにより，①は x による積分から，次のように t による積分に置換される。

> すべて，t での積分に置き換えるのがコツだ！

$$\int_{\underset{1}{0}}^{\overset{5}{2}}\underbrace{(x^2+1)^2}_{t^2}\cdot\underbrace{x\,dx}_{\frac{1}{2}dt}=\int_1^5 t^2\cdot\frac{1}{2}dt=\frac{1}{2}\Big[\frac{1}{3}t^3\Big]_1^5=\frac{1}{6}(5^3-1)=\frac{124}{6}=\frac{62}{3}$$

となって，同じ結果が導けた！　どう？要領はつかめた？

　被積分関数の中のどの 1 固まりを t とおくかは，問題に応じてその都度考えていけばいい。要は，最終的には，t だけの簡単な積分にもち込めればいいんだね。

　ただし，いくつかの置換積分にはパターンの決まった公式があるので，これを予め覚えておくといい。これで，積分計算が楽になるんだよ。

116

● 積分法

置換積分のパターン公式

$$\int \frac{1}{\sqrt{a^2-x^2}}\,dx, \quad \int x^2\sqrt{a^2-x^2}\,dx \ \text{などもこのパターン}$$

(1) $\displaystyle\int \sqrt{a^2-x^2}\,dx$ などの場合，$x = a\sin\theta$ とおく。（a：正の定数）

これは，$x = a\cos\theta$ とおいてもいいよ。

(2) $\displaystyle\int \frac{1}{a^2+x^2}\,dx$ の場合，$x = a\tan\theta$ とおく。（a：正の定数）

(3) $\displaystyle\int f(\sin x)\cdot\cos x\,dx$ の場合，$\sin x = t$ とおく。

(4) $\displaystyle\int f(\cos x)\cdot\sin x\,dx$ の場合，$\cos x = t$ とおく。

それでは，次の例題で置換積分の練習をしておこう。

例題 40 次の定積分を求めよう。

(1) $\displaystyle\int_0^2 \frac{1}{\sqrt{16-x^2}}\,dx$ 　　　　(2) $\displaystyle\int_0^2 \frac{1}{4+x^2}\,dx$

(3) $\displaystyle\int_0^{\frac{\pi}{2}} \cos^5 x\,dx$ 　　　　(4) $\displaystyle\int_0^{\frac{\pi}{2}} (1+4\cos x)\sin x\,dx$

---

(1) $\displaystyle\int_0^2 \frac{1}{\sqrt{4^2-x^2}}\,dx$ について，$x = 4\sin\theta$ とおく。← ステップ（ⅰ）

$x : 0 \to 2$ のとき，$\theta : 0 \to \dfrac{\pi}{6}$ ← $\sin\theta : 0 \to \dfrac{1}{2}$ だからね。 ステップ（ⅱ）

$\underset{\textstyle 1}{x'}\cdot dx = \underset{\textstyle 4\cos\theta}{(4\sin\theta)'}\,d\theta$ より，$dx = 4\cos\theta\,d\theta$ ← ステップ（ⅲ）

以上より，

$$\int_0^2 \frac{1}{\sqrt{16-x^2}}\,dx = \int_0^{\frac{\pi}{6}} \frac{1}{\boxed{\sqrt{16-16\sin^2\theta}}}\cdot 4\cos\theta\,d\theta$$

$$\boxed{4\sqrt{1-\sin^2\theta} = 4\sqrt{\cos^2\theta} = 4\cos\theta \quad (\because \cos\theta > 0)}$$

$$= \int_0^{\frac{\pi}{6}} \frac{4\cos\theta}{4\cos\theta}\,d\theta = \int_0^{\frac{\pi}{6}} 1\cdot d\theta = \big[\theta\big]_0^{\frac{\pi}{6}} = \frac{\pi}{6} \quad \text{となって，答えだ。}$$

117

(2) $\displaystyle\int_0^2 \frac{1}{2^2+x^2}dx$ について，$x=2\tan\theta$ とおく。

> $\displaystyle\int\frac{1}{a^2+x^2}dx$ のとき，$x=a\tan\theta$ とおく。
> ステップ（ ⅰ ）

$x:0\to2$ のとき，$\theta:0\to\dfrac{\pi}{4}$ ← ステップ（ ⅱ ）

$\underset{\boxed{1}}{x'}\cdot dx=\underset{\boxed{\frac{2}{\cos^2\theta}}}{(2\tan\theta)'}d\theta$ より，$dx=\dfrac{2}{\cos^2\theta}d\theta$ ← ステップ（ ⅲ ）

以上より，

> すべて，θ での積分になった！

$$\int_0^2\frac{1}{4+x^2}dx=\int_0^{\frac{\pi}{4}}\frac{1}{4\underset{\boxed{\frac{1}{\cos^2\theta}}}{(1+\tan^2\theta)}}\cdot\frac{2}{\cos^2\theta}d\theta$$

> 三角関数の公式：
> $1+\tan^2\theta=\dfrac{1}{\cos^2\theta}$

$$=\int_0^{\frac{\pi}{4}}\frac{1}{\frac{4}{\cos^2\theta}}\cdot\frac{2}{\cos^2\theta}d\theta=\int_0^{\frac{\pi}{4}}\frac{1}{2}\cdot d\theta=\left[\frac{\theta}{2}\right]_0^{\frac{\pi}{4}}=\frac{\pi}{8}\quad\text{となる。}$$

> $f(\sin x):\sin x$ の式

(3) $\displaystyle\int_0^{\frac{\pi}{2}}\cos^5 xdx=\int_0^{\frac{\pi}{2}}(1-\sin^2 x)^2\cos xdx$ について，

> $\cos^4 x\cdot\cos x=(1-\sin^2 x)^2\cos x$

$\sin x=t$ とおく。

> $\displaystyle\int f(\sin x)\cos xdx$ のとき，$\sin x=t$ とおく。
> ステップ（ ⅰ ）

$x:0\to\dfrac{\pi}{2}$ のとき，$t:\underset{\boxed{\sin 0}}{0}\to\underset{\boxed{\sin\frac{\pi}{2}}}{1}$ ← ステップ（ ⅱ ）

$\underset{\boxed{\cos x}}{(\sin x)'}dx=\underset{\boxed{1}}{t'}dt$ より，$\cos xdx=dt$ ← ステップ（ ⅲ ）

以上より，

$$\int_0^{\frac{\pi}{2}}\cos^5 xdx=\int_0^{\frac{\pi}{2}}(1-\underset{t^2}{\sin^2 x})^2\underset{dt}{\cos xdx}$$

$$=\int_0^1(1-t^2)^2dt=\int_0^1(1-2t^2+t^4)dt=\left[t-\frac{2}{3}t^3+\frac{1}{5}t^5\right]_0^1$$

$$=1-\frac{2}{3}+\frac{1}{5}=\frac{15-10+3}{15}=\frac{8}{15}\quad\text{となる。}$$

●積分法

(4) $\int_0^{\frac{\pi}{2}}(1+4\cos x)\sin x dx$ について，$\cos x = t$ とおく。

　　　　$\underbrace{f(\cos x):\cos x \text{の式}}$

$x:0 \to \frac{\pi}{2}$ のとき，$t:1 \to 0$ ←　ステップ(ⅱ)

$\int f(\cos x)\sin x dx$ のとき，$\cos x = t$ とおく。
ステップ(ⅰ)

$\underbrace{(\cos x)'}_{-\sin x} dx = \underbrace{t'}_{1} dt$ より，$\sin x dx = -1 \cdot dt$ ←　ステップ(ⅲ)

以上より，

公式：$-\int_b^a f dt = \int_a^b f dt$

$\int_0^{\frac{\pi}{2}}(1+4\cos x)\underline{\sin x dx} = \int_1^0 (1+4t)\underline{(-1)dt} = \int_0^1 (1+4t)dt$

$= \left[t+2t^2\right]_0^1 = 1+2\cdot 1^2 = 3$ となって，答えだ！

　これで，置換積分にも慣れたと思う。次は，"**部分積分法**" について解説しよう。

● 部分積分法もマスターしよう！

　2つの関数の積の積分に威力を発揮するのが "**部分積分法**" なんだ。まず，その公式を下に示そう。

部分積分法の公式

(1) $\int_a^b \underline{f' \cdot g}\, dx = [f \cdot g]_a^b - \int_a^b \underline{f \cdot g'}\, dx$

　　　　複雑な積分　　　　　　　　簡単化！

(2) $\int_a^b \underline{f \cdot g'}\, dx = [f \cdot g]_a^b - \int_a^b \underline{f' \cdot g}\, dx$

　　　　複雑な積分　　　　　　　　簡単化！

これらの不定積分の公式は，
(1) $\int f'g\, dx = fg - \int fg'dx$
(2) $\int fg'\, dx = fg - \int f'g\, dx$
となる。

証明は簡単だよ。まず，$f(x)$, $g(x)$ をそれぞれ f, g と略記して，その積の微分は，

$(f \cdot g)' = f' \cdot g + f \cdot g'$　だね。

この両辺を積分区間 $a \leqq x \leqq b$ で積分すると，

$\int_a^b (f \cdot g)'dx = \int_a^b (f' \cdot g + f \cdot g')dx$

$[f \cdot g]_a^b = \int_a^b f' \cdot g\, dx + \int_a^b f \cdot g'\, dx$　となる。

119

$$[f \cdot g]_a^b = \int_a^b f' \cdot g \, dx + \int_a^b f \cdot g' \, dx$$

$$(1)\int_a^b f' \cdot g \, dx = [f \cdot g]_a^b - \int_a^b f \cdot g' \, dx$$
$$(2)\int_a^b f \cdot g' \, dx = [f \cdot g]_a^b - \int_a^b f' \cdot g \, dx$$

の右辺の内, いずれか一方を左辺に移項すれば, (1) と (2) の公式になるんだね。

この部分積分の公式は, (1)(2) いずれも, 左辺の積分は難しくても, 右辺の積分は簡単になるようにすることがポイントだ。

例として, $\int_0^{\frac{\pi}{2}} x \cdot \cos x \, dx$ について説明しよう。これを部分積分法で解くには, x か $\cos x$ のいずれか一方を積分して「′をつける (微分する)」必要があるんだね。この 2 通りをやってみよう!

より複雑になった!失敗!!

(i) $\int_0^{\frac{\pi}{2}} \left(\frac{1}{2}x^2\right)' \cdot \cos x \, dx = \left[\frac{1}{2}x^2 \cos x\right]_0^{\frac{\pi}{2}} - \int_0^{\frac{\pi}{2}} \frac{1}{2}x^2 \cdot (-\sin x) \, dx$

公式 : $\int_a^b f' \cdot g \, dx = [f \cdot g]_a^b - \int_a^b f \cdot g' \, dx$

簡単になった!成功!!

(ii) $\int_0^{\frac{\pi}{2}} x \cdot (\sin x)' \, dx = [x \cdot \sin x]_0^{\frac{\pi}{2}} - \int_0^{\frac{\pi}{2}} 1 \cdot \sin x \, dx$

公式 : $\int_a^b f \cdot g' \, dx = [f \cdot g]_a^b - \int_a^b f' \cdot g \, dx$

$= \frac{\pi}{2} \left(\sin \frac{\pi}{2}\right) - 0 - [-\cos x]_0^{\frac{\pi}{2}}$

$\underset{1}{}$

$\cos \frac{\pi}{2} - \cos 0 = 0 - 1$

$= \frac{\pi}{2} - 1$ となって, 答えだね。

次, $\int \log x \, dx$ も, 部分積分法を使って, 次のように解ける。

$$\int \log x \, dx = \int 1 \cdot \log x \, dx = \int x' \cdot \log x \, dx = x \cdot \log x - \int x \cdot (\log x)' \, dx$$

x' と考える。

公式 : $\int f' \cdot g \, dx = f \cdot g - \int f \cdot g' \, dx$

$= x \log x - \int x \cdot \frac{1}{x} \, dx = x \log x - x + C$ となる。

これは, 公式: $\int \log x \, dx = x \log x - x + C$ として覚えておこう。

120

● 積分法

例題 **41**　次の定積分を求めよう。

$$(1) \int_0^2 x \cdot e^{-x} dx \qquad (2) \int_1^e x^4 \cdot \log x \, dx$$

$$(1) \int_0^2 x \cdot e^{-x} dx = \int_0^2 x \cdot \left(-e^{-x}\right)' dx$$

簡単になった！

部分積分の公式：
$$\int_0^2 f \cdot g' \, dx = [f \cdot g]_0^2 - \int_0^2 f' \cdot g \, dx$$

$$= \left[-xe^{-x}\right]_0^2 - \int_0^2 \underset{\boxed{1}}{\overset{\boxed{x'}}{}} \cdot (-e^{-x}) dx$$

$$= -2 \cdot e^{-2} - 0 + \left[-e^{-x}\right]_0^2$$

$$= -2e^{-2} - \left[e^{-x}\right]_0^2$$

$$= -2e^{-2} - (e^{-2} - 1)$$

$$= 1 - 3e^{-2}$$

$$= 1 - \frac{3}{e^2} = \frac{e^2 - 3}{e^2} \quad となって，答えだ！$$

$$(2) \int_1^e x^4 \cdot \log x \, dx = \int_1^e \left(\frac{1}{5}x^5\right)' \cdot \log x \, dx$$

簡単になった！

部分積分の公式：
$$\int_1^e f' \cdot g \, dx = [f \cdot g]_1^e - \int_1^e f \cdot g' \, dx$$

$$= \left[\frac{1}{5}x^5 \log x\right]_1^e - \int_1^e \frac{1}{5}x^5 \cdot \underset{}{\overset{\boxed{(\log x)'}}{\boxed{\frac{1}{x}}}} dx$$

$$= \frac{1}{5}e^5 \underset{\boxed{1}}{\underline{\log e}} - \frac{1}{5} \cdot 1^5 \cdot \underset{\boxed{0}}{\underline{\log 1}} - \frac{1}{5}\int_1^e x^4 dx$$

$$= \frac{1}{5}e^5 - \frac{1}{5}\left[\frac{1}{5}x^5\right]_1^e$$

$$= \frac{1}{5}e^5 - \frac{1}{25}(e^5 - 1)$$

$$= \frac{1}{25}(5e^5 - e^5 + 1)$$

$$= \frac{1}{25}(4e^5 + 1) \quad となる。$$

どう？これで部分積分による積分計算にもずい分慣れてきただろう。

121

§2. 定積分で表された関数, 区分求積法

前回, 積分計算の練習を十分にやったので, 今回の講義では, 積分を応用して, さまざまな問題を解いてみることにしよう。具体的には, "**定積分で表された関数**", "**偶関数と奇関数の積分**", そして "**区分求積法**" の問題について, 詳しく解説するつもりだ。

積分を利用することにより, 解ける問題の幅がグッと広がるから, さらに面白くなると思うよ。

● まず, 定積分で表された関数から始めよう!

"定積分で表された関数" の問題は, 大きく分けて次の 2 通りのパターンがあるので, それぞれの解法をまず頭に入れよう。

定積分で表された関数

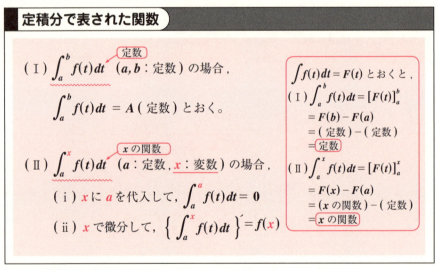

(I) の定積分が定数となるのは問題ないはずだ。

(II) の定積分 $\int_a^x f(t)dt$ … ① では, t での積分区間が $a \leq t \leq x$ より,

その積分結果は x の関数になることに注意しよう。ここで,
$\int f(t)dt = F(t)$ とおくと, $F'(t) = f(t)$ となる。

● 積分法

（ⅰ）よって，①の x に a を代入すると，

$$\int_a^a f(t)\,dt = \left[F(t)\right]_a^a = F(a) - F(a) = 0 \ \text{となる。}$$

（ⅱ）①を x で微分すると，

$$\left\{\int_a^x f(t)\,dt\right\}' = \left\{\left[F(t)\right]_a^x\right\}' = \left\{F(x) - \cancel{F(a)}\right\}' = F'(x) = f(x) \ \text{となる。}$$

定数

$F'(t) = f(t)$ より，文字変数は t が x に変わっても同じだからね。

それでは，この **2** 通りの，定積分で表された関数の問題をこれから解いてみよう。

例題 42　次式をみたす関数 $f(x)$ を求めよう。

$$f(x) = e^{2x} + \int_0^1 t f(t)\,dt \quad \cdots\cdots \text{(a)}$$

エッ，難しそうだって？　そんなことないよ。右辺の定積分は単なる定数にすぎないので，これを，

$$\int_0^1 t f(t)\,dt = A \ (\,\text{定数}\,) \ \cdots \text{(b)} \ \text{とおいて，(b)を(a)に代入すると，}$$

$$f(x) = e^{2x} + A \ \cdots \text{(c)} \qquad \text{よって，} A \ \text{の値を求めればいいだけだ。}$$

(c)より，$f(t) = e^{2t} + A$ として，これを(b)に代入すると，

文字変数を x から t に変えてもかまわない！

$$A = \int_0^1 t(e^{2t} + A)\,dt = \int_0^1 t\left(\frac{1}{2}e^{2t} + At\right)'\,dt$$

部分積分
$$\int_0^1 f \cdot g'\,dt = [f \cdot g]_0^1 - \int_0^1 f' \cdot g\,dt$$

これを積分して，´ をつける（微分する）

$$= \left[t\left(\frac{1}{2}e^{2t} + At\right)\right]_0^1 - \int_0^1 1\cdot\left(\frac{1}{2}e^{2t} + At\right)\,dt$$

$$= 1\cdot\left(\frac{1}{2}e^2 + A\cdot 1\right) - \left[\frac{1}{4}e^{2t} + \frac{1}{2}At^2\right]_0^1$$

$$= \frac{1}{2}e^2 + A - \left(\frac{1}{4}e^2 + \frac{1}{2}A - \frac{1}{4}\right) = \frac{1}{2}A + \frac{1}{4}e^2 + \frac{1}{4}$$

$$A = \frac{1}{2}A + \frac{e^2+1}{4} \ \text{より，} \quad \therefore A = \frac{e^2+1}{2}$$

これを(c)に代入して，$f(x) = e^{2x} + \dfrac{1}{2}(e^2 + 1)$　となって，答えだ！

123

例題 43 正の定数 a に対して, $x \geq a$ $\left(0 < a \leq \dfrac{\pi}{4}\right)$ で定義される関数 $f(x)$ が,
$$\int_a^x f(t)dt = 4x\sin 2x - 2x \cdots\cdots ①$$ をみたすものとする。
このとき, a の値と関数 $f(x)$ を求めよう。

①の左辺は x の関数なので, (i)①の両辺の x に a を代入して, a の値を求め, (ii)①の両辺を x で微分して, 関数 $f(x)$ を求めればいいんだね。

(i)①の両辺の x に a (>0) を代入して,

$$\underbrace{\int_a^a f(t)dt}_{0 \,\leftarrow\,\text{公式通り}} = 4a\sin 2a - 2a \quad \text{となる。よって}$$

$\underbrace{a}_{\oplus}(4\sin 2a - 2) = 0$ 　両辺を a (>0) で割って,

$4\sin 2a - 2 = 0$ 　　$\sin 2a = \dfrac{1}{2}$ 　　$2a = \dfrac{\pi}{6}$ 　$\left(\because 0 < 2a \leq \dfrac{\pi}{2}\right)$

$\therefore a = \dfrac{\pi}{12}$ となって, a の値が求まった。

(ii) 次, ①の両辺を x で微分して,

$$\underbrace{\left\{\int_a^x f(t)dt\right\}'}_{f(x) \,\leftarrow\,\text{公式通り}} = (4x\sin 2x - 2x)' \quad \text{となる。よって,}$$

$f(x) = 4\sin 2x + 4x \cdot 2\cos 2x - 2$

$\therefore f(x) = 4\sin 2x + 8x\cos 2x - 2$ となって, $f(x)$ も求まった！

● **偶関数・奇関数の定積分のコツをつかもう！**

高校数学で既に習っていると思うけれど, 関数 $f(x)$ の積分区間 $a \leq x \leq b$ における定積分 $\int_a^b f(x)dx$ は, 図1(i)(ii)に示すように,

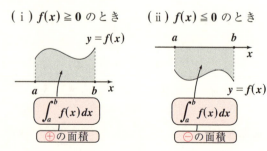

図1 定積分と面積
(i) $f(x) \geq 0$ のとき　　(ii) $f(x) \leq 0$ のとき

$\begin{cases} (\text{i}) \ f(x) \geq 0 \ \text{のときは,} \ f(x) \ \text{と} \ x \ \text{軸とで挟まれる部分の} \oplus \text{の面積を表し,} \\ (\text{ii}) \ f(x) \leq 0 \ \text{のときは,} \ f(x) \ \text{と} \ x \ \text{軸とで挟まれる部分の} \ominus \text{の面積を表すんだね。} \end{cases}$

よって，$f(x)$ が偶関数や奇関数の場合，積分区間 $-a \leq x \leq a$ での定積分
　　　　　　　[y 軸に対称なグラフ]　[原点に対称なグラフ]
$\int_{-a}^{a} f(x)dx$ は次のように簡単になるんだね。

偶関数・奇関数と定積分

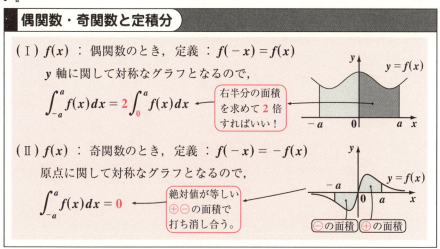

それでは，例題で練習しておこう。

定積分 $\int_{-\frac{\pi}{4}}^{\frac{\pi}{4}} (\cos 2x - \sin x + 2x\cos x + x^2 \sin x)dx$ について，

項別に偶関数・奇関数を調べてみると，

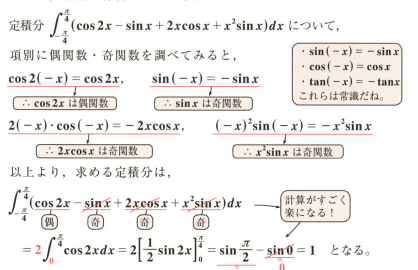

以上より，求める定積分は，

$\int_{-\frac{\pi}{4}}^{\frac{\pi}{4}} (\underbrace{\cos 2x}_{\text{偶}} - \underbrace{\sin x}_{\text{奇}} + \underbrace{2x\cos x}_{\text{奇}} + \underbrace{x^2 \sin x}_{\text{奇}})dx$ ← 計算がすごく楽になる！

$= 2\int_{0}^{\frac{\pi}{4}} \cos 2x \, dx = 2\left[\frac{1}{2}\sin 2x\right]_{0}^{\frac{\pi}{4}} = \underbrace{\sin \frac{\pi}{2}}_{1} - \underbrace{\sin 0}_{0} = 1$　となる。

125

● 区分求積法もマスターしよう！

前に，無限等比級数や部分分数分解型の無限級数の解説をしたけれど，今回の"区分求積法"も，無限級数の和の解法の1つと考えていいよ。

区分求積法の公式

$$\lim_{n \to \infty} \frac{1}{n} \sum_{k=1}^{n} f\left(\frac{k}{n}\right) = \int_0^1 f(x)dx \cdots\cdots ①$$

①の区分求積法の公式の意味について，これから解説しよう。

ここで，$y = f(x)$ と x 軸，$x = 0$，$x = 1$ で囲まれた部分を，そば打ち職人がそばを切るように，トントン…と n 等分に切ったとする。そして，図2に示すように，その右肩の y 座標が $y = f(x)$ の y 座標と一致する n 個の長方形を作ったと考えよう。

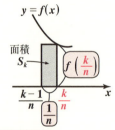

このうち，k 番目の長方形の面積 S_k は，図3から，$S_k = \frac{1}{n} f\left(\frac{k}{n}\right)$ $(k = 1, 2, \cdots, n)$

となる。　　$k = 1, 2, \cdots, n$ と k が動く。n は定数扱い。

この $S_1, S_2, \cdots, S_n$ の和をとると，

$$\sum_{k=1}^{n} S_k = \sum_{k=1}^{n} \frac{1}{n} f\left(\frac{k}{n}\right) = \boxed{\frac{1}{n}} \sum_{k=1}^{n} f\left(\frac{k}{n}\right)$$

となる。

ここで，$n \to \infty$ とすると，　　$n \to \infty$ とすると，このギザギザが小さくなって，気にならなくなる！

$\frac{1}{n} \sum_{k=1}^{n} f\left(\frac{k}{n}\right)$ が，$\lim_{n \to \infty} \frac{1}{n} \sum_{k=1}^{n} f\left(\frac{k}{n}\right) = \int_0^1 f(x)dx \cdots ①$　　になるんだね。

［ギザギザがある］　［　　　］＝［　　　］

区分求積法の意味もこれで理解できたと思う。後は，次の例題で実践的に練習しよう。公式に当てはめて解いていけばいいんだよ。

126

● 積分法

例題 44 次の極限を定積分で表し，その値を求めよう。

(1) $I = \lim\limits_{n \to \infty} \dfrac{1}{n} \sum\limits_{k=1}^{n} \log\left(4 + \dfrac{k}{n}\right)$

(2) $J = \lim\limits_{n \to \infty} \dfrac{1}{n^2}\left(\cos\dfrac{1}{n} + 2\cos\dfrac{2}{n} + 3\cos\dfrac{3}{n} + \cdots + n\cos\dfrac{n}{n}\right)$

---

(1)は公式通りの形だね。

区分求積法
$$\lim_{n \to \infty} \frac{1}{n} \sum_{k=1}^{n} f\left(\frac{k}{n}\right) = \int_0^1 f(x)\,dx$$

$$I = \lim_{n \to \infty} \frac{1}{n} \sum_{k=1}^{n} \boxed{\log\left(4 + \frac{k}{n}\right)} = \int_0^1 \boxed{\log(4+x)}\,dx$$

$\boxed{f\left(\frac{k}{n}\right)}$ $\boxed{f(x)}$

$\boxed{(4+x)'}$ $\boxed{\dfrac{1}{4+x}}$

$$= \int_0^1 \boxed{(4+x)'} \log(4+x)\,dx = \left[(4+x)\log(4+x)\right]_0^1 - \int_0^1 (4+x)\cdot\frac{1}{4+x}\,dx$$

部分積分：$\int_0^1 f'\cdot g\,dx = [f\cdot g]_0^1 - \int_0^1 f\cdot g'\,dx$

簡単化

$$= 5\log5 - \underbrace{4\log4}_{\boxed{8\log2}} - [x]_0^1 = 5\log5 - 8\log2 - 1 \quad \text{となる。}$$

(2) $J = \lim\limits_{n \to \infty} \dfrac{1}{n}\cdot\dfrac{1}{n}\left(1\cdot\cos\dfrac{1}{n} + 2\cdot\cos\dfrac{2}{n} + 3\cdot\cos\dfrac{3}{n} + \cdots + n\cdot\cos\dfrac{n}{n}\right)$

$$= \lim_{n \to \infty} \frac{1}{n}\left(\frac{1}{n}\cos\frac{1}{n} + \frac{2}{n}\cos\frac{2}{n} + \frac{3}{n}\cos\frac{3}{n} + \cdots + \frac{n}{n}\cos\frac{n}{n}\right)$$

$$= \lim_{n \to \infty} \frac{1}{n}\sum_{k=1}^{n} \boxed{\frac{k}{n}\cos\frac{k}{n}} = \int_0^1 \boxed{x\cos x}\,dx$$

$\boxed{f\left(\frac{k}{n}\right)}$ $\boxed{f(x)}$

区分求積法
$$\lim_{n \to \infty} \frac{1}{n} \sum_{k=1}^{n} f\left(\frac{k}{n}\right) = \int_0^1 f(x)\,dx$$

$\boxed{x'}$

$$= \int_0^1 x\cdot(\sin x)'\,dx = [x\sin x]_0^1 - \int_0^1 \boxed{1}\cdot\sin x\,dx$$

部分積分：$\int_0^1 f\cdot g'\,dx = [f\cdot g]_0^1 - \int_0^1 f'\cdot g\,dx$

$$= 1\cdot\sin1 + [\cos x]_0^1 = \sin1 + \cos1 - \underbrace{\cos0}_{1}$$

$$= \sin1 + \cos1 - 1 \quad \text{となって，答えだ！}$$

$\boxed{\dfrac{\pi}{3}}$（ラジアン）$= 60°$ より，1（ラジアン）$\fallingdotseq 57°$ だ！

1.05

127

§3. 面積計算，体積計算

　積分計算の応用のメインテーマは，これから解説する"**面積計算**"と"**体積計算**"だ。様々な曲線で挟まれる図形の面積や，曲線を x 軸や y 軸のまわりに回転させてできる回転体の体積を，定積分を使って求めることができる。特に，y 軸のまわりの回転体の体積に有効な"**バウムクーヘン型積分**"についても教えよう。

● 面積は定積分で求められる！

　図1に示すように，区間 $[a, b]$ において2曲線 $y = f(x)$ と $y = g(x)$ で挟まれる図形の面積を S とおくと，$S = \int_a^b \{f(x) - g(x)\} dx$ で表されることを，これから示そう。

　ここで，区間 $[a, x]$ において，この2曲線で挟まれる図形の面積を $S(x)$ とおくと，$S(a) = 0$，$S(b) = S$ となるのは大丈夫だね。(図1参照)
図2に示すような，区間 $a \leq x \leq b$ の中の微小な面積を ΔS とおくと，これは近似的に，

$$\Delta S \doteq \{f(x) - g(x)\} \Delta x$$

と表せる。よって，

$$\frac{\Delta S}{\Delta x} \doteq f(x) - g(x)$$

より，$\Delta x \to 0$ の極限をとると，

$$\frac{dS}{dx} = f(x) - g(x) \quad \cdots\cdots ①$$

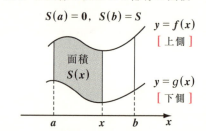

図1　2曲線で挟まれる部分の面積

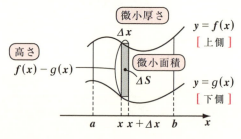

図2　微小面積 ΔS

となり，$S(x)$ は $f(x) - g(x)$ の原始関数となる。よって，この①の両辺を積分区間 $[a, b]$ で積分すると，面積：$S = \int_a^b \{f(x) - g(x)\} dx \cdots\cdots (*1)$ の公式が導ける。　$\left[S(x)\right]_a^b = S(b) - S(a) = S$ だからね。

● 積分法

特に，$y=f(x)$ と x 軸とで挟まれる部分の面積の計算では，$f(x)$ が 0 以上か 0 以下かに注目すると，以下の公式も導ける。

(i) $f(x) \geqq 0$ のとき，

曲線 $y=f(x)$ は，直線 $y=0$ [x 軸] の上側にあるから，その面積 S_1 は，

$$S_1 = \int_a^b f(x)\,dx$$ [上側 $f(x)$ − 下側 0] だね。

(ii) $f(x) \leqq 0$ のとき，

曲線 $y=f(x)$ は，直線 $y=0$ [x 軸] の下側にあるから，その面積 S_2 は，

$$S_2 = -\int_a^b f(x)\,dx$$ [上側 0 − 下側 $f(x)$]

となる。

図 3　(i) $f(x) \geqq 0$ のとき

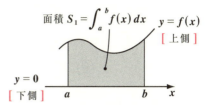

面積 $S_1 = \int_a^b f(x)\,dx$

(ii) $f(x) \leqq 0$ のとき

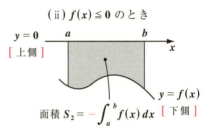

面積 $S_2 = -\int_a^b f(x)\,dx$

それでは，次の例題で実際に面積を求めてみよう。

例題 45　曲線 $y=f(x)=\dfrac{2 \cdot \log x}{x}$ $\left(\dfrac{1}{e} \leqq x \leqq e^2\right)$ と x 軸とで挟まれる部分の面積 S を求めよう。

$y=f(x)=\dfrac{2 \cdot \log x}{x}$ のグラフについては，**P98** で詳しく解説したので大丈夫だね。よって，$\dfrac{1}{e} \leqq x \leqq e^2$ の範囲において，曲線 $y=f(x)$ と x 軸とで挟まれる部分の面積 S は，右図のように，2 つの部分の面積 S_1 と S_2 の和，すなわち $S = S_1 + S_2$ となることに気を付けよう。

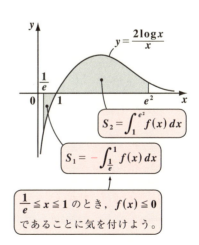

$S_2 = \int_1^{e^2} f(x)\,dx$

$S_1 = -\int_{\frac{1}{e}}^{1} f(x)\,dx$

$\dfrac{1}{e} \leqq x \leqq 1$ のとき，$f(x) \leqq 0$ であることに気を付けよう。

129

面積 $S = S_1 + S_2 = -\int_{\frac{1}{e}}^{1} f(x)\,dx + \int_{1}^{e^2} f(x)\,dx$

$= -\int_{\frac{1}{e}}^{1} 2 \cdot \underbrace{\log x}_{g} \cdot \underbrace{\frac{1}{x}}_{g'}\,dx + \int_{1}^{e^2} 2 \cdot \underbrace{\log x}_{g} \cdot \underbrace{\frac{1}{x}}_{g'}\,dx$

$g = \log x$ とおいて、積分公式:
$\int g \cdot g'\,dx = \frac{1}{2}g^2$
を使った。

$= -\left[(\log x)^2\right]_{\frac{1}{e}}^{1} + \left[(\log x)^2\right]_{1}^{e^2}$

$= -\underbrace{(\log 1)^2}_{0} + \underbrace{\left(\log \frac{1}{e}\right)^2}_{(\log e^{-1})^2 = (-\log e)^2 = (-1)^2 = 1} + \underbrace{(\log e^2)^2}_{2^2} - \underbrace{(\log 1)^2}_{0}$

$= 1 + 4 = 5$ となって、答えだ! 納得いった?

例題 46 $0 \leq x \leq \pi$ の範囲で、2つの曲線 $y = \sin x$ と $y = \sin 2x$ とで囲まれる部分の面積 S を求めよう。

$y = \sin x$ ……① と $y = \sin 2x$ ……②
$(0 \leq x \leq \pi)$ の交点を求めよう。
①、②から y を消して、

$\sin x = \underbrace{\sin 2x}_{2\sin x \cos x}$　　$\sin x = 2\sin x \cos x$

$\sin x (2\cos x - 1) = 0$

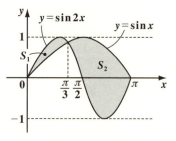

∴ $\sin x = 0$ または $\cos x = \frac{1}{2}$ より、これをみたす定義域内の x の値は $x = 0, \frac{\pi}{3}, \pi$ だね。よって、①と②で囲まれる図形の面積 S は、上図の S_1 と S_2 の和になるので、

$S = S_1 + S_2 = \int_{0}^{\frac{\pi}{3}} (\underbrace{\sin 2x}_{上側} - \underbrace{\sin x}_{下側})\,dx + \int_{\frac{\pi}{3}}^{\pi} (\underbrace{\sin x}_{上側} - \underbrace{\sin 2x}_{下側})\,dx$

$= \left[-\frac{1}{2}\cos 2x + \cos x\right]_{0}^{\frac{\pi}{3}} + \left[-\cos x + \frac{1}{2}\cos 2x\right]_{\frac{\pi}{3}}^{\pi}$

よって，

$$S = -\frac{1}{2}\underbrace{\cos\frac{2}{3}\pi}_{\left(-\frac{1}{2}\right)} + \underbrace{\cos\frac{\pi}{3}}_{\frac{1}{2}} + \frac{1}{2}\underbrace{\cos 0}_{①} - \underbrace{\cos 0}_{①} - \underbrace{\cos \pi}_{(-1)} + \frac{1}{2}\underbrace{\cos 2\pi}_{①} + \underbrace{\cos\frac{\pi}{3}}_{\frac{1}{2}} - \frac{1}{2}\underbrace{\cos\frac{2}{3}\pi}_{\left(-\frac{1}{2}\right)}$$

$$= \frac{1}{4} + \frac{1}{2} + \frac{1}{2} - \cancel{1} + \cancel{1} + \frac{1}{2} + \frac{1}{2} + \frac{1}{4} = \frac{5}{2}\quad となるんだね。大丈夫？$$

これで，面積計算の要領もつかめたと思う。では次，体積計算に入ろう。

● 薄切りハムモデルで体積計算しよう！

では，体積計算にチャレンジしよう。図4に示すように，ある立体が与えられたとき，x軸を設定して，この立体が $a \leqq x \leqq b$ の範囲にあるものとする。この立体の体積を V とおいて，この V の求め方を考えてみよう。

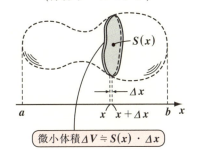

図4　体積計算
（薄切りハムモデル）

面積計算のときと同様に，微小体積 ΔV をまず求めよう。図4に示すように，x軸に垂直な平面で切った立体の切り口の断面積を $S(x)$ とおくと，これに微小な厚さ Δx をかけたものが，ΔV に近似的に等しいことが分かると思う。よって，

$$\underline{\Delta V \fallingdotseq S(x) \cdot \Delta x}\quad より，\quad \frac{\Delta V}{\Delta x} \fallingdotseq S(x) \quad となる。$$

立体を薄くスライスしたもので ΔV を近似したので，これを"薄切りハムモデル"と呼ぼう

ここで，$\Delta x \to 0$ の極限をとると，

$$\frac{dV}{dx} = S(x)$$

となるので，面積計算のときと同様に，この両辺を積分区間 $[a,\ b]$ で積分すると，体積：$\underline{V = \int_a^b S(x)\,dx}$ ……(*2) の公式が導ける。

131

例題 47 右図に示すように半径 a，高さ $\sqrt{3}a$ の直円柱がある。この底面 (円) の中心 O を通り，底面から仰角 $60°$ の平面でこの直円柱を切ってできる 2 つの立体の内，小さい方の立体の体積 V を求めてみよう。

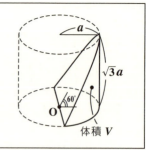
体積 V

右図に示すように，x 軸と y 軸を定め，この立体を $x = t$ $(-a \leq t \leq a)$ の平面で切った切り口の断面積 $S(t)$ を求めよう。

今回は，t での積分にする。

この立体を真上から見た図から，この切り口は底辺が $\sqrt{a^2-t^2}$ で，高さが $\sqrt{3}\cdot\sqrt{a^2-t^2}$ の直角三角形だね。よって，この断面積 $S(t)$ は，

$$S(t) = \frac{1}{2}\underbrace{\sqrt{a^2-t^2}}_{\text{底辺}}\cdot\underbrace{\sqrt{3}\cdot\sqrt{a^2-t^2}}_{\text{高さ}} = \frac{\sqrt{3}}{2}(a^2-t^2)$$
$(-a \leq t \leq a)$

となる。よって，求める立体の体積 V は，

$$V = \int_{-a}^{a} S(t)\,dt$$

$$= \frac{\sqrt{3}}{2}\int_{-a}^{a}\underbrace{(a^2-t^2)}_{\text{偶}}\,dt$$

$$= \frac{\sqrt{3}}{2}\cdot 2\int_{0}^{a}(a^2-t^2)\,dt$$
（定数）

$$= \sqrt{3}\left[a^2t - \frac{1}{3}t^3\right]_0^a = \sqrt{3}\left(a^3 - \frac{1}{3}a^3\right)$$

$$= \frac{2\sqrt{3}}{3}a^3$$ となって，答えだね。大丈夫だった？

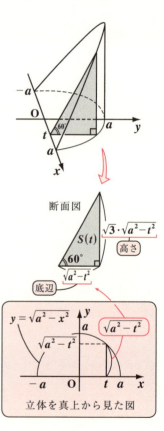

●積分法

● 回転体の体積計算もマスターしよう！

まず，(ⅰ) x 軸のまわりの回転体，および (ⅱ) y 軸のまわりの回転体の体積を求める公式を下に示そう。

回転体の体積計算の公式

(ⅰ) x 軸のまわりの回転体の体積 V_x

$$V_x = \pi \int_a^b \underbrace{y^2}_{S(x)} dx = \pi \int_a^b \underbrace{\{f(x)\}^2}_{S(x)} dx$$

断面積 $S(x) = \pi y^2 = \pi \{f(x)\}^2$

(ⅱ) y 軸のまわりの回転体の体積 V_y

$$V_y = \pi \int_c^d \underbrace{x^2}_{S(y)} dy = \pi \int_c^d \underbrace{\{g(y)\}^2}_{S(y)} dy$$

断面積 $S(y) = \pi x^2 = \pi \{g(y)\}^2$

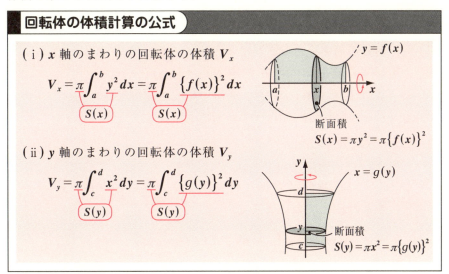

(ⅰ) は断面積 $S(x)$ を x で，また (ⅱ) は断面積 $S(y)$ を y で積分する "薄切りハムモデル" の体積計算の公式なんだね。公式の意味は理解できると思う。それでは，早速次の例題で回転体の体積を求めてみよう。

例題48 放物線 $y = 4 - x^2$ と x 軸とで囲まれる部分を，
(ⅰ) x 軸のまわりに回転してできる回転体の体積 V_x を求めよう。
(ⅱ) y 軸のまわりに回転してできる回転体の体積 V_y を求めよう。

(ⅰ) 右図に示すように，放物線 $y = 4 - x^2$ と x 軸とで囲まれる図形を x 軸のまわりに回転してできる立体を，x 軸と垂直な平面で切ってできる切り口は，半径 $y = 4 - x^2$ の円となるので，その断面積 $S(x)$ は，

$$S(x) = \pi y^2 = \pi(4 - x^2)^2$$
$$= \pi(16 - 8x^2 + x^4) \quad (-2 \leq x \leq 2)$$

となる。よって，求める回転体の体積 V_x は，

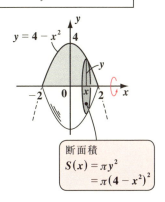

断面積
$S(x) = \pi y^2$
$= \pi(4 - x^2)^2$

133

$$V_x = \int_{-2}^{2} S(x)\,dx = \pi \int_{-2}^{2} \underline{(16 - 8x^2 + x^4)}\,dx = 2\pi \int_{0}^{2} (16 - 8x^2 + x^4)\,dx$$

（偶）

$$= 2\pi \left[16x - \frac{8}{3}x^3 + \frac{1}{5}x^5 \right]_0^2 = 2\pi \left(32 - \frac{64}{3} + \frac{32}{5} \right)$$

$$= 64\pi \left(1 - \frac{2}{3} + \frac{1}{5} \right) = 64\pi \cdot \frac{15 - 10 + 3}{15} = \frac{512}{15}\pi \quad \text{となる。}$$

(ⅱ) 次，同じ図形を y 軸のまわりに回転してできる回転体の体積 V_y を求めよう。これを y 軸に垂直な平面で切った切り口 (半径 x の円) の断面積 $S(y)$ は，

> 断面積
> $S(y) = \pi x^2$
> $= \pi(4 - y)$

$$S(y) = \pi x^2 = \pi(4 - y)$$

より，これを積分区間 $[0,\ 4]$ で積分したものが V_y だね。よって，

$$V_y = \int_{0}^{4} S(y)\,dy = \pi \int_{0}^{4} x^2\,dy = \pi \int_{0}^{4} (4 - y)\,dy$$

$$= \pi \left[4y - \frac{1}{2}y^2 \right]_0^4 = \pi(16 - 8) = 8\pi \quad \text{となって，答えだ。}$$

これで，回転体の体積計算の要領もつかめただろう？

● バウムクーヘン型積分にもチャレンジしよう！

前述したように，y 軸のまわりの回転体の体積 V_y は，

$V_y = \pi \displaystyle\int_{c}^{d} x^2\,dy = \pi \int_{c}^{d} \{g(y)\}^2\,dy$ で計算できるんだけれど，この場合，関数を $x = g(y)$ の形で表現しないといけないため，計算が繁雑になることも多いんだね。でも，これから解説する "**バウムクーヘン型積分**" では，$y = f(x)$ の形のままで，y 軸のまわりの回転体の体積を求めることができるんだ。エッ，何で，お菓子のバウムクーヘンなんて名前が付けられているのかって？ それは，微小体積 ΔV の形状が，バウムクーヘンの薄皮 **1** 枚に似ているからなんだ。これについては後で詳しく解説する。

では，まず "**バウムクーヘン型積分**" の公式を次に示そう。

● 積分法

バウムクーヘン型積分

(y 軸のまわりの回転体の体積)
$y = f(x)$ $(a \leqq x \leqq b)$ と x 軸とで挟まれる部分を，y 軸のまわりに回転してできる回転体の体積 V_y は，

$$V_y = 2\pi \int_a^b x f(x)\, dx \quad [f(x) \geqq 0]$$

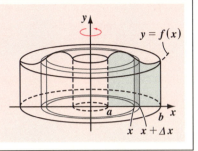

図5(i)に示すように，$a \leqq x \leqq b$ の範囲で $y = f(x)$ と x 軸とで挟まれる図形を y 軸のまわりに回転してできる回転体の体積 V を求める。

まず，図5(i)に示すように，x と $x + \Delta x$ の範囲で曲線 $y = f(x)$ と x 軸が挟む微小部分を y 軸のまわりに回転させてできる微小部分の微小体積を ΔV とおこう。

このバウムクーヘンの薄皮1枚の形状の図5(ii)の薄い円筒に切り目(cut)を入れて，広げたものが図5(iii)なんだ。これから，この微小体積 ΔV が近似的に

$$\Delta V \fallingdotseq \underbrace{2\pi x}_{\text{横幅}} \cdot \underbrace{f(x)}_{\text{高さ}} \cdot \underbrace{\Delta x}_{\text{厚さ}}$$

図5 バウムクーヘン型積分
(i)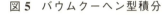
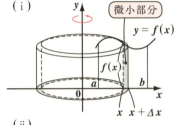

(ii)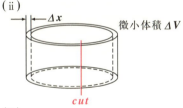

(iii)

と表されるのは大丈夫だね。よって，

$$\frac{\Delta V}{\Delta x} \fallingdotseq 2\pi x f(x) \quad \text{として，}$$

$\Delta x \to 0$ の極限をとると，これは $\dfrac{dV}{dx} = 2\pi x f(x)$ となる。

面積計算のときと同様に，この両辺を x の積分区間 $[a, b]$ で積分して，

体積：$V_y = 2\pi \int_a^b x f(x)\, dx$ ……(*3) のバウムクーヘン型の積分公式が導ける。

135

では，例題48(ⅱ)の問題をバウムクーヘン

$y = f(x) = 4 - x^2$ と x 軸とで囲まれた部分の y 軸のまわりの回転体の体積 $V_y = 8\pi$ (P134)

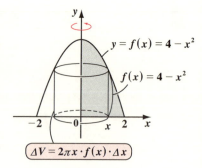

型積分で解いてみよう。この場合，回転する領域は右図に示すように，$y = f(x)$ と x 軸と y 軸とで囲まれた部分でいいね。つまり，積分区間は $0 \leq x \leq 2$ でいい。

以上より，求める立体の体積 V は，バウムクーヘン型積分により，

$$V = 2\pi \int_0^2 x\underline{f(x)}\,dx = 2\pi \int_0^2 (4x - x^3)\,dx = 2\pi \left[2x^2 - \frac{1}{4}x^4\right]_0^2$$

$\underline{(4-x^2)}$

$= 2\pi(8 - 4) = 8\pi$　となって，例題と同じ結果 (P134) が導けた！

もちろん，これはバウムクーヘン型積分をもち出すまでもない問題だったんだけれど，これで少しバウムクーヘン型積分にも慣れたと思う。

それでは，次の例題でさらに練習しよう。

例題49　$y = f(x) = \sin 2x \ \left(0 \leq x \leq \dfrac{\pi}{2}\right)$ と x 軸とで囲まれる部分を，y 軸のまわりに回転してできる回転体の体積 V_y を求めよう。

$y = f(x) = \sin 2x \ \left(0 \leq x \leq \dfrac{\pi}{2}\right)$ と x 軸とで囲まれた図形を，y 軸のまわりに1回転してできる回転体のイメージを右図に示す。

この場合のバウムクーヘン型積分における微小体積を ΔV とおくと，

$\Delta V = 2\pi x \cdot f(x) \cdot \Delta x$

　$= 2\pi x \cdot \sin 2x \cdot \Delta x$　となる。

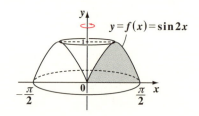

136

● 積分法

よって，求める回転体の体積 V_y をバウムクーヘン型積分により求めると，

$$V_y = 2\pi \int_0^{\frac{\pi}{2}} x f(x)\, dx = 2\pi \int_0^{\frac{\pi}{2}} x \sin 2x\, dx$$

$$= 2\pi \int_0^{\frac{\pi}{2}} x \cdot \left(-\frac{1}{2}\cos 2x\right)' dx$$

部分積分
$$\int_0^{\frac{\pi}{2}} f \cdot g'\, dx$$
$$= \left[f \cdot g\right]_0^{\frac{\pi}{2}} - \int_0^{\frac{\pi}{2}} f' \cdot g\, dx$$

$$= 2\pi \left\{ -\frac{1}{2}\left[x\cos 2x\right]_0^{\frac{\pi}{2}} - \int_0^{\frac{\pi}{2}} 1 \cdot \left(-\frac{1}{2}\cos 2x\right) dx \right\}$$

簡単化

$$= 2\pi \left\{ -\frac{1}{2}\left(\frac{\pi}{2}\underset{(-1)}{\underline{\cos \pi}} - \underline{0\cos 0} \right) + \frac{1}{2}\int_0^{\frac{\pi}{2}} \cos 2x\, dx \right\}$$

$$\frac{1}{2}\left[\sin 2x\right]_0^{\frac{\pi}{2}} = \frac{1}{2}(\underset{0}{\underline{\sin \pi}} - \underset{0}{\underline{\sin 0}}) = 0$$

$$= 2\pi \times \left(-\frac{1}{2}\right) \cdot \left(-\frac{\pi}{2}\right)$$

$$= 2\pi \times \frac{\pi}{4} = \frac{\pi^2}{2} \quad \text{となって，答えだ！ 納得いった？}$$

これで，本当にバウムクーヘン型積分の要領も覚えたと思う。確かにオイシイ公式だからシッカリ頭に入れて，使いこなせるようになってくれ。

§4. 媒介変数表示された曲線と面積計算

さァ，これから"媒介変数表示された曲線"とその曲線で囲まれる図形の面積の求め方について，詳しく解説しよう。媒介変数表示された曲線とは，$x = f(\theta)$, $y = g(\theta)$ などのように，変数 θ を媒介として x と y の間の関係が与えられる曲線のことで，この仲立ちをする変数 θ のことを，"媒介変数"（または"パラメータ"）と呼ぶんだよ。

この媒介変数表示された曲線は，特に特殊なものではなく，"円"や"だ円"も媒介変数で表示できるんだ。ここではさらに，"らせん"や"サイクロイド曲線"についても教えよう。

● 円の媒介変数表示から始めよう！

図1に，原点 O を中心とする半径 a (>0) の円を示す。この円周上の動点 $P(x, y)$ は，常に原点 O からの距離 OP を一定値 a に保って動くため，$\underline{OP} = a$，すなわち，
$\sqrt{x^2 + y^2}$

図1 円の媒介変数表示

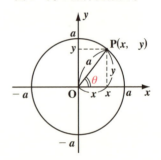

$\sqrt{x^2 + y^2} = a$ となる。これから，見慣れた円の方程式：$\boxed{x^2 + y^2 = a^2}$ ……① が導かれるんだね。

この円の方程式を媒介変数表示してみよう。動径 OP と x 軸の正の向き

（OP は時計の針のように動くので，"動径"という。）

とがなす角を θ とおくと，θ が変数であり，図1から明らかに $\cos\theta = \dfrac{x}{a}$，$\sin\theta = \dfrac{y}{a}$ の関係が成り立つのが分かるね。よって，これから，原点 O を中心とする半径 a の円の媒介変数表示は，

$\begin{cases} x = a\cos\theta \\ y = a\sin\theta \end{cases}$ ……② (θ：媒介変数)

となる。ここで，この②を①に代入してごらん。すると，$(a\cos\theta)^2 + (a\sin\theta)^2 = a^2$
$a^2(\cos^2\theta + \sin^2\theta) = a^2$ より，三角関数の基本公式：
$\boxed{\cos^2\theta + \sin^2\theta = 1}$ に帰着する。

●積分法

● だ円の媒介変数表示も求めよう！

だ円の方程式は，原点を中心とする単位円(半径1)の方程式
$$x'^2 + y'^2 = 1 \quad \cdots\cdots(a)$$
を基に導ける。
図2(ⅰ)に示すように，(a)の単位円を左右 a 倍にビロ〜ンと引っ張ると，その変数 x は $x = ax'$ となるね。
$$\therefore x' = \frac{x}{a} \quad \cdots\cdots(b)$$

次に，図2(ⅱ)に示すように，これをさらに上下 b 倍にビロ〜ンと引っ張ると，その変数 y は $y = by'$ となる。
$$\therefore y' = \frac{y}{b} \quad \cdots\cdots(c)$$

以上(b)，(c)を(a)に代入したものがだ円の方程式： $\dfrac{x^2}{a^2} + \dfrac{y^2}{b^2} = 1 \quad \cdots\cdots ③$ である。

そして，円のときと同様に，このだ円の媒介変数表示は

図2 だ円の方程式
(ⅰ)
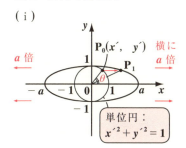

(ⅱ)
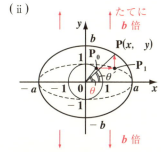

もちろん $0 < a < 1$，$0 < b < 1$ ならば，これはキュッと縮小させることになる。

$$\begin{cases} x = a\cos\theta \\ y = b\sin\theta \end{cases} \cdots\cdots ④ \quad (\theta：媒介変数)$$
となる。何故なら，④を③に代入すると，$\dfrac{(a\cos\theta)^2}{a^2} + \dfrac{(b\sin\theta)^2}{b^2} = 1$，$\dfrac{a^2\cos^2\theta}{a^2} + \dfrac{b^2\sin^2\theta}{b^2} = 1$ となって，これも基本公式： $\cos^2\theta + \sin^2\theta = 1$ に帰着するからなんだね。

> 注意 だ円周上の動点 $P(x, y)$ について，動径 OP と x 軸の正の向きとのなす角は，図2(ⅱ)に示すように θ' であって，元の単位円の偏角 θ，すなわち媒介変数の θ とは異なるものであることに気を付けよう！

したがって，円やだ円の場合，たとえ平行移動項があったとしても，公式 $\cos^2\theta + \sin^2\theta = 1$ に帰着するように，媒介変数表示すればいいんだね。

(ex) $\dfrac{(x+2)^2}{\underset{5^2}{25}} + \dfrac{(y-4)^2}{\underset{3^2}{9}} = 1$ ……(d)のとき，これを媒介変数表示すると，

$x = 5\cos\theta - 2$, $y = 3\sin\theta + 4$ となるのは大丈夫？ 実際にこれらを(d)に代入すると，

$\dfrac{(5\cos\theta - \cancel{2} + \cancel{2})^2}{25} + \dfrac{(3\sin\theta + \cancel{4} - \cancel{4})^2}{9} = 1$, $\dfrac{\cancel{25}\cos^2\theta}{\cancel{25}} + \dfrac{\cancel{9}\sin^2\theta}{\cancel{9}} = 1$

ゆえに，$\cos\theta^2 + \sin\theta^2 = 1$ と，基本公式に帰着するからね。

● らせんは円の変形ヴァージョンだ！

次，"らせん(螺旋)"について解説しよう。前に解説した通り，半径 r の円の媒介変数表示は，

$\begin{cases} x = r\cos\theta \\ y = r\sin\theta \end{cases}$ （θ：媒介変数）　となるんだけれど，

ここで，この半径 r が定数ではなく，(i) $r = e^{-\theta}$ や (ii) $r = e^{\theta}$ と，θ の指数関数になっている曲線を"らせん"という。

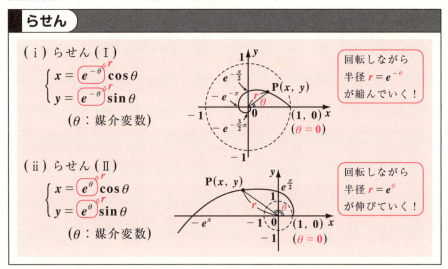

(i) で，半径 $r = e^{-\theta}$ とおくと，θ が大きくなると半径 r が縮む。つまり，回転しながら半径が縮んでいくらせんなんだね。これに対して，(ii) では，半径 $r = e^{\theta}$ とおくと，r は θ の増加関数だから，回転しながらその半径 (原点からの距離) がどんどん大きくなっていく曲線なんだね。

● **サイクロイド曲線もマスターしよう！**

媒介変数表示された曲線として，次の"**サイクロイド曲線**"も重要だ。これは，半径 a の円が x 軸上を転がっていくとき，円周上の動点 P が描く曲線のことなんだ。

サイクロイド曲線

$$\begin{cases} x = a(\theta - \sin\theta) \\ y = a(1 - \cos\theta) \end{cases}$$

$\begin{pmatrix} \theta : 媒介変数 \\ a : 正の定数 \end{pmatrix}$

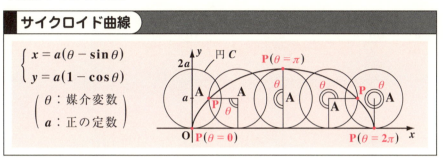

それでは，この曲線を表す方程式の意味について詳しく解説しよう。図3に示すように，初め半径 a の円 C が原点 O に接しているものとし，O に接する円 C 上の点を P とおく。そして，円 C が θ だけ回転したときの様子も図3に示す。ここで，大事なのは，円がズズ～とスリップすることなく回転していくので，回転後の円 C と x 軸との接点を Q とおくと，線分 OQ の長さと円弧 $\overset{\frown}{PQ}$ の長さ $a\theta$ とが等しくなるんだね。

↑
公式 (P66)

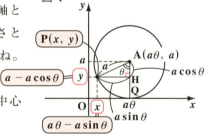

したがって，θ 回転した後の円 C の中心 A の座標は，$A(a\theta, a)$ となる。

図4に示すように，P から線分 AQ に下ろした垂線の足を H とおき，直角三角形 APH で考えると，

$PH = a\sin\theta$, $AH = a\cos\theta$

よって，動点 $P(x, y)$ の x 座標，y 座標は，

$$\begin{cases} x = a\theta - a\sin\theta = a(\theta - \sin\theta) \\ y = a - a\cos\theta = a(1 - \cos\theta) \end{cases}$$ となって，公式が導けるんだね。

● **媒介変数表示された曲線の接線を求めよう！**

媒介変数表示された曲線：

$$\begin{cases} x = f(\theta) \\ y = g(\theta) \end{cases} (\theta：媒介変数)\ の導関数\ \frac{dy}{dx}\ は，次のように簡単に求められる。$$

$$\frac{dy}{dx} = \frac{\dfrac{dy}{d\theta}}{\dfrac{dx}{d\theta}} \quad \boxed{\text{見かけ上分子・分母を} d\theta\ \text{で割った形だ。}} = \frac{g'(\theta)}{f'(\theta)} \quad \boxed{\text{結果は当然} \theta\ \text{の関数になる。}}$$

例題 50 次の媒介変数表示された曲線の導関数 $\dfrac{dy}{dx}$ を求めよう。

$$(1)\ \begin{cases} x = 3\cos\theta \\ y = 2\sin\theta \end{cases} \quad (2)\ \begin{cases} x = e^{-\theta}\cos\theta \\ y = e^{-\theta}\sin\theta \end{cases} \quad (3)\ \begin{cases} x = \theta - \sin\theta \\ y = 1 - \cos\theta \end{cases}$$

---

(1) は，だ円 $\dfrac{x^2}{9} + \dfrac{y^2}{4} = 1$ の媒介変数表示だね。この導関数は，

$$\frac{dy}{dx} = \frac{\dfrac{dy}{d\theta}}{\dfrac{dx}{d\theta}} = \frac{(2\sin\theta)'}{(3\cos\theta)'} \quad \boxed{\theta\ \text{での微分}} = \frac{2\cos\theta}{-3\sin\theta} = -\frac{2}{3} \cdot \frac{\cos\theta}{\sin\theta} \quad \text{となる。}$$

$$\boxed{\cot\theta\ \text{としてもいい。}}$$

(2) は，らせんだね。この導関数は，

$$\frac{dy}{dx} = \frac{(e^{-\theta}\sin\theta)'}{(e^{-\theta}\cos\theta)'} = \frac{(e^{-\theta})'\sin\theta + e^{-\theta}(\sin\theta)'}{(e^{-\theta})'\cos\theta + e^{-\theta}(\cos\theta)'} = \frac{-e^{-\theta}\sin\theta + e^{-\theta}\cos\theta}{-e^{-\theta}\cos\theta - e^{-\theta}\sin\theta}$$

$$= \frac{e^{-\theta}(\cos\theta - \sin\theta)}{e^{-\theta}(-\cos\theta - \sin\theta)} = \frac{-\cos\theta + \sin\theta}{\cos\theta + \sin\theta} \quad \text{となる。}$$

(3) は，定数 (半径) $a = 1$ のときのサイクロイド曲線だ。この導関数は，

$$\frac{dy}{dx} = \frac{(1 - \cos\theta)'}{(\theta - \sin\theta)'} = \frac{\sin\theta}{1 - \cos\theta} \quad \text{となって，答えだ。}$$

どう？ 要領覚えた？

では，媒介変数表示された曲線上の点における接線の方程式の求め方を，次に示そう。

142

● 積分法

媒介変数表示された曲線の接線

曲線 $x=f(\theta)$, $y=g(\theta)$ （θ：媒介変数）上の $\theta=\theta_1$ に対応する点 (x_1, y_1) における接線の方程式は，その傾きを m とおくと，

$$y = \underset{\text{接線の傾き}}{m}(x - \underset{f(\theta_1)}{\boxed{x_1}}) + \underset{g(\theta_1)}{\boxed{y_1}}$$

接線の傾き m は，傾きの公式

$$\frac{dy}{dx} = \frac{\frac{dy}{d\theta}}{\frac{dx}{d\theta}}$$ に，$\theta = \theta_1$ を代入したもの。

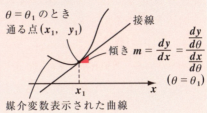

例題 51　だ円 $\begin{cases} x = 3\cos\theta \\ y = 2\sin\theta \end{cases}$ ……(a) 上の $\theta = \dfrac{\pi}{4}$ に対応する点 P における接線の方程式を求めてみよう。

(a)の θ に $\dfrac{\pi}{4}$ を代入して，

$$\begin{cases} x = 3\cos\dfrac{\pi}{4} = 3\cdot\dfrac{1}{\sqrt{2}} = \dfrac{3\sqrt{2}}{2} \\ y = 2\sin\dfrac{\pi}{4} = 2\cdot\dfrac{1}{\sqrt{2}} = \sqrt{2} \end{cases}$$

よって，だ円上の点 $P\left(\dfrac{3\sqrt{2}}{2}, \sqrt{2}\right)$ が分かる。

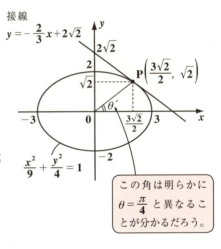

例題 50(1) の導関数 $\dfrac{dy}{dx}$ に $\theta = \dfrac{\pi}{4}$ を代入して，接線の傾き

$$\frac{dy}{dx} = -\frac{2}{3}\cdot\frac{\overset{\frac{1}{\sqrt{2}}}{\boxed{\cos\dfrac{\pi}{4}}}}{\underset{\frac{1}{\sqrt{2}}}{\boxed{\sin\dfrac{\pi}{4}}}} = -\frac{2}{3}$$

が分かる。

以上より，だ円上の点 $P\left(\dfrac{3\sqrt{2}}{2}, \sqrt{2}\right)$ における接線の方程式は，

$$y = -\frac{2}{3}\left(x - \frac{3\sqrt{2}}{2}\right) + \sqrt{2} \quad \therefore y = -\frac{2}{3}x + 2\sqrt{2} \quad \text{となる。大丈夫？}$$

● 媒介変数表示された曲線と面積計算のコツをつかもう！

だ円：$\dfrac{x^2}{a^2}+\dfrac{y^2}{b^2}=1$ $(a>0, \ b>0)$ の面積が πab となることを御存知の方も多いと思う。これは，媒介変数表示された曲線と x 軸とで囲まれる図形の面積を求めるいい練習になるので，これから解説しよう。

まず，だ円の媒介変数表示は，$x=a\cos\theta, \ y=b\sin\theta$ だね。図5に示すように，上半だ円のみを考えると，θ の範囲は，$0\leqq\theta\leqq\pi$ となる。

ここで，この上半だ円が $y=f(x)$ と表されているものとすると，半だ円の面積 S' は，

$$S'=\int_{-a}^{a}y\,dx \quad となるね。$$

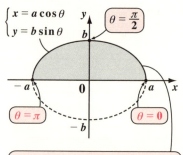

図5　面積計算

これが $y=f(x)$ と表されているものとして，$S'=\int_{-a}^{a}y\,dx$ とし，これを θ での積分に切り換えるのがコツだ。

この後，これを θ での積分に書き換えればいいんだね。$x:-a\to a$ のとき，$\theta:\pi\to 0$ より，

$$S'=\int_{-a}^{a}y\,dx=\int_{\pi}^{0}y\cdot\dfrac{dx}{d\theta}\,d\theta \quad となる。$$

dx を $d\theta$ で割った分，$d\theta$ をかける要領だ！

ここで，$y\cdot\dfrac{dx}{d\theta}=b\sin\theta\cdot\underbrace{(a\cos\theta)'}_{(-a\sin\theta)}=-ab\sin^2\theta$ と θ の関数になるので，

これを θ で積分することに，何の問題もないんだね。よって，

$$S'=\int_{\pi}^{0}(-ab)\underbrace{\sin^2\theta}_{\frac{1-\cos 2\theta}{2}}\,d\theta=\dfrac{ab}{2}\int_{0}^{\pi}(1-\cos 2\theta)\,d\theta$$

← 半角の公式

$$=\dfrac{ab}{2}\left[\theta-\dfrac{1}{2}\sin 2\theta\right]_{0}^{\pi}=\dfrac{ab}{2}\left(\pi-\dfrac{1}{2}\underset{0}{\cancel{\sin 2\pi}}\right)=\dfrac{\pi}{2}ab$$

よって，だ円の面積を S とおくと，$S=2S'=\pi ab$ となって，だ円の面積公式が導けるんだね。

144

媒介変数表示された曲線と x 軸とで囲まれる図形の面積計算のポイントは次の 2 つであることを，頭に入れておこう。

(i) まず，曲線が $y = f(x) \ (\geqq 0)$ と表されているものとして，面積の式
$$S = \int_a^b y\,dx \quad \text{を立てる。}$$

(ii) 次に，これを θ での積分に切り換える。すなわち，
$$S = \int_a^b y\,dx = \int_\alpha^\beta y \cdot \frac{dx}{d\theta}\,d\theta \quad \left(\begin{array}{l}\text{ただし，} x : a \to b \text{ のとき} \\ \theta : \alpha \to \beta \text{ とする。}\end{array}\right)$$

それでは，次の例題で，サイクロイド曲線と x 軸とで囲まれる図形の面積を求めてみよう。

例題 52 サイクロイド曲線 $x = 2(\theta - \sin\theta)$, $y = 2(1 - \cos\theta)$
$(0 \leqq \theta \leqq 2\pi)$ と x 軸とで囲まれる部分の面積を求めよう。

$\begin{cases} x = 2(\theta - \sin\theta) \\ y = 2(1 - \cos\theta) \quad (0 \leqq \theta \leqq 2\pi) \end{cases}$

右図のサイクロイド曲線が $y = f(x)$ の形で表されているものとすると，求める面積 S は，
$$S = \int_0^{4\pi} y\,dx \ \cdots\cdots ① \quad \text{となる。}$$

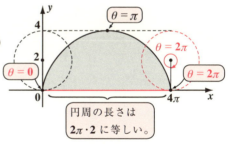

ここで，$x : 0 \to 4\pi$ のとき，

$\theta : 0 \to 2\pi$, また $\dfrac{dx}{d\theta} = 2(1 - \cos\theta)$ より，①を θ での積分に変えると，

$$S = \int_0^{2\pi} y \frac{dx}{d\theta}\,d\theta = \int_0^{2\pi} 2(1-\cos\theta) \cdot 2(1-\cos\theta)\,d\theta$$
$$= 4\int_0^{2\pi}(1 - 2\cos\theta + \underbrace{\cos^2\theta}_{\frac{1+\cos 2\theta}{2}})\,d\theta = 4\int_0^{2\pi}\left(\frac{3}{2} - 2\cos\theta + \frac{1}{2}\cos 2\theta\right)d\theta$$
$$= 4\left[\frac{3}{2}\theta - 2\sin\theta + \frac{1}{4}\sin 2\theta\right]_0^{2\pi} = 4 \cdot \frac{3}{2} \cdot 2\pi = 12\pi \quad \text{となる。}$$

大丈夫だった？

§5. 極方程式と面積計算

 これまで座標平面上の点や曲線はすべて"xy座標系"で表してきた。でも，これを別の座標系で表現することもできる。それがこれから解説する"極座標"と呼ばれる座標系なんだね。そして，極座標においても，点だけでなく，さまざまな曲線を方程式で表すことができ，これを"極方程式"と呼ぶんだよ。

 でも，何故極座標や極方程式をもち出す必要があるのかって？ それは，極座標を使うことによって，曲線がよりシンプルに表されたり，面積計算がより簡単になる場合もあるからなんだ。

● 極座標では，点 $P(r, \theta)$ で表す！

 図1(ⅰ)に示すxy座標系での点$P(x, y)$は，(ⅱ)の"極座標"では点$P(r, \theta)$と表す。

 "極座標"では，Oは"極"，半直線OXを"始線"，OPを"動径"，そしてθを"偏角"と呼ぶ。始線OXから偏角θを取り，極Oからの距離rを指定すれば，点Pの位置が決まるのが分かるね。よって，点Pの位置を$P(r, \theta)$と表すことができる。

 図1(ⅰ)は，この極座標とxy座標を重ね合わせた形になっているから，xy座標の$P(x, y)$のx, yと，極座標の$P(r, \theta)$のr, θとの間の変換が，次の公式で出来るのも分かると思う。

図1　xy座標と極座標

(ⅰ) xy座標

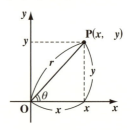

(ⅱ) 極座標

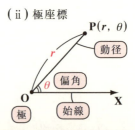

xy座標と極座標の変換公式

(1) $\begin{cases} x = r\cos\theta \\ y = r\sin\theta \end{cases}$ 　　(2) $x^2 + y^2 = r^2$

（三角関数の定義より）　　　（三平方の定理より）

● 積分法

ここで, 点 P(x, y) の表し方は, 一意に (1通りに) 決まるんだけど, 極座標での点は複数の表し方があるんだ。たとえば図2に示す

複素数の極形式と同じだね。

点 P$\left(\underset{r}{2}, \underset{\theta}{\dfrac{\pi}{4}}\right)$ は, 1回転 2回転 $\theta = \dfrac{\pi}{4} \pm 2\pi, \dfrac{\pi}{4} \pm 4\pi, \cdots$

一般角 $\theta = \dfrac{\pi}{4} + 2n\pi$ (n:整数)

図2 極座標による点の表現

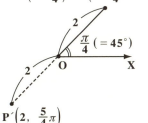

としても, すべて同じ位置の点を表す。また, 負の r も許して, 図2の点 P′$\left(2, \dfrac{5}{4}\pi\right)$ の $r=2$ を -2 にして反転させた点 $\left(-2, \dfrac{5}{4}\pi\right)$ もまた, 点 P$\left(2, \dfrac{\pi}{4}\right)$ と同じ点を表すことになるんだね。

でも, ここで, $0 < r$, $0 \leqq \theta < 2\pi$ などと範囲を指定すると, 原点 O 以外の極座標の点 P(r, θ) は一意に決定することができるんだね。大丈夫？

それでは, 点の xy 座標と極座標の変換の練習をしておこう。
条件：$0 < r$ かつ $0 \leqq \theta < 2\pi$ の下で, 図3に示す3点 P, Q, R の極座標と xy 座標による座標を下に示そう。

図3 極座標と xy 座標

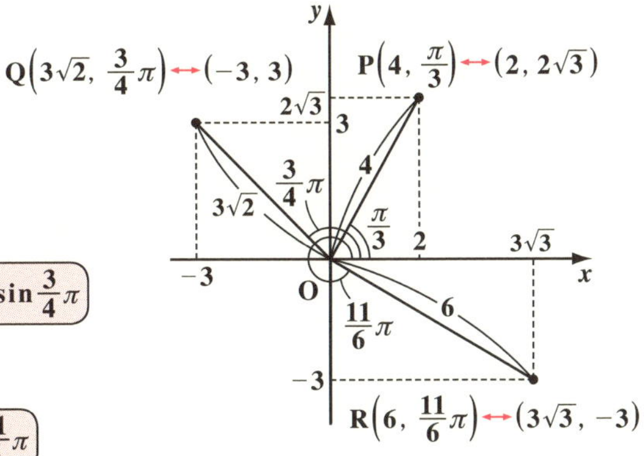

極座標 　　 xy 座標

P$\left(\underset{r}{4}, \underset{\theta}{\dfrac{\pi}{3}}\right)$ ⟷ P$\left(\underbrace{2}_{4\cos\frac{\pi}{3}}, \underbrace{2\sqrt{3}}_{4\sin\frac{\pi}{3}}\right)$

Q$\left(\underset{r}{3\sqrt{2}}, \underset{\theta}{\dfrac{3}{4}\pi}\right)$ ⟷ Q$\left(\underbrace{-3}_{3\sqrt{2}\cos\frac{3}{4}\pi}, \underbrace{3}_{3\sqrt{2}\sin\frac{3}{4}\pi}\right)$

R$\left(\underset{r}{6}, \underset{\theta}{\dfrac{11}{6}\pi}\right)$ ⟷ R$\left(\underbrace{3\sqrt{3}}_{6\cos\frac{11}{6}\pi}, \underbrace{-3}_{6\sin\frac{11}{6}\pi}\right)$

147

● 極方程式の表す図形を考えてみよう！

xy 座標系では，x と y の方程式（$y = x^2 + 2$，$x^2 + y^2 = 4$，$y = e^{x+1}$ など）により，さまざまな直線や曲線を表した。これと同様に，極座標では，r と θ の関係式により，直線や曲線を表すことができる。この r と θ の関係式のことを，"極方程式" と呼ぶんだね。

そして，xy 座標系での方程式と極方程式は変換公式を使って，互いに

$$\begin{cases} x = r\cos\theta \\ y = r\sin\theta \end{cases} \text{と } x^2 + y^2 = r^2$$

変換できる。ここではまず，1 番簡単な例として，（ⅰ）原点を中心とする円と（ⅱ）原点を通る直線の方程式を，極方程式に変換してみよう。

（ⅰ）円：$\underline{x^2 + y^2} = 9$ ……① について，
　　　　　　r^2 ← 変換公式

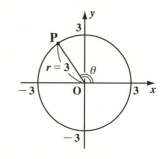

変換公式：$x^2 + y^2 = r^2$ より①は，
　$r^2 = 9$　　$r > 0$ とすると，
∴ $r = 3$ となる。実はこのシンプルな式が，原点 O を中心とする半径 3 の円の極方程式なんだね。これは θ については何も言っていないので，偏角 θ は自由に動く。だけど，$OP = r = 3$ と，動径の長さは定数 3 で一定なので，動点 P は O を中心とする半径 3 の円を描くことになる。大丈夫？

（ⅱ）次，直線：$y = \sqrt{3}x$ ……② について，
　　　　　　　$r\sin\theta$　$r\cos\theta$ ← 変換公式

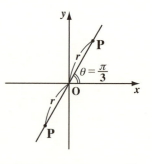

変換公式：$x = r\cos\theta$，$y = r\sin\theta$ より①は，
　$\cancel{r}\sin\theta = \sqrt{3}\cancel{r}\cos\theta$，$\dfrac{\sin\theta}{\cos\theta} = \sqrt{3}$，$\tan\theta = \sqrt{3}$
∴ $\theta = \dfrac{\pi}{3}$ となる。そして，これがこの直線の極方程式なんだね。偏角 $\theta = \dfrac{\pi}{3}$ は一定で，r は ⊕ ⊖ 自由に動けるので，結局動点 P は，原点 O を通る傾き $\sqrt{3}$ $\left(= \tan\dfrac{\pi}{3}\right)$ の直線を描くことになるんだね。納得いった？

それでは，次の例題で，らせんの極方程式も求めてみよう。

> **例題 53** 次のらせんの極方程式を求めてみよう。
> $$\begin{cases} x = e^\theta \cos\theta & \cdots\cdots(a) \\ y = e^\theta \sin\theta & \cdots\cdots(b) \end{cases} \quad (0 \le \theta)$$

$(a)^2 + (b)^2$ より，$x^2 + y^2 = e^{2\theta}\cos^2\theta + e^{2\theta}\sin^2\theta$

$$\underbrace{x^2 + y^2}_{\text{変換公式} \to r^2} = e^{2\theta}\underbrace{(\cos^2\theta + \sin^2\theta)}_{1}$$

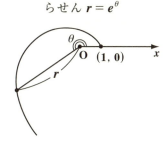

らせん $r = e^\theta$

ここで変換公式：$x^2 + y^2 = r^2$ を用いると，

$r^2 = e^{2\theta}$

$r > 0$ とすると，極方程式

$r = e^\theta$ が導ける。

この極方程式は，偏角 θ の値が与えられれば，そのときの r の値が決まり，右上図に示すように，θ が 0 から増加すれば r は増加するので，動点 P は回転しながらその動径の長さを大きくしていくことを表しているんだね。つまり，らせんが描けるということだ。納得いった？

それでは次の例題で，逆に極方程式を x と y の方程式に変換してみよう。

> **例題 54** 次の極方程式を x と y の方程式に変換し，その曲線を描いてみよう。
> (1) $r = 4\cos\theta$ $\cdots\cdots$(a)　　(2) $r = \dfrac{2}{1-\cos\theta}$ $\cdots\cdots$(b)

(1), (2) の極方程式のままでは，これがどんな曲線を表すのか見当がつかないので，x と y の方程式に変換してみよう。もちろん，そのためには変換公式を利用するんだね。

149

(1) $r = 4\cos\theta$ ……(a) について，この両辺に r をかけると，

ここで，変換公式：$x^2 + y^2 = r^2$，

$x = r\cos\theta$ を用いると，

$x^2 + y^2 = 4x$

$(x^2 - 4x + 4) + y^2 = 4$

$(x - 2)^2 + y^2 = 4$　となる。

よって，(a)の極方程式は，中心 $(0, 2)$，半径 2 の円を表すんだね。

(2) $r = \dfrac{2}{1 - \cos\theta}$ ……(b) について，これを変形すると，

$r(1 - \cos\theta) = 2$　　　$r - r\cos\theta = 2$

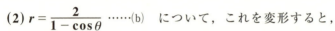

ここで，変換公式：$x = r\cos\theta$ を用いると，

$r = x + 2$　　この両辺を 2 乗して，

$r^2 = (x + 2)^2$　　ここで，変換公式：$r^2 = x^2 + y^2$ を用いると，

$x^2 + y^2 = (x + 2)^2$

$x^2 + y^2 = x^2 + 4x + 4$

$y^2 = 4x + 4$

$x = \dfrac{1}{4}y^2 - 1$

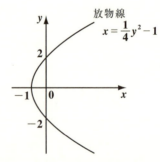

よって，(b)の極方程式は，

右図に示すように，放物線 $x = \dfrac{1}{4}y^2$ を x 軸方向に -1 だけ平行移動したものであることが分かったんだね。

● 極方程式の面積公式もマスターしよう！

xy 座標系の方程式でも $y = f(x)$ の形のものが圧倒的に多かったけれど，例題 54 の(a), (b)から分かるように，極方程式においても，$r = f(\theta)$ の形のものが多いんだよ。これは，偏角 θ の値が与えられれば，そのときの r が決まるので，θ の値の変化により r が変化する。図 4 のようなイメージを思い描いてくれたらいいんだよ。

図 4　$r = f(\theta)$ のイメージ

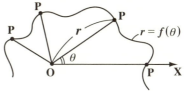

そして，極方程式 $r = f(\theta)$ で表された曲線と，2 直線 $\theta = \alpha$, $\theta = \beta$ $(\alpha < \beta)$ で囲まれる部分の面積 S を求める公式も覚えておくと便利だ。図 5 に示すように，微小面積 ΔS は，近似的に次のように表されるのは大丈夫だね。

図 5　極方程式の面積公式

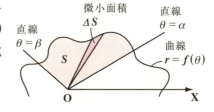

$\Delta S ≒ \dfrac{1}{2} r^2 \Delta\theta$ 　　これから，

$\dfrac{\Delta S}{\Delta \theta} ≒ \dfrac{1}{2} r^2$ 　となる。

ここで，$\Delta\theta \to 0$ の極限をとると，

$\dfrac{dS}{d\theta} = \dfrac{1}{2} r^2$ ……①　となる。

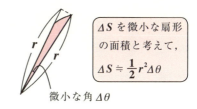

ΔS を微小な扇形の面積と考えて，$\Delta S ≒ \dfrac{1}{2} r^2 \Delta\theta$

微小な角 $\Delta\theta$

この①の両辺を θ の積分区間 $[\alpha, \beta]$ で積分すると，面積 S は，

$S = \dfrac{1}{2} \displaystyle\int_{\alpha}^{\beta} r^2 d\theta$ ……(∗)　と，極方程式 $r = f(\theta)$ についての面積公式が導ける。便利な公式だから，是非頭に入れておこう。

それでは，次の例題で，実際にこの極方程式の面積公式を使ってみることにしよう。

例題 55 極方程式 $r = 2\sin\theta$ ……(a) $(0 \leqq \theta \leqq \pi)$ で表される曲線と 2 直線 $\theta = \dfrac{\pi}{4}$, $\theta = \dfrac{2}{3}\pi$ とで囲まれる部分の面積 S を求めてみよう。

(a)の両辺に r をかけて,

$$\underbrace{r^2}_{x^2+y^2} = 2\underbrace{r\sin\theta}_{y}$$

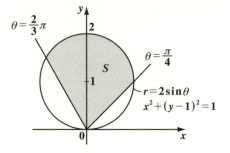

ここで,変換公式: $x^2 + y^2 = r^2$, $y = r\sin\theta$ を用いると,

$x^2 + y^2 = 2y$

$x^2 + (y^2 - 2y + 1) = 1$

$x^2 + (y - 1)^2 = 1$ となって,

右図に示すような中心 $(0, 1)$,半径 1 の円であることが分かる。よって,曲線 $r = f(\theta) = 2\sin\theta$ と 2 直線 $\theta = \dfrac{\pi}{4}$, $\theta = \dfrac{2}{3}\pi$ とで囲まれる図形の面積 S

円: $(x-1)^2 + y^2 = 1$ のこと

は,極方程式の面積公式より,

$$S = \dfrac{1}{2}\int_{\frac{\pi}{4}}^{\frac{2}{3}\pi} r^2\,d\theta = 2\int_{\frac{\pi}{4}}^{\frac{2}{3}\pi} \underbrace{\sin^2\theta}_{\frac{1-\cos 2\theta}{2}}\,d\theta = \int_{\frac{\pi}{4}}^{\frac{2}{3}\pi}(1 - \cos 2\theta)\,d\theta$$

$(2\sin\theta)^2$ 　　半角の公式

$$= \left[\theta - \dfrac{1}{2}\sin 2\theta\right]_{\frac{\pi}{4}}^{\frac{2}{3}\pi}$$

$$= \dfrac{2}{3}\pi - \dfrac{1}{2}\underbrace{\sin\dfrac{4}{3}\pi}_{-\frac{\sqrt{3}}{2}} - \left(\dfrac{\pi}{4} - \dfrac{1}{2}\underbrace{\sin\dfrac{\pi}{2}}_{1}\right)$$

$$= \dfrac{2}{3}\pi + \dfrac{\sqrt{3}}{4} - \left(\dfrac{\pi}{4} - \dfrac{1}{2}\right) = \dfrac{5}{12}\pi + \dfrac{2+\sqrt{3}}{4}$$ となる。

●積分法

例題 56 (1) 極方程式 $r = e^\theta$ ……(b) $(0 \leqq \theta \leqq 2\pi)$ で表される曲線と2直線 $\theta = \dfrac{\pi}{4}$, $\theta = \dfrac{3}{2}\pi$ とで囲まれる部分の面積 S_1 を求めてみよう。

(2) 極方程式 $r = e^{-\theta}$ ……(c) $(0 \leqq \theta \leqq 2\pi)$ で表される曲線と2直線 $\theta = \dfrac{\pi}{4}$, $\theta = \dfrac{7}{4}\pi$ とで囲まれる部分の面積 S_2 を求めてみよう。

(1) 極方程式 $r = e^\theta$ ……(b) $(0 \leqq \theta \leqq 2\pi)$ は右に示すような"らせん"だね。よって、このらせん $r = e^\theta$ と2直線 $\theta = \dfrac{\pi}{4}$, $\theta = \dfrac{3}{2}\pi$ とで囲まれる部分の面積 S_1 は、極方程式の面積公式より、

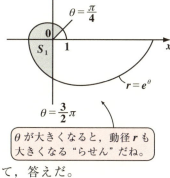

θ が大きくなると、動径 r も大きくなる"らせん"だね。

$$S_1 = \dfrac{1}{2}\int_{\frac{\pi}{4}}^{\frac{3}{2}\pi} \underbrace{r^2}_{(e^\theta)^2} d\theta = \dfrac{1}{2}\int_{\frac{\pi}{4}}^{\frac{3}{2}\pi} e^{2\theta} d\theta$$

$$= \dfrac{1}{2}\left[\dfrac{1}{2}e^{2\theta}\right]_{\frac{\pi}{4}}^{\frac{3}{2}\pi} = \dfrac{1}{4}\left(e^{3\pi} - e^{\frac{\pi}{2}}\right) \quad \text{となって、答えだ。}$$

(2) 極方程式 $r = e^{-\theta}$ ……(c) $(0 \leqq \theta \leqq 2\pi)$ は右に示すような"らせん"になる。よって、このらせん $r = e^{-\theta}$ と2直線 $\theta = \dfrac{\pi}{4}$, $\theta = \dfrac{7}{4}\pi$ とで囲まれる部分の面積 S_2 は、極方程式の面積公式より、

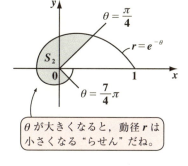

θ が大きくなると、動径 r は小さくなる"らせん"だね。

$$S_2 = \dfrac{1}{2}\int_{\frac{\pi}{4}}^{\frac{7}{4}\pi} \underbrace{r^2}_{(e^{-\theta})^2 = e^{-2\theta}} d\theta = \dfrac{1}{2}\int_{\frac{\pi}{4}}^{\frac{7}{4}\pi} e^{-2\theta} d\theta$$

$$= \dfrac{1}{2}\left[-\dfrac{1}{2}e^{-2\theta}\right]_{\frac{\pi}{4}}^{\frac{7}{4}\pi} = -\dfrac{1}{4}\left(e^{-\frac{7}{2}\pi} - e^{-\frac{\pi}{2}}\right) = \dfrac{1}{4}\left(e^{-\frac{\pi}{2}} - e^{-\frac{7}{2}\pi}\right) \quad \text{となって、}$$

答えだね。

どう？これで、極方程式の面積公式の計算にも慣れたでしょう？

講義 4 ● 積分法　公式エッセンス

1. 不定積分の基本公式：(積分定数 C は省略)

(1) $\displaystyle\int x^{\alpha} dx = \frac{1}{\alpha+1} x^{\alpha+1}$　　(2) $\displaystyle\int \cos x\, dx = \sin x$　　(3) $\displaystyle\int \frac{1}{\cos^2 x} dx = \tan x$

(4) $\displaystyle\int e^x dx = e^x$　　　　　(5) $\displaystyle\int a^x dx = \frac{a^x}{\log a}$　　(6) $\displaystyle\int \frac{f'(x)}{f(x)} dx = \log|f(x)|$

$\qquad\qquad\qquad\qquad\qquad\qquad\qquad\qquad\qquad\qquad\qquad\qquad\qquad$ など

2. 置換積分法：次の 3 つのステップで積分する。

(ⅰ) 被積分関数の中の (ある 1 固まりの x の関数) を t とおく。

(ⅱ) t の積分区間を求める。　　　　(ⅲ) dx と dt の関係を求める。

3. 部分積分法

$$\underbrace{\int_a^b f' g\, dx}_{\text{複雑な積分}} = [fg]_a^b - \underbrace{\int_a^b f g'\, dx}_{\text{簡単化}} \quad \text{など。}$$

$\boxed{\text{不定積分の公式は,}\ \displaystyle\int f' g\, dx = fg - \int f g'\, dx}$

4. 区分求積法

$$\lim_{n \to \infty} \frac{1}{n} \sum_{k=1}^{n} f\left(\frac{k}{n}\right) = \int_0^1 f(x)\, dx$$

5. 体積計算の公式

$$V = \int_a^b S(x)\, dx \quad (S(x):\text{断面積})$$

6. x 軸のまわりの回転体の体積公式

$$V_x = \pi \int_a^b y^2\, dx = \pi \int_a^b \{f(x)\}^2\, dx$$

7. y 軸のまわりの回転体の体積公式：バウムクーヘン型積分

$$V_y = 2\pi \int_a^b x f(x)\, dx \quad (f(x) \geqq 0)$$

8. 媒介変数表示された曲線と x 軸とで囲まれる部分の面積公式

$$S = \int_a^b y\, dx = \int_\alpha^\beta y \cdot \frac{dx}{d\theta} d\theta \quad (\text{ただし}, \ x : a \to b \text{ のとき}, \ \theta : \alpha \to \beta)$$

9. 極方程式 $r = f(\theta)$ の面積公式

$$S = \frac{1}{2} \int_\alpha^\beta r^2\, d\theta$$

行列と1次変換

▶ **ベクトルの復習**
$(\boldsymbol{a}\cdot\boldsymbol{b}=\|\boldsymbol{a}\|\|\boldsymbol{b}\|\cos\theta)$

▶ **行列の基本**
$\begin{pmatrix}\text{ケーリー・ハミルトンの定理：}\\ A^2-(a+d)A+(ad-bc)E=\mathbf{O}\end{pmatrix}$

▶ **行列と1次変換**
$\left(\begin{bmatrix}x'\\y'\end{bmatrix}=A\begin{bmatrix}x\\y\end{bmatrix}\right)$

▶ **行列の n 乗計算**
$((P^{-1}AP)^n=P^{-1}A^nP)$

§1. ベクトルの復習

 これから"行列"の講義に入る前段階の準備として、"ベクトル"の基本について復習しておこう。何故なら、"行列"と"ベクトル"は様々な面で密接に関係しているからなんだね。
 ベクトルは高校ですでに習っていると思うけれど、ここではそのエッセンスを復習しておこう。

● ベクトルとは大きさと向きを持った量だ！

 2 や $-\sqrt{5}$ のように、正・負の変化はあるんだけれど、"大きさ"のみの量を"スカラー"と呼ぶ。これに対して"大きさ"だけでなく、"向き"も持った量のことを"ベクトル"と呼び、これらを a や b など、太字の小文字のアルファベットで表す。

（高校数学では $\vec{a}$ や $\vec{b}$ などと表した！）

ベクトルの
- (i)"向き"は矢線の向きで、
- (ii)"大きさ"は矢線の長さで

表すことにする。図1に示すように、この大きさと向きさえ同じであれば平行移動しても、すべて同じベクトルなんだね。ここで a の大きさのことを"ノルム"と呼び、$\|a\|$ で表すことも覚えよう。

 次、スカラー (k) 倍したベクトル ka について、$k = 2, 1, \frac{1}{2}, -1$ の例を図2に示しておこう。$k = -1$ のとき、$-1 \cdot a = -a$ を"逆ベクトル"という。また、$k = 0$ のとき、$0 \cdot a = 0$ を"零ベクトル"という。これは大きさのないベクトルだから、図に矢線として表すことはできないんだね。

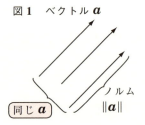

図1 ベクトル a

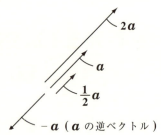

図2 ベクトルのスカラー倍 ka

ここで，大きさ（ノルム）が 1 のベクトルのことを"**単位ベクトル**"と呼ぶ。図 1 に示すように，a と同じ向きの単位ベクトルを e とおくと，$e = \dfrac{1}{\|a\|} a$ となることも覚えておこう。

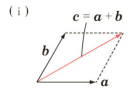
図 3　単位ベクトル e

a を自分自身の大きさ $\|a\|$ で割ると，a と同じ向きの単位ベクトル e になる。

● **ベクトルの和と差を定義しよう！**

それではベクトルの"和"と"差"も定義しよう。図 4(ⅰ) に示すように，2 つのベクトル a と b の和を $c = a + b$ とおくと，c は a と b でできる平行四辺形の対角線を有向線分にもつベクトルになるんだね。ここで図 4(ⅱ) に示すように，b を平行移動して考えると面白い。中継点を経由して始点 A から終点 B に向かうベクトルの和 $a + b$ と A から B に直接向かう c とが同じものであることが分かるんだね。

次，ベクトルの差 $d = a - b$ を考えよう。これは図 5 に示すように，a と $-b$（b の逆ベクトル）の和と考えて，$d = a + (-b)$ として，作図すればいいんだね。納得いった？

ここで，互いに平行でなく，かつ 0 でもない 2 つのベクトル a と b の"1 次結合"を p とおく，すなわち $p = sa + tb$ (s, t: 実数) とおくと，図 6 に示すように，実数 s と t の値を自由に変化させると，p の終点は a と b を含む 1 枚の 2 次元平面を描くことが分かると思う。この平面のことを"**a と b で張られた平面**"と呼ぶことも覚えておこう。

図 4　ベクトルの和
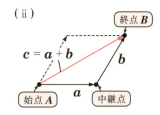

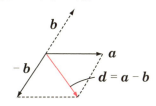
図 5　ベクトルの差

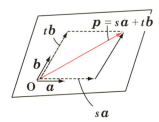
図 6　a と b で張られた平面

同様に，同一平面上になく，かつ $\mathbf{0}$ でもない 3 つのベクトル $\boldsymbol{a}$，$\boldsymbol{b}$，$\boldsymbol{c}$ の 1 次結合を $\boldsymbol{p}$ とおくと，$\boldsymbol{p} = s\boldsymbol{a} + t\boldsymbol{b} + u\boldsymbol{c}$（$s$，$t$，$u$：実数）となる。ここで実数 s，t，u を自由に変化させると，$\boldsymbol{p}$ の終点は 3 次元空間全体を描くことになるんだね。これを，"$\boldsymbol{a}$，$\boldsymbol{b}$，$\boldsymbol{c}$ で張られた空間" と呼ぶことも頭に入れておいてくれ。

● ベクトルの内積も押さえよう！

ベクトルは大きさだけでなく，向きをもった量なので，2 つのベクトル $\boldsymbol{a}$ と $\boldsymbol{b}$ のかけ算，すなわち "**内積**" は特に次のように定義するんだね。

ベクトルの内積

2 つのベクトル $\boldsymbol{a}$ と $\boldsymbol{b}$ の内積は $\boldsymbol{a} \cdot \boldsymbol{b}$ で表し，次のように定義する。

$\boldsymbol{a} \cdot \boldsymbol{b} = \|\boldsymbol{a}\| \|\boldsymbol{b}\| \cos\theta$

（θ：$\boldsymbol{a}$ と $\boldsymbol{b}$ のなす角）

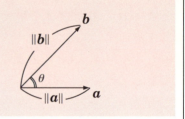

$\boldsymbol{a} \perp \boldsymbol{b}$（垂直）のとき，$\theta = \dfrac{\pi}{2}$，$\cos\theta = 0$ より，$\boldsymbol{a} \cdot \boldsymbol{b} = 0$ となる。

さらに，ベクトルの内積と正射影の関係についても解説しよう。図 7 に示すように，$\boldsymbol{a}$ と $\boldsymbol{b}$ が与えられたとき $\boldsymbol{a}$ を地面，$\boldsymbol{b}$ を斜めにささった棒と考えよう。このとき，$\boldsymbol{a}$ に垂直に真上から光が射したとき，$\boldsymbol{b}$ が $\boldsymbol{a}$ に落とす影を "**正射影**" といい，この長さは，
$\dfrac{\boldsymbol{a} \cdot \boldsymbol{b}}{\|\boldsymbol{a}\|}$ と表すことができる。なぜなら，

$\dfrac{\boldsymbol{a} \cdot \boldsymbol{b}}{\|\boldsymbol{a}\|} = \dfrac{\|\boldsymbol{a}\| \|\boldsymbol{b}\| \cos\theta}{\|\boldsymbol{a}\|} = \|\boldsymbol{b}\| \cos\theta$

となるからなんだね。

図 7 　内積と正射影

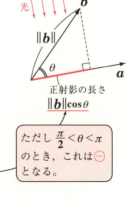

正射影の長さ
$\|\boldsymbol{b}\| \cos\theta$

ただし $\dfrac{\pi}{2} < \theta < \pi$ のとき，これは $\ominus$ となる。

そして，内積では次の公式が成り立つのも大丈夫だね。

内積の公式

(1) $a \cdot b = b \cdot a$ ← 交換法則
(2) $(a_1 + a_2) \cdot b = a_1 \cdot b + a_2 \cdot b$, $a \cdot (b_1 + b_2) = a \cdot b_1 + a \cdot b_2$
(3) $(ka) \cdot b = a \cdot (kb) = k(a \cdot b)$ （k：実数）
(4) $\|a\|^2 = a \cdot a$

● ベクトルの成分表示は行・列？

では，ベクトルの成分表示も復習しておこう。図8に平面ベクトル a の成分表示の様子を示す。xy 座標平面において a の始点を原点Oにおいたとき，終点の座標 (x_1, y_1) を a の"成分"と呼び，次のように，"行ベクトル"または"列ベクトル"で表示する。

図8　平面ベクトルの成分表示

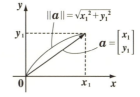

$a = [x_1, y_1]$ または $\begin{bmatrix} x_1 \\ y_1 \end{bmatrix}$

　　行ベクトル　　列ベクトル

高校数学では $\vec{a} = (x_1, y_1)$ と表していたね。

エッ，"行ベクトル"と"列ベクトル"って，"行列"と関係があるのかって？　いい勘してるね！　その通りだ!!　これについては後で解説する。

図8から明らかに，$a = [x_1, y_1]$ のノルム $\|a\|$ は，三平方の定理より $\|a\| = \sqrt{x_1^2 + y_1^2}$ となるのも大丈夫だね。

また，2つのベクトルの内積や，なす角の余弦も次のように成分表示できる。

平面ベクトルの内積の成分表示

$a = [x_1, y_1]$, $b = [x_2, y_2]$ のとき，
内積 $a \cdot b = x_1 x_2 + y_1 y_2$ となる。
また，$\|a\| = \sqrt{x_1^2 + y_1^2}$, $\|b\| = \sqrt{x_2^2 + y_2^2}$ より，$\|a\| \neq 0$, $\|b\| \neq 0$ のとき
$\cos\theta = \dfrac{a \cdot b}{\|a\|\|b\|} = \dfrac{x_1 x_2 + y_1 y_2}{\sqrt{x_1^2 + y_1^2}\sqrt{x_2^2 + y_2^2}}$ となる。（θ：a と b のなす角）

例題 57 $a = [x_1, y_1]$, $b = [x_2, y_2]$ のとき，a と b の内積 $a \cdot b$ が $a \cdot b = x_1 x_2 + y_1 y_2$ と表せることを証明してみよう。

$a - b = [x_1, y_1] - [x_2, y_2] = [x_1 - x_2, y_1 - y_2]$ となる。
このノルムの2乗は，

（公式：$a = [x_1, y_1]$ のとき，$\|a\|^2 = x_1^2 + y_1^2$）

(ⅰ) $\|a - b\|^2 = (x_1 - x_2)^2 + (y_1 - y_2)^2$
$= x_1^2 - 2x_1 x_2 + x_2^2 + y_1^2 - 2y_1 y_2 + y_2^2$ ……① だね。

次，

(ⅱ) $\|a - b\|^2 = (a - b) \cdot (a - b)$

（公式：$\|a\|^2 = a \cdot a$ を使った！）

$= \underline{a \cdot a} - \underline{a \cdot b} - \underline{b \cdot a} + \underline{b \cdot b}$

（内積計算は，スカラーのときと同様に展開できる。）

$\|a\|^2 = x_1^2 + y_1^2$　$a \cdot b$（交換法則）　$\|b\|^2 = x_2^2 + y_2^2$

$= x_1^2 + y_1^2 - 2 a \cdot b + x_2^2 + y_2^2$ ……② とも表せる。

以上①，②より，

$\cancel{x_1^2} - 2 x_1 x_2 + \cancel{x_2^2} + \cancel{y_1^2} - 2 y_1 y_2 + \cancel{y_2^2} = \cancel{x_1^2} + \cancel{y_1^2} - 2 a \cdot b + \cancel{x_2^2} + \cancel{y_2^2}$

$-2 a \cdot b = -2(x_1 x_2 + y_1 y_2)$　両辺を -2 で割って，

内積の成分表示の公式：$a \cdot b = x_1 x_2 + y_1 y_2$ が導けた！　大丈夫？

図9に示すように，空間ベクトルも，平面ベクトルと同様に成分表示できる。

$a = [x_1, y_1, z_1] = \begin{bmatrix} x_1 \\ y_1 \\ z_1 \end{bmatrix}$

（行ベクトル）　（列ベクトル）

また，a のノルム $\|a\|$ も
$\|a\| = \sqrt{x_1^2 + y_1^2 + z_1^2}$ と表される。

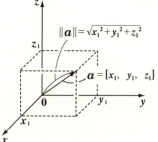

図9　空間ベクトルの成分表示

さらに，2つの空間ベクトルの内積やなす角の余弦も，次のように成分で表示することができる。

空間ベクトルの内積の成分表示

$a = [x_1, y_1, z_1]$, $b = [x_2, y_2, z_2]$ のとき，
内積 $a \cdot b = x_1 x_2 + y_1 y_2 + z_1 z_2$ となる。
また，$\|a\| = \sqrt{x_1^2 + y_1^2 + z_1^2}$, $\|b\| = \sqrt{x_2^2 + y_2^2 + z_2^2}$ より，
$\|a\| \neq 0$, $\|b\| \neq 0$ のとき，
$$\cos\theta = \frac{a \cdot b}{\|a\|\|b\|} = \frac{x_1 x_2 + y_1 y_2 + z_1 z_2}{\sqrt{x_1^2 + y_1^2 + z_1^2}\sqrt{x_2^2 + y_2^2 + z_2^2}} \quad \text{となる。}$$
(θ：a と b のなす角)

それでは，次の例題を解いてみよう。

例題 58 $a = [3, \sqrt{3}, 2]$, $b = [2, 2, -1]$ のとき，次の値を求めてみよう。(ただし，θ は a と b のなす角 $\left(0 < \theta < \dfrac{\pi}{2}\right)$ とする。)

(1) $a \cdot b$　　(2) $\cos\theta$　　(3) b の a への正射影の長さ

(1) 内積 $a \cdot b = [3, \sqrt{3}, 2] \cdot [2, 2, -1]$
$= 3 \times 2 + \sqrt{3} \times 2 + 2 \times (-1) = 4 + 2\sqrt{3}$ となる。

(2) $\|a\| = \sqrt{3^2 + (\sqrt{3})^2 + 2^2} = \sqrt{16} = 4$
$\|b\| = \sqrt{2^2 + 2^2 + (-1)^2} = \sqrt{9} = 3$ より，
a と b のなす角 θ の余弦 ($\cos$) は，
$\cos\theta = \dfrac{a \cdot b}{\|a\|\|b\|} = \dfrac{4 + 2\sqrt{3}}{4 \cdot 3} = \dfrac{2 + \sqrt{3}}{6}$ となる。

(3) b の a への正射影の長さは，右図より，
$\|b\|\cos\theta = 3 \cdot \dfrac{2 + \sqrt{3}}{6} = \dfrac{2 + \sqrt{3}}{2}$ となる。

このような問題がスムーズに解けるようになると，ベクトルもマスターしたと言えるんだね。

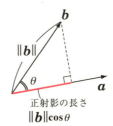

§2. 行列の基本

　サァ，これから"行列"の講義に入ろう。行列と言っても，サッカーやコンサートのチケットを買うために並ぶ行列ではもちろんないよ。
　ここで扱う"行列"とは，数や文字をキレイにたて・横長方形に並べたもので，これをカギカッコでくくって，1つの行列と呼ぶんだよ。前回教えたベクトルの成分表示も，1種の行列とみなすことができる。
　行列にはさまざまな大きさのものがあるんだけれど，ここでは，基本的な2行2列の行列を中心に，その**和・差，スカラー倍，行列同士の積**など，まず行列の基本演算を練習しよう。また"**零行列**"や"**単位行列**"や"**逆行列**"，それに"**ケーリー・ハミルトンの定理**"まで解説するつもりだ。
　今回の講義で，行列の基本がマスターできるはずだ。頑張ろう！

● **行列は，行と列から出来ている！**

　行列とは，数や文字をたて・横長方形状にキレイに並べたものをカギカッコでくくったものなんだ。いくつか行列の例を下に示そう。

(ⅰ) 2行2列の行列　　(ⅱ) 3行1列の行列　　(ⅲ) 3行2列の行列

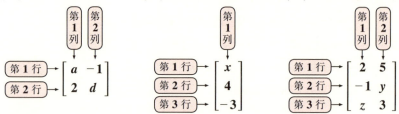

　カッコ内の1つ1つの数や文字を，行列の"**成分**"または"**要素**"と呼ぶ。また，行列の横の並びを"**行**"，たての並びを"**列**"といい，m個の行とn個の列から成る行列を，**m行n列の行列**，または**$m \times n$行列**と呼ぶ。そして，第i行(上からi番目の行)，第j列(左からj番目の列)の位置にある成分のことを，**(i, j)成分**と呼ぶことも覚えておこう。
　また，$1 \times n$行列のことを**n次の行ベクトル**(横にn個の成分の並んだベクトルのこと)と呼び，$m \times 1$行列のことを**m次の列ベクトル**(たてにm個の成分の並んだベクトルのこと)ともいう。だから，(ⅱ)は3次の列ベクトルといってもいいんだね。

さらに，$m = n$ のとき，m 次の**正方行列**ともいう。よって，（ i ）は **2 次の正方行列**なんだね。この，**2 次の正方行列**が最も基本的な行列なので，これを中心にこれから解説しよう。

● 行列同士の和・差・積をマスターしよう！

一般に，行列は $A, B, X, \cdots\cdots$ など，大文字のアルファベットで表すよ。そして，行列が等しい，すなわち $A = B$ といった場合，行列の型が同じで，かつ行列の対応するすべての成分がそれぞれ同じでないといけない。

これって，成分表示されたベクトルと一緒だね。同様に，行列を**実数（スカラー）倍**したり，行列同士の**和・差**の計算も，ベクトルの成分表示のときにやったものと同様に行えるんだよ。このことを，例題で示そう。

$A = \begin{bmatrix} 3 & -2 \\ 1 & 1 \end{bmatrix}$, $B = \begin{bmatrix} 1 & 3 \\ 4 & -1 \end{bmatrix}$ について，

> A, B は共に 2 次の正方行列だ。

(1) $2A = 2\begin{bmatrix} 3 & -2 \\ 1 & 1 \end{bmatrix} = \begin{bmatrix} 2\times3 & 2\times(-2) \\ 2\times1 & 2\times1 \end{bmatrix} = \begin{bmatrix} 6 & -4 \\ 2 & 2 \end{bmatrix}$

> 各成分に 2 をかける。

(2) $A + B = \begin{bmatrix} 3 & -2 \\ 1 & 1 \end{bmatrix} + \begin{bmatrix} 1 & 3 \\ 4 & -1 \end{bmatrix} = \begin{bmatrix} 3+1 & -2+3 \\ 1+4 & 1-1 \end{bmatrix} = \begin{bmatrix} 4 & 1 \\ 5 & 0 \end{bmatrix}$

> 対応する成分同士のたし算

(3) $A - B = \begin{bmatrix} 3 & -2 \\ 1 & 1 \end{bmatrix} - \begin{bmatrix} 1 & 3 \\ 4 & -1 \end{bmatrix} = \begin{bmatrix} 3-1 & -2-3 \\ 1-4 & 1+1 \end{bmatrix} = \begin{bmatrix} 2 & -5 \\ -3 & 2 \end{bmatrix}$

> 対応する成分同士の引き算

(4) $4A - 3B = 4\begin{bmatrix} 3 & -2 \\ 1 & 1 \end{bmatrix} - 3\begin{bmatrix} 1 & 3 \\ 4 & -1 \end{bmatrix}$

$\quad = \begin{bmatrix} 12 & -8 \\ 4 & 4 \end{bmatrix} - \begin{bmatrix} 3 & 9 \\ 12 & -3 \end{bmatrix} = \begin{bmatrix} 12-3 & -8-9 \\ 4-12 & 4+3 \end{bmatrix} = \begin{bmatrix} 9 & -17 \\ -8 & 7 \end{bmatrix}$

となる。

成分表示されたベクトルの計算とまったく同じだから，違和感はなかったと思う。

それでは次，**2 つの行列の積（かけ算）**について解説しよう。

163

2 つの 2 次の正方行列 $A = \begin{bmatrix} a & b \\ c & d \end{bmatrix}$ と $B = \begin{bmatrix} p & q \\ r & s \end{bmatrix}$ の積 AB は次のように行う。

$$AB = \begin{bmatrix} a & b \\ c & d \end{bmatrix} \begin{bmatrix} p & q \\ r & s \end{bmatrix} = \begin{bmatrix} \boxed{ap+br} & \boxed{aq+bs} \\ \boxed{cp+dr} & \boxed{cq+ds} \end{bmatrix}$$

$(1, 1)$ 成分　$(1, 2)$ 成分　$(2, 1)$ 成分　$(2, 2)$ 成分

それぞれ 4 つの成分の計算の仕方をていねいに書くと，次の通りだ。

（ⅰ）$(1, 1)$ 成分について，

1列　(1, 1)成分

$$1行 \rightarrow \begin{bmatrix} a & b \\ * & * \end{bmatrix} \begin{bmatrix} p & * \\ r & * \end{bmatrix} = \begin{bmatrix} \boxed{ap+br} & * \\ * & * \end{bmatrix}$$

（ⅱ）$(1, 2)$ 成分について，

2列　(1, 2)成分

$$1行 \rightarrow \begin{bmatrix} a & b \\ * & * \end{bmatrix} \begin{bmatrix} * & q \\ * & s \end{bmatrix} = \begin{bmatrix} * & \boxed{aq+bs} \\ * & * \end{bmatrix}$$

（ⅲ）$(2, 1)$ 成分について，

1列

$$2行 \rightarrow \begin{bmatrix} * & * \\ c & d \end{bmatrix} \begin{bmatrix} p & * \\ r & * \end{bmatrix} = \begin{bmatrix} * & * \\ \boxed{cp+dr} & * \end{bmatrix}$$

(2, 1)成分

（ⅳ）$(2, 2)$ 成分について，

2列

$$2行 \rightarrow \begin{bmatrix} * & * \\ c & d \end{bmatrix} \begin{bmatrix} * & q \\ * & s \end{bmatrix} = \begin{bmatrix} * & * \\ * & \boxed{cq+ds} \end{bmatrix}$$

(2, 2)成分

どう？　要領は分かった？　早速練習してみよう。

$A = \begin{bmatrix} 3 & -2 \\ 1 & 1 \end{bmatrix}$, $B = \begin{bmatrix} 1 & 3 \\ 4 & -1 \end{bmatrix}$ について，

$(5)\ AB = \begin{bmatrix} 3 & -2 \\ 1 & 1 \end{bmatrix} \begin{bmatrix} 1 & 3 \\ 4 & -1 \end{bmatrix} = \begin{bmatrix} 3 \times 1 + (-2) \times 4 & 3 \times 3 + (-2) \times (-1) \\ 1 \times 1 + 1 \times 4 & 1 \times 3 + 1 \times (-1) \end{bmatrix}$

$\qquad = \begin{bmatrix} -5 & 11 \\ 5 & 2 \end{bmatrix}$

$(6)\ BA = \begin{bmatrix} 1 & 3 \\ 4 & -1 \end{bmatrix} \begin{bmatrix} 3 & -2 \\ 1 & 1 \end{bmatrix} = \begin{bmatrix} 1 \times 3 + 3 \times 1 & 1 \times (-2) + 3 \times 1 \\ 4 \times 3 + (-1) \times 1 & 4 \times (-2) + (-1) \times 1 \end{bmatrix}$

$\qquad = \begin{bmatrix} 6 & 1 \\ 11 & -9 \end{bmatrix}$ となるんだね。

　面白い結果が出てきたね。一般に行列の積において交換法則は成り立たない。つまり $AB \neq BA$ なんだね。これが上の例でも確認されたというわけなんだ。納得いった？

164

● 行列と1次変換

よって，行列では，整式のときに使った乗法公式は成り立たないので，

(1) $(A+B)^2 \neq A^2 + 2AB + B^2$ ← これは要注意だ！

(2) $(A+B)(A-B) \neq A^2 - B^2$ である。

それぞれを，キチンと示せば，次の通りだ。

(1) $(A+B)^2 = (A+B)(A+B) = A^2 + AB + BA + B^2$

これは，AB と等しいとは限らないので，このままで終了！

(2) $(A+B)(A-B) = A^2 - AB + BA - B^2$

それでは，行列の積の計算練習をしておこう。

例題 59　次の行列 X と Y について，積 XY と YX を求めよう。

(1) $X = \begin{bmatrix} 1 & 2 \\ 3 & -1 \\ -2 & 1 \end{bmatrix}$, $Y = \begin{bmatrix} 2 & 1 & 4 \\ 1 & 3 & -1 \end{bmatrix}$　(2) $X = \begin{bmatrix} 2 \\ 1 \end{bmatrix}$, $Y = \begin{bmatrix} 3 & -2 \end{bmatrix}$

(3) $X = \begin{bmatrix} 4 & 2 \\ 2 & -1 \end{bmatrix}$, $Y = \begin{bmatrix} -2 \\ 3 \end{bmatrix}$

---

(1) $XY = \begin{bmatrix} 1 & 2 \\ 3 & -1 \\ -2 & 1 \end{bmatrix} \begin{bmatrix} 2 & 1 & 4 \\ 1 & 3 & -1 \end{bmatrix}$

$3 \times \underline{2}$ 行列と $\underline{2} \times 3$ 行列の積は 3×3 行列になる。

$= \begin{bmatrix} 1 \times 2 + 2 \times 1 & 1 \times 1 + 2 \times 3 & 1 \times 4 + 2 \times (-1) \\ 3 \times 2 + (-1) \times 1 & 3 \times 1 + (-1) \times 3 & 3 \times 4 + (-1) \times (-1) \\ -2 \times 2 + 1 \times 1 & -2 \times 1 + 1 \times 3 & -2 \times 4 + 1 \times (-1) \end{bmatrix}$

$= \begin{bmatrix} 4 & 7 & 2 \\ 5 & 0 & 13 \\ -3 & 1 & -9 \end{bmatrix}$

$YX = \begin{bmatrix} 2 & 1 & 4 \\ 1 & 3 & -1 \end{bmatrix} \begin{bmatrix} 1 & 2 \\ 3 & -1 \\ -2 & 1 \end{bmatrix}$

$2 \times \underline{3}$ 行列と $\underline{3} \times 2$ 行列の積は 2×2 行列になる。

$= \begin{bmatrix} 2 \times 1 + 1 \times 3 + 4 \times (-2) & 2 \times 2 + 1 \times (-1) + 4 \times 1 \\ 1 \times 1 + 3 \times 3 + (-1) \times (-2) & 1 \times 2 + 3 \times (-1) + (-1) \times 1 \end{bmatrix}$

$= \begin{bmatrix} -3 & 7 \\ 12 & -2 \end{bmatrix}$

XY と YX では行列の型まで異なるんだね。当然，$XY \neq YX$ だ。

165

(2) $X = \begin{bmatrix} 2 \\ 1 \end{bmatrix}$, $Y = \begin{bmatrix} 3 & -2 \end{bmatrix}$ について,

$$XY = \begin{bmatrix} 2 \\ 1 \end{bmatrix} \begin{bmatrix} 3 & -2 \end{bmatrix} = \begin{bmatrix} 2 \times 3 & 2 \times (-2) \\ 1 \times 3 & 1 \times (-2) \end{bmatrix} = \begin{bmatrix} 6 & -4 \\ 3 & -2 \end{bmatrix}$$

$2 \times \underline{1}$ 行列と $\underline{1} \times 2$ 行列の積は 2×2 行列になる。

$$YX = \begin{bmatrix} 3 & -2 \end{bmatrix} \begin{bmatrix} 2 \\ 1 \end{bmatrix} = \begin{bmatrix} 3 \times 2 + (-2) \times 1 \end{bmatrix} = \begin{bmatrix} 4 \end{bmatrix}$$

これでも立派な(?)行列だ!

$1 \times \underline{2}$ 行列と $\underline{2} \times 1$ 行列の積は 1×1 行列になる。

(3) $X = \begin{bmatrix} 4 & 2 \\ 2 & -1 \end{bmatrix}$, $Y = \begin{bmatrix} -2 \\ 3 \end{bmatrix}$ について,

$$XY = \begin{bmatrix} 4 & 2 \\ 2 & -1 \end{bmatrix} \begin{bmatrix} -2 \\ 3 \end{bmatrix} = \begin{bmatrix} 4 \times (-2) + 2 \times 3 \\ 2 \times (-2) + (-1) \times 3 \end{bmatrix} = \begin{bmatrix} -2 \\ -7 \end{bmatrix}$$

$2 \times \underline{2}$ 行列と $\underline{2} \times 1$ 行列の積は 2×1 行列になる。

$$YX = \begin{bmatrix} -2 \\ 3 \end{bmatrix} \begin{bmatrix} 4 & 2 \\ 2 & -1 \end{bmatrix} \quad \text{の計算はできない。} \quad \therefore \text{解なし。}$$

$2 \times \underline{1}$ と $\underline{2} \times 2$

この 2 つの数値が異なるので行列の積は求められない。

以上で, 行列同士の積にも慣れた? 一般に $l \times \underline{m}$ 行列と $\underline{m} \times n$ 行列の積

この m 列と m 行が同じでないと, 行列の積は成り立たない。

が $l \times n$ 行列になることが分かったと思う。

それでは, 行列の演算の公式をまとめて下に示すよ。

■ 行列の計算の公式

(1) 行列の和 : $\cdot A + B = B + A$ $\quad \cdot (A + B) + C = A + (B + C)$

(2) 行列の実数倍: $\cdot r(A + B) = rA + rB$ $\quad \cdot (r + s)A = rA + sA$

$\cdot r(sA) = s(rA) = (rs)A$ $\quad (r, s : 実数)$

(3) 行列の積 : $\cdot (AB)C = A(BC)$ $\quad \cdot (rA)B = A(rB) = r(AB)$

A を左からかける! $\qquad C$ を右からかける!

$\cdot A(B + C) = AB + AC$ $\quad \cdot (A + B)C = AC + BC$

これらの公式はすべて, 行列同士の和や積が定義されるものについてだと考えてくれ。

●行列と1次変換

● 単位行列 E と零行列 O も押さえておこう！

2次の正方行列について，"単位行列" E と"零行列" O の定義と公式を下に示す。

単位行列 E と零行列 O

（Ⅰ）単位行列 $E = \begin{bmatrix} 1 & 0 \\ 0 & 1 \end{bmatrix}$ は次のような性質をもつ。

（ⅰ）$\underline{AE = EA} = A$　　　　（ⅱ）$E^n = E$（n：自然数）

　　　交換法則が成り立つ特別な場合

（Ⅱ）零行列 O $= \begin{bmatrix} 0 & 0 \\ 0 & 0 \end{bmatrix}$ は次のような性質をもつ。

（ⅰ）$A + O = O + A = A$　　　　（ⅱ）$\underline{AO = OA} = O$

　　　　　　　　　　交換法則が成り立つ特別な場合

実際に，$A = \begin{bmatrix} a & b \\ c & d \end{bmatrix}$ に，単位行列 $E = \begin{bmatrix} 1 & 0 \\ 0 & 1 \end{bmatrix}$ をかけてみよう。

$$AE = \begin{bmatrix} a & b \\ c & d \end{bmatrix}\begin{bmatrix} 1 & 0 \\ 0 & 1 \end{bmatrix} = \begin{bmatrix} a\cdot1+b\cdot0 & a\cdot0+b\cdot1 \\ c\cdot1+d\cdot0 & c\cdot0+d\cdot1 \end{bmatrix} = \begin{bmatrix} a & b \\ c & d \end{bmatrix} = A$$ となって，

なるほど E は書かなくてイーんだね。また，単位行列 E は n 回かけ合わせても，同じ E なんだ。これは，数字の 1 と同じ性質だ。

（Ⅱ）の零行列 O（オー）は，数字の 0 と同じ性質なのは分かるね。ここで，零行列について，面白い性質を 1 つ紹介しておこう。すなわち，

「$AB = O$ だからといって，$A = O$ または $B = O$ とは限らない！」ということなんだ。信じられないって？　いいよ。例を示そう。

$A = \begin{bmatrix} 3 & 0 \\ 2 & 0 \end{bmatrix}$，$B = \begin{bmatrix} 0 & 0 \\ 2 & -1 \end{bmatrix}$ の場合，$A \neq O$ かつ $B \neq O$ だね。でも，

$$AB = \begin{bmatrix} 3 & 0 \\ 2 & 0 \end{bmatrix}\begin{bmatrix} 0 & 0 \\ 2 & -1 \end{bmatrix} = \begin{bmatrix} 3\times0+0\times2 & 3\times0+0\times(-1) \\ 2\times0+0\times2 & 2\times0+0\times(-1) \end{bmatrix} = \begin{bmatrix} 0 & 0 \\ 0 & 0 \end{bmatrix} = O$$

となるだろう。このように，$A \neq O$ かつ $B \neq O$ だけれど，$AB = O$ となるような行列 A，B のことを"零因子"という。これも覚えておこう。

それでは次，2次の正方行列の"逆行列"と"行列式"についても解説しよう。

167

● 行列式が 0 でないとき，逆行列は存在する！

$AB = BA = E$ をみたす行列 B を，A の "逆行列" といい，A^{-1} で表す。

> "A インバース" と読む。

したがって，$AA^{-1} = A^{-1}A = E$ となるんだよ。ここで，A^{-1} と表される

からといって，$A^{-1} = \dfrac{1}{A}$ では断じてないよ。

> これは間違い！

$A = \begin{bmatrix} a & b \\ c & d \end{bmatrix}$ のとき，A^{-1} は，$A^{-1} = \dfrac{1}{ad-bc}\begin{bmatrix} d & -b \\ -c & a \end{bmatrix}$ という，2 行 2 列の

立派な行列なんだ。

> a と d を入れ替えた！

> これを，行列式と呼ぶ

> b と c の符号を変えた！

もちろん，A^{-1} の式の分母：$ad - bc \neq 0$ の条件が必要だけれどね。

この $ad - bc$ を "行列式（ぎょうれつしき）" と呼び，$\underline{\Delta}$ や，$\mathbf{det}A$ や，$|A|$ と表したりもする。

> ギリシャ文字のデルタのこと

> "ディターミナント A" と読む。

逆行列 A^{-1}

$A = \begin{bmatrix} a & b \\ c & d \end{bmatrix}$ の行列式を $\Delta = ad - bc$ とおくと，

（ i ）$\Delta = 0$ のとき，A^{-1} は存在しない。

（ ii ）$\Delta \neq 0$ のとき，A^{-1} は存在して，$A^{-1} = \dfrac{1}{\Delta}\begin{bmatrix} d & -b \\ -c & a \end{bmatrix}$ である。

例として，$A = \begin{bmatrix} 2 & -1 \\ 5 & -2 \end{bmatrix}$ について，$\Delta = 2 \times (-2) - (-1) \times 5 = 1\,(\neq 0)$ より，

A^{-1} は存在し，

$$A^{-1} = \frac{1}{\underset{\textstyle 1}{\Delta}}\begin{bmatrix} -2 & 1 \\ -5 & 2 \end{bmatrix} = \begin{bmatrix} -2 & 1 \\ -5 & 2 \end{bmatrix} \quad となる。$$

> このとき，$AA^{-1} = \begin{bmatrix} 2 & -1 \\ 5 & -2 \end{bmatrix}\begin{bmatrix} -2 & 1 \\ -5 & 2 \end{bmatrix} = \begin{bmatrix} 1 & 0 \\ 0 & 1 \end{bmatrix} = E$ となるのが分かるね。
> $A^{-1}A = E$ となることも自分で確かめてみてごらん。

168

● 行列と1次変換

● 2元1次の連立方程式も，行列で解いてみよう！

　2次の正方行列の逆行列を使えば，2元1次の連立方程式も行列の計算によって解くことができる。次の連立1次方程式を実際に解いてみよう。

$$\begin{cases} 2x-3y=2 \\ x+y=6 \end{cases} \cdots\cdots① \qquad ①を変形して，$$

$$\begin{bmatrix} 2x-3y \\ x+y \end{bmatrix} = \begin{bmatrix} 2 \\ 6 \end{bmatrix} \qquad \begin{bmatrix} 2 & -3 \\ 1 & 1 \end{bmatrix}\begin{bmatrix} x \\ y \end{bmatrix} = \begin{bmatrix} 2 \\ 6 \end{bmatrix} \cdots\cdots② \quad となる。$$

ここで，$A = \begin{bmatrix} 2 & -3 \\ 1 & 1 \end{bmatrix}$ とおくと，この行列式 $\Delta = 2\times1-(-3)\times1 = 5 \,(\neq 0)$

よって，A^{-1} は存在するので，この A^{-1} を②の両辺に左からかけると，

$$\begin{bmatrix} x \\ y \end{bmatrix} = A^{-1}\begin{bmatrix} 2 \\ 6 \end{bmatrix} = \frac{1}{5}\begin{bmatrix} 1 & 3 \\ -1 & 2 \end{bmatrix}\begin{bmatrix} 2 \\ 6 \end{bmatrix} = \frac{1}{5}\begin{bmatrix} 20 \\ 10 \end{bmatrix} = \begin{bmatrix} 4 \\ 2 \end{bmatrix} \qquad となって，$$

$A^{-1}A\begin{bmatrix} x \\ y \end{bmatrix} = E\begin{bmatrix} x \\ y \end{bmatrix}$ のこと ◀── E は書かなくてイーからね。

解 $x=4$，$y=2$ が求まるんだね。

■ 2元1次の連立方程式の解法

$A = \begin{bmatrix} a & b \\ c & d \end{bmatrix}$ に対して，次の2元1次の連立方程式が与えられたとする。

$A\begin{bmatrix} x \\ y \end{bmatrix} = \begin{bmatrix} p \\ q \end{bmatrix} \cdots\cdots(\text{a}) \quad (x, y：未知数，p, q：実数定数)$

（Ⅰ）A^{-1} が存在するとき，

　(a)の両辺に左から A^{-1} をかけて，

　$\begin{bmatrix} x \\ y \end{bmatrix} = A^{-1}\begin{bmatrix} p \\ q \end{bmatrix}$ として，解が求まる。

　　$cx+dy=q \qquad ax+by=p$

　　　　　　交点（1組の解）

（Ⅱ）A^{-1} が存在しないとき，

　（ⅰ）$a:c=b:d=p:q$　　　　　（ⅱ）$a:c=b:d\neq p:q$

　　　ならば，不定解をもつ。　　　　ならば解なし。

　　$cx+dy=q$ と　　　　　　　　$cx+dy=q$

　　　　$ax+by=p$　　　　　　　　　　$ax+by=p$
　　　　　が一致

　　　すべて解　　　　　　　　　　解なし（共有点なし）

169

● ケーリー・ハミルトンの定理もマスターしよう！

2次の正方行列に対して，次の**"ケーリー・ハミルトンの定理"**が成り立つ。シンプルだけど，非常に役に立つ定理だから，まず頭に入れよう。

ケーリー・ハミルトンの定理

行列 $A = \begin{bmatrix} a & b \\ c & d \end{bmatrix}$ について，ケーリー・ハミルトンの定理：

$A^2 - (a+d)A + \underline{(ad-bc)}E = O$ ……($*$)　が成り立つ。

> これは，行列式 Δ だ！

"ケーリー・ハミルトンの定理"が成り立つことを証明してみよう。

$(*)$ の左辺 $= \begin{bmatrix} a & b \\ c & d \end{bmatrix}\begin{bmatrix} a & b \\ c & d \end{bmatrix} - (a+d)\begin{bmatrix} a & b \\ c & d \end{bmatrix} + (ad-bc)\begin{bmatrix} 1 & 0 \\ 0 & 1 \end{bmatrix}$

$= \begin{bmatrix} a^2 + \cancel{bc} & \cancel{ab} + \cancel{bd} \\ \cancel{ac} + \cancel{cd} & \cancel{bc} + d^2 \end{bmatrix} - \begin{bmatrix} a^2 + \cancel{ad} & \cancel{ab} + \cancel{bd} \\ \cancel{ac} + \cancel{cd} & \cancel{ad} + d^2 \end{bmatrix} + \begin{bmatrix} ad - \cancel{bc} & 0 \\ 0 & ad - \cancel{bc} \end{bmatrix}$

$= \begin{bmatrix} 0 & 0 \\ 0 & 0 \end{bmatrix} = O = (*)$ の右辺，となって，ナルホド成り立つ。

それでは，このケーリー・ハミルトンの定理を実際に使ってみよう。

例題60　$A = \begin{bmatrix} -1 & -3 \\ 1 & 2 \end{bmatrix}$ のとき，ケーリー・ハミルトンの定理を用いて，A^3 と A^{10} を求めてみよう。

ケーリー・ハミルトンの定理より，

> ケー・ハミの定理
> $A^2 - (a+d)A$
> $\quad + (ad-bc)E = O$

$A^2 - (-1+2)A + \{-1 \times 2 - (-3) \times 1\}E = O$

$A^2 - A + E = O$　$\therefore \underline{A^2 = A - E}$ ……① となる。

> ケー・ハミにより，A の2次式を1次式に次数を下げることができるんだ！

> もちろん，答案に書くときは，"ケーリー・ハミルトンの定理"とキチンと書くんだよ。

①の両辺に左から A をかけると，

$A^3 = A\overbrace{(A-E)} = \underline{A^2} - A = \underbrace{A - E}_{(A-E)\,(①より)} - A = -E$

$= \begin{bmatrix} -1 & 0 \\ 0 & -1 \end{bmatrix}$ であることが分かった！

170

● 行列と1次変換

次，$A^3 = -E$ より，$A^{10} = \underset{(-E)^3 = -E}{(A^3)^3 A} = -EA = -A = \begin{bmatrix} 1 & 3 \\ -1 & -2 \end{bmatrix}$ となるんだね。

これで，"ケーリー・ハミルトンの定理"の威力がよく分かっただろう。

● $xA = yE$ の解法もマスターしよう！

本格的な"ケーリー・ハミルトンの定理"の問題に入る前段階として，行列 A と E についての重要な解法について教えておこう。

$xA = yE$ の解法

$xA = yE$ ……㋐ $(x, y : 実数)$ の場合，
（ⅰ）$x = 0$，（ⅱ）$x \neq 0$ で場合分けする！

（ⅰ）$x = 0$ のとき，$y = 0$ となる。
これを"スカラー行列"と呼ぶ。

$x \neq 0$ だから x で割れる！

（ⅱ）$x \neq 0$ のとき，$A = kE$ となる。$\left(ただし，k = \dfrac{y}{x}\right)$

問題を解く上で，$xA = yE$ の形にもち込むと，（ⅰ）$x = 0$，（ⅱ）$x \neq 0$ の2つの場合分けにより，体系立てて問題が解けるんだよ。

（ⅰ）$x = 0$ のとき，㋐ の左辺 $= 0A = O = \begin{bmatrix} 0 & 0 \\ 0 & 0 \end{bmatrix}$ だね。また，

　　㋐ の右辺 $= yE = y \begin{bmatrix} 1 & 0 \\ 0 & 1 \end{bmatrix} = \begin{bmatrix} y & 0 \\ 0 & y \end{bmatrix}$ だから，$y = 0$ となる。

（ⅱ）$x \neq 0$ のとき，㋐ の両辺を x で割ると，

　　$A = \dfrac{\overset{k}{y}}{x} E$　　ここで，$\dfrac{y}{x} = k$ とおくと，$A = kE$ だから，A は

　　$A = \begin{bmatrix} k & 0 \\ 0 & k \end{bmatrix}$ の形の行列（**スカラー行列**）になるんだね。

以上の解法のパターンをシッカリ頭に入れておこう。

さらに，次の解法も重要だから，覚えておこう。

171

$xA = O$ と $xE = O$ の解法

(1) $xA = O$ $(x：実数，A：行列) ならば，$

$x = 0，$ または $A = O$

(2) $xE = O$ $(x：実数，E：単位行列) ならば，$

$x = 0$ $(\because E \neq O)$

> **A, B は零因子かも知れない！**

$AB = O (A, B：行列) のとき A = O または B = O とは限らなかったね。$
でも，上の **2** つは解法のパターンとして使える！

それでは，次の例題で本格的な "ケーリー・ハミルトンの定理" を使う
問題を解いてみよう。

例題 61 $A = \begin{bmatrix} a & b \\ c & d \end{bmatrix}$ が，$A^2 - 5A + 6E = O$ ……① をみたすとき，

$a + d$ と $ad - bc$ の値の組をすべて求めてみよう。

$A^2 - 5A + 6E = O$ ……① と，ケーリー・ハミルトンの定理の式

$A^2 - (a+d)A + (ad-bc)E = O$ ……② から係数比較して，

$(a+d,\ ad-bc) = (5,\ 6)$ としたいと思っていない？ これも確かに **1**
組の答えだけれど，これ以外にも解が存在するので，①－②から，
$xA = yE$ の形にもち込んで，体系立ててキチンと解いていこう。
①－②より，

$(a+d-5)A + (6-ad+bc)E = O$

$\underbrace{(a+d-5)}_{x}A = \underbrace{(ad-bc-6)}_{y}E$ ……③ となる。 →

> $xA = yE$ の形だ！
> (i) $x = 0$ のとき，$y = 0$
> (ii) $x \neq 0$ のとき，$A = kE$
> のパターンで解く！

(i) よって，$a+d-5 = 0$ のとき，

$ad - bc - 6 = 0$ となるので，

$(a+d,\ ad-bc) = \underline{(5,\ 6)}$ となる。

(ii) 次，$a+d-5 \neq 0$ のとき，

③の両辺をこれで割って，

$A = kE$ ……④ $\left(ただし，k = \dfrac{ad-bc-6}{a+d-5} \right)$ となる。

● 行列と1次変換

④を①に代入して，

$$(kE)^2 - 5 \cdot kE + 6E = O, \quad k^2 E - 5kE + 6E = O$$

$\boxed{k^2 E^2 = k^2 E}$

$$(k^2 - 5k + 6)E = O \quad \text{より，} \longrightarrow$$

x

> $xE = O$ の形だ！
> これから，$x = 0$ と言える。

$$k^2 - 5k + 6 = 0 \qquad (k-2)(k-3) = 0$$

$\therefore k = 2$ または 3

(ア) $k = 2$ のとき，④より，$A = 2 \begin{bmatrix} 1 & 0 \\ 0 & 1 \end{bmatrix} = \begin{bmatrix} 2 & 0 \\ 0 & 2 \end{bmatrix}$

$\therefore (a+d, ad-bc) = (2+2, 2^2-0^2) = \underline{(4, 4)}$ となる。

(イ) $k = 3$ のとき，④より，$A = 3 \begin{bmatrix} 1 & 0 \\ 0 & 1 \end{bmatrix} = \begin{bmatrix} 3 & 0 \\ 0 & 3 \end{bmatrix}$

$\therefore (a+d, ad-bc) = (3+3, 3^2-0^2) = \underline{(6, 9)}$ となる。

以上（ i ）（ ii ）より，$(a+d, ad-bc)$ の値の組は，全部で，

$(a+d, ad-bc) = \underline{(5, 6)}, \underline{(4, 4)}, \underline{(6, 9)}$ の 3 通りである。

どう？　大きな論理の流れがつかめて，面白かっただろう。

173

§3. 行列と1次変換

サァ，これから"1次変換"について解説しよう。2次の正方行列 A を用いた式 $\begin{bmatrix} x_1' \\ y_1' \end{bmatrix} = A \begin{bmatrix} x_1 \\ y_1 \end{bmatrix}$ により，xy 座標平面上の点 (x_1, y_1) を点 (x_1', y_1') に移動させることができる。この点の移動を"**1次変換**"というんだよ。

そして，この1次変換により，点のみでなく直線や曲線などの図形も変換(移動)させることができる。さらに行列 A が逆行列をもつ場合と，もたない場合で，この1次変換の性質が大きく異なることも教えよう。

● 1次変換で，点を移動させよう！

図1にそのイメージを示すように，2次の正方行列 $A = \begin{bmatrix} a & b \\ c & d \end{bmatrix}$ を使った次の式により，点 (x_1, y_1) を点 (x_1', y_1') に移動させることができる。

$$\begin{bmatrix} x_1' \\ y_1' \end{bmatrix} = A \begin{bmatrix} x_1 \\ y_1 \end{bmatrix} \quad \cdots\cdots ①$$

図1 2次の正方行列による
　　1次変換のイメージ

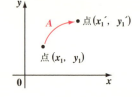

$\begin{bmatrix} x_1' \\ y_1' \end{bmatrix} = \begin{bmatrix} ax_1 + by_1 \\ cx_1 + dy_1 \end{bmatrix}$ として，点 (x_1', y_1') が計算できる。

これを，2次の正方行列 A による"**1次変換**"という。

例として，行列 $A = \begin{bmatrix} -1 & 0 \\ -1 & 1 \end{bmatrix}$ による1次変換により，

(i) 点 $(-1, -2)$ が移される点を (x_1', y_1') とおくと，

$\begin{bmatrix} x_1' \\ y_1' \end{bmatrix} = \begin{bmatrix} -1 & 0 \\ -1 & 1 \end{bmatrix} \begin{bmatrix} -1 \\ -2 \end{bmatrix} = \begin{bmatrix} 1 \\ -1 \end{bmatrix}$ となる。

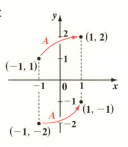

(ii) 点 $(1, 2)$ に移される点を (x_1, y_1) とおくと，

$\begin{bmatrix} 1 \\ 2 \end{bmatrix} = \begin{bmatrix} -1 & 0 \\ -1 & 1 \end{bmatrix} \begin{bmatrix} x_1 \\ y_1 \end{bmatrix}$

● 行列と1次変換

この両辺に，逆行列 $A^{-1} = \dfrac{1}{-1 \times 1 - 0 \times (-1)} \begin{bmatrix} 1 & 0 \\ 1 & -1 \end{bmatrix} = \begin{bmatrix} -1 & 0 \\ -1 & 1 \end{bmatrix}$ を左からかけて，

$\begin{bmatrix} x_1 \\ y_1 \end{bmatrix} = \begin{bmatrix} -1 & 0 \\ -1 & 1 \end{bmatrix} \begin{bmatrix} 1 \\ 2 \end{bmatrix} = \begin{bmatrix} -1 \\ 1 \end{bmatrix}$ となる。

以上から，この A による 1 次変換により，（ⅰ）点 $(-1, -2) \longrightarrow$ 点 $(1, -1)$ へ，また，（ⅱ）点 $(-1, 1) \longrightarrow$ 点 $(1, 2)$ に移されることが分かった。

それではここで，典型的な点の移動を表す行列を，下にまとめて示そう。

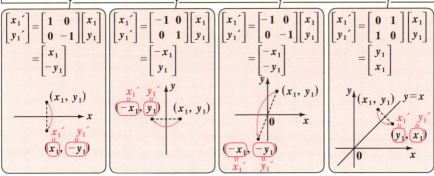

例として，点 $(3, 2)$ を，（ア）x 軸に関して対称移動した後，（イ）直線 $y = x$ に関して対称移動させた点を (α, β) とおいて，これを求めると，

$\begin{bmatrix} \alpha \\ \beta \end{bmatrix} = \underbrace{\begin{bmatrix} 0 & 1 \\ 1 & 0 \end{bmatrix}}_{\text{(イ) } y=x \text{ に関して対称移動（後）}} \underbrace{\begin{bmatrix} 1 & 0 \\ 0 & -1 \end{bmatrix}}_{\text{(ア) } x \text{ 軸に関して対称移動（先）}} \begin{bmatrix} 3 \\ 2 \end{bmatrix} = \underbrace{\begin{bmatrix} 0 & -1 \\ 1 & 0 \end{bmatrix}}_{\text{これを，(ア)(イ)を併せた "合成変換" の行列という。}} \begin{bmatrix} 3 \\ 2 \end{bmatrix} = \begin{bmatrix} -2 \\ 3 \end{bmatrix}$ となる。

よって，点 $(3, 2)$ はこの "**合成変換**" によって，点 $(-2, 3)$ に移されることが分かった。1 次変換にもずい分慣れてきた？

175

● 回転行列 $R(\theta)$ もマスターしよう！

点 (x_1, y_1) を原点 0 のまわりに θ だけ回転する行列 $R(\theta)$ を下に示す。

点を回転移動する行列 $R(\theta)$

xy 座標平面上で，点 (x_1, y_1) を原点 0 の
まわりに θ だけ回転して点 (x_1', y_1') に移
動させる行列を $R(\theta)$ とおくと，

$$\underline{R(\theta) = \begin{bmatrix} \cos\theta & -\sin\theta \\ \sin\theta & \cos\theta \end{bmatrix}}$$ である。

"*rotation*"（回転）の頭文字

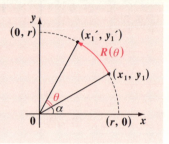

それでは，何故 $R(\theta)$ が，このような行列になるのか？ 証明してみよう。
図2 に示すように，点 (x_1, y_1) とそれを θ だ
け回転した点 (x_1', y_1') をそれぞれ極座標で
(r, α), $(r, \alpha+\theta)$ とおくと，xy 座標系では

図2 回転移動の行列 $R(\theta)$

$$\begin{cases} x_1 = r\cos\alpha, \ y_1 = r\sin\alpha \\ x_1' = r\cos(\alpha+\theta), \ y_1' = r\sin(\alpha+\theta) \end{cases}$$

となるのは大丈夫だね。よって，

$$\begin{bmatrix} x_1' \\ y_1' \end{bmatrix} = \begin{bmatrix} r\cos(\alpha+\theta) \\ r\sin(\alpha+\theta) \end{bmatrix} = \begin{bmatrix} r(\cos\alpha\cos\theta - \sin\alpha\sin\theta) \\ r(\sin\alpha\cos\theta + \cos\alpha\sin\theta) \end{bmatrix}$$

$$= \begin{bmatrix} \overbrace{r\cos\alpha}^{x_1}\cos\theta - \overbrace{r\sin\alpha}^{y_1}\sin\theta \\ \underbrace{r\cos\alpha}_{x_1}\sin\theta + \underbrace{r\sin\alpha}_{y_1}\cos\theta \end{bmatrix} = \begin{bmatrix} x_1\cos\theta - y_1\sin\theta \\ x_1\sin\theta + y_1\cos\theta \end{bmatrix}$$

$$= \begin{bmatrix} \cos\theta & -\sin\theta \\ \sin\theta & \cos\theta \end{bmatrix} \begin{bmatrix} x_1 \\ y_1 \end{bmatrix} = R(\theta) \begin{bmatrix} x_1 \\ y_1 \end{bmatrix}$$

∴ 回転の行列 $R(\theta) = \begin{bmatrix} \cos\theta & -\sin\theta \\ \sin\theta & \cos\theta \end{bmatrix}$ が導けた！

$R(\theta)$ には，次の性質があることも覚えておこう。

（ⅰ） $\underline{R(\theta)^{-1} = R(-\theta)}$ 　　　　（ⅱ） $\underline{R(\theta)^n = R(n\theta)}$

$$\begin{bmatrix} \cos\theta & -\sin\theta \\ \sin\theta & \cos\theta \end{bmatrix}^{-1} = \begin{bmatrix} \cos(-\theta) & -\sin(-\theta) \\ \sin(-\theta) & \cos(-\theta) \end{bmatrix} = \begin{bmatrix} \cos\theta & \sin\theta \\ -\sin\theta & \cos\theta \end{bmatrix}$$

行列の n 乗計算のところで再登場する！

●行列と1次変換

例題62　点 $(2, 4)$ を原点のまわりに $\dfrac{2}{3}\pi$ だけ回転させた点の座標 $(x_1{}', \ y_1{}')$ を求めてみよう。

$\cos\dfrac{2}{3}\pi = -\dfrac{1}{2}$, $\sin\dfrac{2}{3}\pi = \dfrac{\sqrt{3}}{2}$ より，$R\!\left(\dfrac{2}{3}\pi\right)$ による1次変換の公式を使うと，

$$\begin{bmatrix} x_1{}' \\ y_1{}' \end{bmatrix} = R\!\left(\dfrac{2}{3}\pi\right)\begin{bmatrix} 2 \\ 4 \end{bmatrix} = \dfrac{1}{2}\begin{bmatrix} -1 & -\sqrt{3} \\ \sqrt{3} & -1 \end{bmatrix}\begin{bmatrix} 2 \\ 4 \end{bmatrix} = \begin{bmatrix} -1 & -\sqrt{3} \\ \sqrt{3} & -1 \end{bmatrix}\begin{bmatrix} 1 \\ 2 \end{bmatrix}$$

$$= \begin{bmatrix} -1-2\sqrt{3} \\ \sqrt{3}-2 \end{bmatrix} \quad \text{となる。} \qquad 2\begin{bmatrix} 1 \\ 2 \end{bmatrix}$$

よって，点 $(2, 4)$ は点 $\left(-1-2\sqrt{3},\ \sqrt{3}-2\right)$ に移される。大丈夫？

● 1次変換の典型問題を解いてみよう！

2組の点の対応関係が与えられれば，その1次変換の行列 A を決定することができる。実際に，次の例題で確かめてみよう。

例題63　2次の正方行列 A により，(ⅰ) 点 $(1, 1)$ は点 $(3, -1)$ に，また (ⅱ) 点 $(-1, 2)$ は点 $(0, -2)$ に移される。このとき，A を求めよう。

A により，(ⅰ) 点 $(1, 1)$ は点 $(3, -1)$ に，(ⅱ) 点 $(-1, 2)$ は点 $(0, -2)$ に移されるので，

$$\begin{cases} (\text{ⅰ}) \ \begin{bmatrix} 3 \\ -1 \end{bmatrix} = A\begin{bmatrix} 1 \\ 1 \end{bmatrix} & \cdots\cdots① \\[3mm] (\text{ⅱ}) \ \begin{bmatrix} 0 \\ -2 \end{bmatrix} = A\begin{bmatrix} -1 \\ 2 \end{bmatrix} & \cdots\cdots② \end{cases} \quad \text{となる。}$$

①，②をまとめると，

$$\begin{bmatrix} 3 & 0 \\ -1 & -2 \end{bmatrix} = A\begin{bmatrix} 1 & -1 \\ 1 & 2 \end{bmatrix} \quad \cdots\cdots③ \quad \text{となる。}$$

ここで，$\begin{bmatrix} 1 & -1 \\ 1 & 2 \end{bmatrix}$ の行列式を Δ とおくと，

$A = \begin{bmatrix} a & b \\ c & d \end{bmatrix}$ のとき，

$$\begin{cases} ① は \begin{bmatrix} 3 \\ -1 \end{bmatrix} = \begin{bmatrix} a+b \\ c+d \end{bmatrix} \\[3mm] ② は \begin{bmatrix} 0 \\ -2 \end{bmatrix} = \begin{bmatrix} -a+2b \\ -c+2d \end{bmatrix} \ \text{となる。} \end{cases}$$

そして③は，

$$\begin{bmatrix} 3 & 0 \\ -1 & -2 \end{bmatrix} = \begin{bmatrix} a+b & -a+2b \\ c+d & -c+2d \end{bmatrix}$$

$$= \begin{bmatrix} a & b \\ c & d \end{bmatrix}\begin{bmatrix} 1 & -1 \\ 1 & 2 \end{bmatrix}$$

となるので，③の各対応する要素は①と②のものと同じだね。よって，①と②はまとめて③に変形できる！

$\Delta = 1\cdot 2-(-1)\cdot 1 = 3 \neq 0$ より，これは逆行列 $\begin{bmatrix} 1 & -1 \\ 1 & 2 \end{bmatrix}^{-1}$ をもつ。

177

よって，$\begin{bmatrix} 3 & 0 \\ -1 & -2 \end{bmatrix} = A \begin{bmatrix} 1 & -1 \\ 1 & 2 \end{bmatrix}$ ……③　の両辺に，

$\begin{bmatrix} 1 & -1 \\ 1 & 2 \end{bmatrix}^{-1} = \dfrac{1}{3}\begin{bmatrix} 2 & 1 \\ -1 & 1 \end{bmatrix}$　を右からかけると，

$A = \begin{bmatrix} 3 & 0 \\ -1 & -2 \end{bmatrix} \cdot \dfrac{1}{3}\begin{bmatrix} 2 & 1 \\ -1 & 1 \end{bmatrix} = \dfrac{1}{3}\begin{bmatrix} 3 & 0 \\ -1 & -2 \end{bmatrix}\begin{bmatrix} 2 & 1 \\ -1 & 1 \end{bmatrix} = \dfrac{1}{3}\begin{bmatrix} 6 & 3 \\ 0 & -3 \end{bmatrix}$

$= \begin{bmatrix} 2 & 1 \\ 0 & -1 \end{bmatrix}$　となって，行列 A が求まる。納得いった？

　次，1 次変換により移されるのは点だけでなく，直線や曲線などの図形も移される。次の例題で練習しておこう。

例題 64　$A = \begin{bmatrix} 2 & -1 \\ 0 & 1 \end{bmatrix}$ による 1 次変換で次の直線や曲線がどのような図形に移されるのか，調べてみよう

（ i ）直線 $L : 2x + y - 1 = 0$　　　　（ ii ）円 $C : x^2 + y^2 = 1$

---

1 次変換の式：$\begin{bmatrix} x' \\ y' \end{bmatrix} = \begin{bmatrix} 2 & -1 \\ 0 & 1 \end{bmatrix}\begin{bmatrix} x \\ y \end{bmatrix}$ ……(a) より，$x' = 2x - y$，$y' = y$

となって，x' と y' が (x と y の式) で表されている。今回の問題では，(i)の直線，(ii) の円共に (x と y の関係式) が (a) の 1 次変換により，どのような (x' と y' の関係式) になるのかが，問われているんだね。よって，(a) の両辺に左から $\begin{bmatrix} 2 & -1 \\ 0 & 1 \end{bmatrix}^{-1} = \dfrac{1}{2}\begin{bmatrix} 1 & 1 \\ 0 & 2 \end{bmatrix}$ をかけて，x と y を (x' と y' の式) で表し，これを (i) や (ii) の (x と y の関係式) に代入して，(x' と y' の関係式) を求めればいいんだね。

　それでは，(a) の両辺に $\begin{bmatrix} 2 & -1 \\ 0 & 1 \end{bmatrix}^{-1} = \dfrac{1}{2}\begin{bmatrix} 1 & 1 \\ 0 & 2 \end{bmatrix}$ を左からかけて，

$\begin{bmatrix} x \\ y \end{bmatrix} = \dfrac{1}{2}\begin{bmatrix} 1 & 1 \\ 0 & 2 \end{bmatrix}\begin{bmatrix} x' \\ y' \end{bmatrix} = \dfrac{1}{2}\begin{bmatrix} x' + y' \\ 2y' \end{bmatrix}$

$\therefore x = \dfrac{1}{2}(x' + y')$，　$y = y'$ ……(b) となる。

178

●行列と1次変換

(i) よって，(b) を直線 $L: 2x+y-1=0$ に代入して，

$$2 \cdot \underbrace{\frac{1}{2}(x'+y')}_{} + \underbrace{y'}_{} - 1 = 0$$

$$x'+y'+y'-1=0 \qquad x'+2y'-1=0$$

以上より，直線 $L: 2x+y-1=0$ は直線 $L': x'+2y'-1=0$ に移される。

(ii) 次，(b) を円 $C: x^2+y^2=1$ に代入して，

$$\underbrace{\left\{\frac{1}{2}(x'+y')\right\}^2}_{} + \underbrace{y'^2}_{} = 1$$

$$\frac{1}{4}(x'^2+2x'y'+y'^2)+y'^2=1 \qquad 両辺を 4 倍して，$$

$$x'^2+2x'y'+5y'^2=4 \qquad \boxed{斜めのだ円の方程式}$$

以上より，円 $C: x^2+y^2=1$ は曲線 $C': x'^2+2x'y'+5y'^2=4$ に移される。

● A^{-1} をもたない A による 1 次変換も調べよう！

これまで解説した 1 次変換の行列 A はすべて，逆行列 A^{-1} をもつものだったんだ。そしてこの A^{-1} をもつ 2 次の正方行列 A による 1 次変換の場合，点 (x, y) と点 (x', y') をそれぞれ xy 座標と $x'y'$ 座標に分けて表現すると，

図 3　A^{-1} がある場合，点同士が 1 対 1 対応

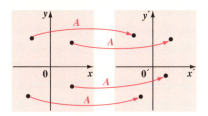

図 3 にそのイメージを示すように，それぞれの座標の点同士の間に "1 対 1 対応" の関係が成り立つんだ。

これに対して，A^{-1} をもたない行列による 1 次変換はどうなるのか？ $A = \begin{bmatrix} 2 & -1 \\ -4 & 2 \end{bmatrix}$ を例として調べてみることにしよう。

$\boxed{A \text{ の行列式を } \Delta \text{ とおくと } \Delta = 2 \times 2 - (-1) \times (-4) = 0 \text{ となって，} A^{-1} \text{ は存在しない！}}$

まず，A による 1 次変換の式は当然，

179

$$\begin{bmatrix} x´ \\ y´ \end{bmatrix} = \begin{bmatrix} 2 & -1 \\ -4 & 2 \end{bmatrix} \begin{bmatrix} x \\ y \end{bmatrix} \cdots\cdots (a)$$ となる。(a) の右辺を計算して，

$$\begin{bmatrix} x´ \\ y´ \end{bmatrix} = \begin{bmatrix} 2x-y \\ -4x+2y \end{bmatrix} \cdots\cdots (a)´$$ より，

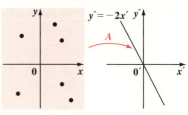

図4 A^{-1} が存在しない場合，xy 平面全体が直線になる。

$$\begin{cases} x´ = 2x - y \\ y´ = -4x + 2y = -2(2x-y) = -2x´ \end{cases}$$

となって，直線 $y´ = -2x´$ となる。(a) の (x, y) には何の制約条件もつけていないので，点 (x, y) は xy 平面全体を自由に動く。すなわち，xy 平面全体を表すものと考えていい。しかし，$x´$ と $y´$ は，$y´ = -2x´$ という原点 $0´$ を通る直線の式になるんだね。

　これから，A^{-1} をもたない行列 $A = \begin{bmatrix} 2 & -1 \\ -4 & 2 \end{bmatrix}$ による1次変換によって，xy 平面全体が，ペシャンコになって，1本の直線に変換されることが分かった。したがって，この場合，xy 平面と $x´y´$ 平面との点同士の間に1対1対応の関係は成り立っていないことが分かる。それでは，どんな対応関係が存在するんだろうか？　その答えは，$x´y´$ 座標平面の原点 $0´(0, 0)$ に移される xy 平面上の図形を調べてみると分かるんだ。

$(a)´$ に $\begin{bmatrix} x´ \\ y´ \end{bmatrix} = \begin{bmatrix} 0 \\ 0 \end{bmatrix}$ を代入すると，

$\begin{bmatrix} 0 \\ 0 \end{bmatrix} = \begin{bmatrix} 2x-y \\ -4x+2y \end{bmatrix}$ より，

$2x - y = 0$ ← $-4x+2y=0$ はこれと同じ

∴ $y = 2x$ が導ける。

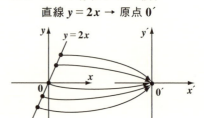

図5 A^{-1} が存在しない場合 直線 $y = 2x$ → 原点 $0´$

これから，図5に示すように，xy 平面上の直線 $y = 2x$ 上のすべての点が，原点 $0´$ に移されることが分かったんだね。

では次，$y=2x$ を y 軸方向に k だけ平行移動した直線：
　　$y=2x+k$ ……(b)
がどのように移されるのか調べてみよう。

(b) より，$2x-y=-k$ ……(b)' と $-4x+2y=2k$ ……(b)'' を (a)' に代入すると，

$\begin{bmatrix} x' \\ y' \end{bmatrix} = \begin{bmatrix} -k \\ 2k \end{bmatrix}$ となるので，

これから図6に示すように，xy 平面の直線 $y=2x+k$ 上のすべての点が，$x'y'$ 平面上の点 $(-k, 2k)$ に移されることが分かった。

これをさらに一般化して考えると，図7に示すように，$y=2x$ と平行な直線群…，㋐，㋑，㋒，㋓，㋔，… が，直線 $y'=-2x'$ 上の点…，㋐，㋑，㋒，㋓，㋔，… に移されることが分かるだろう。

このように，A^{-1} をもたない行列 A による1次変換の場合，xy 平面と $x'y'$ 平面における「点同士の1対1対応」ではなく，「直線と点との間に1対1対応」が現われるんだね。面白かった？

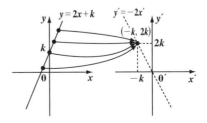

図6　A^{-1} が存在しない場合
$y=2x+k$

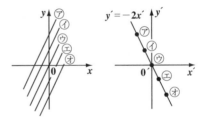

図7　A^{-1} が存在しない場合

実は，以上の考え方は "$\mathrm{Ker}f$" や "商空間(しょうくうかん)" や "準同型定理(じゅんどうけいていり)" といった，大学で学ぶ "線形代数" の重要な概念を含んでいるんだよ。意欲のある方は，「線形代数キャンパス・ゼミ」（マセマ）でシッカリ学習されることを勧める。

§4. 行列の n 乗計算

それでは，これから"行列の n 乗計算"について解説しよう。2 次の正方行列 A の n 乗 A^n を求める手法を，体系立てて教えよう。まず，10 秒で A^n を求めることができる 4 つのパターンについて解説し，次にケーリー・ハミルトンの定理を利用して求める方法を解説する。さらに $P^{-1}AP$ 型の A^n 計算についても教えるつもりだ。

● 4つのパターンは10秒で解ける！

一般に，行列同士の積は手間がかかる。それを n 個もかけ合わせる A^n 計算は大変だと思っているかも知れないね。でも，次の 4 つのパターンに関しては，文字通り 10 秒で A^n を求めることができるんだ。

▎A^n 計算の4つのパターン

$(1)\ A^2 = kA\ (\ k : 実数\ )$ のとき，$A^n = k^{n-1}A\quad(n = 1,\ 2,\ \cdots)$

$(2)\ A = \begin{bmatrix} \alpha & 0 \\ 0 & \beta \end{bmatrix}$ のとき，$A^n = \begin{bmatrix} \alpha^n & 0 \\ 0 & \beta^n \end{bmatrix}\quad(n = 1,\ 2,\ \cdots)$

> これを"対角行列"という。

$(3)\ A = \begin{bmatrix} 1 & \alpha \\ 0 & 1 \end{bmatrix}$ のとき，$A^n = \begin{bmatrix} 1 & n\alpha \\ 0 & 1 \end{bmatrix}\quad(n = 1,\ 2,\ \cdots)$

> これは，"ジョルダン細胞"に関係したものだ。

$(4)\ A = \begin{bmatrix} \cos\theta & -\sin\theta \\ \sin\theta & \cos\theta \end{bmatrix}$ のとき，$A^n = \begin{bmatrix} \cos n\theta & -\sin n\theta \\ \sin n\theta & \cos n\theta \end{bmatrix}(n = 1,\ 2,\ \cdots)$

> (4) の A は，$R(\theta)$（回転の行列）のことだ。$R(\theta)^n$ により，点は θ の回転を n 回行うので，結局 $n\theta$ 回転したことになる。よって，$R(\theta)^n = R(n\theta)$ となるんだね。

これらはすべて数学的帰納法で証明することが出来る。自分で確かめてみるといいよ。

ここで，(1) の $A^2 = kA$ について，どのような行列がこれをみたすか分かる？ ……そう，逆行列 A^{-1} をもたない行列だね。

$A = \begin{bmatrix} a & b \\ c & d \end{bmatrix}$ が逆行列をもたないとき，行列式 $\Delta = ad - bc = 0$ より，ケー

182

● 行列と1次変換

リー・ハミルトンの定理を用いると，

$$A^2-(a+d)A+(ad-bc)E=O \qquad \therefore A^2=(a+d)A \text{ となる。}$$

$\underbrace{}_{\Delta=0} \qquad \underbrace{}_{k}$

ここで，$a+d=k$（定数）とおくと，$A^2=kA$ となる。そして，これから $A^n=k^{n-1}A$ と求められるんだね。この一連の流れを覚えよう。

それでは，この4つのパターンの行列の n 乗計算の問題を解いてみよう。

例題 65 次のそれぞれの行列の n 乗を求めよう。

$(1) \begin{bmatrix} 1 & 3 \\ 2 & 6 \end{bmatrix} \qquad (2) \begin{bmatrix} 3 & 0 \\ 0 & -1 \end{bmatrix} \qquad (3) \begin{bmatrix} 1 & -2 \\ 0 & 1 \end{bmatrix} \qquad (4) \begin{bmatrix} 1 & -1 \\ 1 & 1 \end{bmatrix}$

$(1) A = \begin{bmatrix} 1 & 3 \\ 2 & 6 \end{bmatrix}$ とおくと，行列式 $\Delta = 1 \cdot 6 - 3 \cdot 2 = 0$ より，A^{-1} は存在しない。

よって，ケーリー・ハミルトンの定理より，

$$A^2-(1+6)A+0 \cdot E=O \qquad A^2=7A$$

$$\therefore A^n=7^{n-1}A=7^{n-1}\begin{bmatrix} 1 & 3 \\ 2 & 6 \end{bmatrix}=\begin{bmatrix} 7^{n-1} & 3 \cdot 7^{n-1} \\ 2 \cdot 7^{n-1} & 6 \cdot 7^{n-1} \end{bmatrix} \text{ となるんだね。}$$

公式：$\begin{bmatrix} \alpha & 0 \\ 0 & \beta \end{bmatrix}^n = \begin{bmatrix} \alpha^n & 0 \\ 0 & \beta^n \end{bmatrix}$

$(2) A = \begin{bmatrix} 3 & 0 \\ 0 & -1 \end{bmatrix}$ とおくと，$A^n = \begin{bmatrix} 3^n & 0 \\ 0 & (-1)^n \end{bmatrix}$ となる。

$(3) A = \begin{bmatrix} 1 & -2 \\ 0 & 1 \end{bmatrix}$ とおくと，$A^n = \begin{bmatrix} 1 & -2n \\ 0 & 1 \end{bmatrix}$ となる。 公式：$\begin{bmatrix} 1 & \alpha \\ 0 & 1 \end{bmatrix}^n = \begin{bmatrix} 1 & n\alpha \\ 0 & 1 \end{bmatrix}$

$(4) A = \begin{bmatrix} 1 & -1 \\ 1 & 1 \end{bmatrix} = \sqrt{2}\begin{bmatrix} \dfrac{1}{\sqrt{2}} & -\dfrac{1}{\sqrt{2}} \\ \dfrac{1}{\sqrt{2}} & \dfrac{1}{\sqrt{2}} \end{bmatrix} = \sqrt{2}\begin{bmatrix} \cos\dfrac{\pi}{4} & -\sin\dfrac{\pi}{4} \\ \sin\dfrac{\pi}{4} & \cos\dfrac{\pi}{4} \end{bmatrix} = \sqrt{2} \cdot R\left(\dfrac{\pi}{4}\right)$

とおくと，

$$A^n = \left\{\sqrt{2} \cdot R\left(\dfrac{\pi}{4}\right)\right\}^n = (\sqrt{2})^n \cdot R\left(\dfrac{\pi}{4}\right)^n = 2^{\frac{n}{2}} R\left(\dfrac{n\pi}{4}\right) \quad$$ 公式：$R(\theta)^n = R(n\theta)$

$$= 2^{\frac{n}{2}} \cdot \begin{bmatrix} \cos\dfrac{n\pi}{4} & -\sin\dfrac{n\pi}{4} \\ \sin\dfrac{n\pi}{4} & \cos\dfrac{n\pi}{4} \end{bmatrix} \text{ となるんだね。大丈夫だった？}$$

183

● ケーリー・ハミルトンの定理を利用しよう！

4つのパターンの行列の n 乗計算については教えたけれど，これに当てはまらない行列について，その n 乗を求めるには "**ケーリー・ハミルトンの定理**" が有効なんだ。次の例題で，実際にこの解法を練習してみよう。

例題66　$A = \begin{bmatrix} 5 & -4 \\ 3 & -2 \end{bmatrix}$ について，ケーリー・ハミルトンの定理を用いて，A^n ($n = 1,\ 2,\ \cdots$) を求めてみよう。

まず，$A = \begin{bmatrix} 5 & -4 \\ 3 & -2 \end{bmatrix}$ が，前述の4つのパターンのどれにも当てはまらないことを確認してくれ。

それでは，ケーリー・ハミルトンの定理を用いて，

$A^2 - (5-2)A + \{5 \times (-2) - (-4) \times 3\}E = O$ より，

$A^2 - 3A + 2E = O$ ……①

ここで，A に x，E に1，O に0を代入した方程式を作ると，

$x^2 - 3x + 2 = 0$ ……②　となる。 ← これを行列 A の "**固有方程式**" という。

この②の左辺 $x^2 - 3x + 2$ で x^n を割ったときの商を $Q(x)$，余りを $ax + b$ とおくと，

$x^n = \underbrace{(x^2 - 3x + 2)}_{\text{2次式}}\underbrace{Q(x)}_{\text{商}} + \underbrace{ax + b}_{\text{余り（1次式）}}$ ……③　となる。よって，

$x^n = (x-1)(x-2)Q(x) + ax + b$ ……③´

何故こんなことをするかについては，後で分かるよ！

③´ は $\underline{x}$ の恒等式より，x にどんな数値を代入しても成り立つ。

つまり，$x^n = x^n$ のことなんだ。

よって，ここでは，固有方程式②の解の $x = 1$ と2を③´に代入すると，

$$\begin{cases} 1^n = (1-1)(1-2)Q(1) + a \cdot 1 + b \\ 2^n = (2-1)(2-2)Q(2) + a \cdot 2 + b \end{cases}$$

184

●行列と1次変換

よって，$\begin{cases} a+b=1 & \cdots\cdots④ \\ 2a+b=2^n & \cdots\cdots⑤ \end{cases}$ となる。

⑤－④より，$a=2^n-1$ ……⑥

④×2－⑤より，$b=2-2^n$ ……⑦

ここで，A^n についても，③と同様に次式が成り立つ。

$$A^n = \underbrace{(A^2-3A+2E)}_{\boxed{\mathbf{O}（①より）}}Q(A)+aA+bE \quad \cdots\cdots⑧$$

参考

行列の場合，一般に交換法則は成り立たない（$AB \neq BA$）ので，行列の計算に，整式の乗法公式（または除法の公式）は使えない。でも，⑧に使われている

　　たとえば，$(A+B)^2 \neq A^2+2AB+B^2$ だったね。（$\because AB \neq BA$）

行列を見てくれ。これらは E や A^k（$k=1,\ 2,\ \cdots,\ n$）の多項式だけなので，たとえば，$A^2 \cdot E = E \cdot A^2$ や $A^2 \cdot A^3 = A^3 \cdot A^2$ などのように，すべて交換法則が成り立つものなんだ。よって，x の整式の除法の公式③が成り立つのであれば，A^n の展開式⑧も同様に成り立つんだ。納得いった？

ここで，$A^2-3A+2E=O$ ……① より，これを⑧に代入すると，

$$A^n = aA+bE \quad \cdots\cdots⑨ \quad となる。 \longleftarrow \boxed{A^n が A の1次式で表せた！}$$

⑨に⑥，⑦を代入して A^n を求めると，

$$A^n = \underset{\boxed{a}}{(2^n-1)}\begin{bmatrix} 5 & -4 \\ 3 & -2 \end{bmatrix}+\underset{\boxed{b}}{(2-2^n)}\begin{bmatrix} 1 & 0 \\ 0 & 1 \end{bmatrix}$$

$$=\begin{bmatrix} 5(2^n-1) & -4(2^n-1) \\ 3(2^n-1) & -2(2^n-1) \end{bmatrix}+\begin{bmatrix} 2-2^n & 0 \\ 0 & 2-2^n \end{bmatrix}$$

$$=\begin{bmatrix} 4\cdot2^n-3 & -4\cdot2^n+4 \\ 3\cdot2^n-3 & -3\cdot2^n+4 \end{bmatrix} \quad (n=1,\ 2,\ \cdots) \quad となって，答えだ！$$

参考

結構複雑な計算だったから，これで合っているか否か，検算しておこう。

$n=1$ のとき，$A^1 = \begin{bmatrix} 4\cdot2^1-3 & -4\cdot2^1+4 \\ 3\cdot2^1-3 & -3\cdot2^1+4 \end{bmatrix} = \begin{bmatrix} 5 & -4 \\ 3 & -2 \end{bmatrix}$ となって，行列 A

になるね。これで，おそらく計算ミスはしていないことが分かるんだ。

185

● サンドイッチ $(P^{-1}AP)$ 型の n 乗計算も押さえよう！

行列の n 乗計算に，次のサンドイッチ型の解法もよく利用されるんだ。

$P^{-1}AP$ 型の n 乗計算（I）

$P^{-1}AP = \begin{bmatrix} \alpha & 0 \\ 0 & \beta \end{bmatrix}$ とする。

対角行列になるように，問題で行列 P は与えられる。

この両辺を n 乗して，

対角行列の n 乗

$(P^{-1}AP)^n = \begin{bmatrix} \alpha & 0 \\ 0 & \beta \end{bmatrix}^n$ $\quad \therefore P^{-1}A^nP = \begin{bmatrix} \alpha^n & 0 \\ 0 & \beta^n \end{bmatrix}$ ……①

$$(P^{-1}A\underset{E}{\boxed{P)(P^{-1}}}A\underset{E}{\boxed{P)(P^{-1}}}A\underset{E}{\boxed{P)}}\cdots\underset{E}{\boxed{(P^{-1}}}AP)$$

$= P^{-1}AEAEAE\cdots EAP$ ← E は書かなくていい！

$= P^{-1}\underline{AAA\cdots A}P = P^{-1}A^nP$ となる。

n 個の A の積

よって，①の両辺に左から $\underline{P}$，右から $\underline{P^{-1}}$ をかけると，

$\underset{E}{\boxed{PP^{-1}}}A^n\underset{E}{\boxed{PP^{-1}}} = \underline{P}\begin{bmatrix} \alpha^n & 0 \\ 0 & \beta^n \end{bmatrix}\underline{P^{-1}}$ となって，A^n が求まる。

それでは $P^{-1}AP$ 型の行列の n 乗計算の練習を，次の例題でやってみよう。

例題 67 $A = \begin{bmatrix} 5 & -4 \\ 3 & -2 \end{bmatrix}$, $P = \begin{bmatrix} 1 & 4 \\ 1 & 3 \end{bmatrix}$ について，

（ i ）$P^{-1}AP$ を求めて，（ ii ）A^n $(n = 1,\ 2,\ \cdots)$ を求めよう。

この行列 A は例題 66 のものと同じだから，解法は違っても，A^n の結果は前問と同じになるはずだね。

まず，P の逆行列 P^{-1} を求めると，

$P^{-1} = \dfrac{1}{1\cdot 3 - 4\cdot 1}\begin{bmatrix} 3 & -4 \\ -1 & 1 \end{bmatrix} = \begin{bmatrix} -3 & 4 \\ 1 & -1 \end{bmatrix}$ となる。

186

● 行列と1次変換

（ i ）よって，$P^{-1}AP = \begin{bmatrix} -3 & 4 \\ 1 & -1 \end{bmatrix}\begin{bmatrix} 5 & -4 \\ 3 & -2 \end{bmatrix}\begin{bmatrix} 1 & 4 \\ 1 & 3 \end{bmatrix}$

$$= \begin{bmatrix} -3 & 4 \\ 2 & -2 \end{bmatrix}\begin{bmatrix} 1 & 4 \\ 1 & 3 \end{bmatrix} = \begin{bmatrix} 1 & 0 \\ 0 & 2 \end{bmatrix} \quad \leftarrow \boxed{\text{対角行列になった！}}$$

$$\therefore P^{-1}AP = \begin{bmatrix} 1 & 0 \\ 0 & 2 \end{bmatrix} \cdots\cdots(a) \quad \text{となる。}$$

（ ii ）次，(a) の両辺を n 乗すると，

$$\underbrace{(P^{-1}AP)^n}_{P^{-1}A^nP} = \begin{bmatrix} 1 & 0 \\ 0 & 2 \end{bmatrix}^n$$

$$\boxed{\begin{array}{l} \text{公式} \\ \begin{bmatrix} \alpha & 0 \\ 0 & \beta \end{bmatrix}^n = \begin{bmatrix} \alpha^n & 0 \\ 0 & \beta^n \end{bmatrix} \end{array}}$$

$$\boxed{\begin{bmatrix} 1^n & 0 \\ 0 & 2^n \end{bmatrix}}$$

$$\therefore P^{-1}A^nP = \begin{bmatrix} 1 & 0 \\ 0 & 2^n \end{bmatrix} \cdots\cdots(b) \quad \text{となる。}$$

(b) の両辺に左から P，右から P^{-1} をかけると，

$$A^n = P\begin{bmatrix} 1 & 0 \\ 0 & 2^n \end{bmatrix}P^{-1} = \begin{bmatrix} 1 & 4 \\ 1 & 3 \end{bmatrix}\begin{bmatrix} 1 & 0 \\ 0 & 2^n \end{bmatrix}\begin{bmatrix} -3 & 4 \\ 1 & -1 \end{bmatrix}$$

$$= \begin{bmatrix} 1 & 4\cdot2^n \\ 1 & 3\cdot2^n \end{bmatrix}\begin{bmatrix} -3 & 4 \\ 1 & -1 \end{bmatrix}$$

$$= \begin{bmatrix} -3+4\cdot2^n & 4-4\cdot2^n \\ -3+3\cdot2^n & 4-3\cdot2^n \end{bmatrix} (n = 1, 2, \cdots) \quad \text{となって，}$$

例題 66 と同じ結果が導けた！ 大丈夫だった？

ここで，A を対角化する行列 P をどのようにして求めるのか？ 疑問に思っている方も多いと思う。高校数学ではこの行列 P は問題文で与えられるけれど，大学の "線形代数" では，これも "固有値" や "固有ベクトル" から導出できるようになるんだよ。さらに「初めから学べる 線形代数キャンパス・ゼミ」で勉強を進めていってくれ。

187

● サンドイッチ型の n 乗の応用計算にもチャレンジしよう！

このサンドイッチ $(P^{-1}AP)$ 型の n 乗計算には，$P^{-1}AP$ が対角行列になるもの以外に，ジョルダン細胞の形になるものもある。2次のジョルダン細胞とは，$\begin{bmatrix} \gamma & 1 \\ 0 & \gamma \end{bmatrix}$ $(\gamma \neq 0)$ の形の行列のことなんだね。そして，$P^{-1}AP$ が，この形の行列になるときも，次のように A^n を求めることができる。

▌$P^{-1}AP$ 型の n 乗計算（Ⅱ）

$$P^{-1}AP = \begin{bmatrix} \gamma & 1 \\ 0 & \gamma \end{bmatrix} \quad (\gamma \neq 0) \quad \cdots\cdots ①$$

> この形になるように，問題では予め行列 P は与えられる。

2次のジョルダン細胞

①の両辺を n 乗すると，

$$(P^{-1}AP)^n = \begin{bmatrix} \gamma & 1 \\ 0 & \gamma \end{bmatrix}^n \qquad \therefore P^{-1}A^nP = \begin{bmatrix} \gamma^n & n\gamma^{n-1} \\ 0 & \gamma^n \end{bmatrix} \quad \cdots\cdots ②$$

$P^{-1}A^nP$

$\begin{bmatrix} \gamma^n & n\gamma^{n-1} \\ 0 & \gamma^n \end{bmatrix}$

> この変形は，P186 で既に解説した。

よって，②の両辺に左から P，右から P^{-1} をかけると，

$$\underset{E}{\underline{PP^{-1}}} A^n \underset{E}{\underline{PP^{-1}}} = P \begin{bmatrix} \gamma^n & n\gamma^{n-1} \\ 0 & \gamma^n \end{bmatrix} P^{-1} \text{ より，}$$

$$A^n = P \begin{bmatrix} \gamma^n & n\gamma^{n-1} \\ 0 & \gamma^n \end{bmatrix} P^{-1} \text{ となって，} A^n \text{ が求まる。}$$

---

①の左辺の n 乗が，$(P^{-1}AP)^n = P^{-1}A^nP$ となるのは，P186 で既にそのやり方を解説しているので，大丈夫だね。皆さんの疑問は，①の右辺の n 乗が，何故 $\begin{bmatrix} \gamma & 1 \\ 0 & \gamma \end{bmatrix} = \begin{bmatrix} \gamma^n & n\gamma^{n-1} \\ 0 & \gamma^n \end{bmatrix}$ と変形できるのか？ だろうね。詳しく解説しておこう。

188

●行列と1次変換

$$\begin{bmatrix} \gamma & 1 \\ 0 & \gamma \end{bmatrix}^n = \left\{ \gamma \begin{bmatrix} 1 & \dfrac{1}{\gamma} \\ 0 & 1 \end{bmatrix} \right\}^n = \gamma^n \begin{bmatrix} 1 & \overset{\alpha}{\dfrac{1}{\gamma}} \\ 0 & 1 \end{bmatrix}^n = \gamma^n \begin{bmatrix} 1 & n \cdot \dfrac{1}{\gamma} \\ 0 & 1 \end{bmatrix}$$

まず, γ をくくり出す

$\dfrac{1}{\gamma} = \alpha$ とおくと, **4** つの A^n 計算の
基本パターンの **1** つより,
$\begin{bmatrix} 1 & \alpha \\ 0 & 1 \end{bmatrix}^n = \begin{bmatrix} 1 & n\alpha \\ 0 & 1 \end{bmatrix}$ だね。

これから, ①の右辺の n 乗は,

$$\begin{bmatrix} \gamma & 1 \\ 0 & \gamma \end{bmatrix}^n = \begin{bmatrix} \gamma^n & n\gamma^{n-1} \\ 0 & \gamma^n \end{bmatrix}$$ と変形できるんだね。納得いった?

それでは, このサンドイッチ $(P^{-1}AP)$ 型の A^n 計算の応用についても, 次の例題で練習しておこう。

例題 68 $A = \begin{bmatrix} 0 & -1 \\ 1 & -2 \end{bmatrix}$, $P = \begin{bmatrix} 1 & 2 \\ 1 & 1 \end{bmatrix}$ について,

(i) $P^{-1}AP$ を求めて, (ii) A^n ($n = 1$, 2, $\cdots$) を求めよう。

(i) まず, P^{-1} を求めると,

$$P^{-1} = \frac{1}{1 \cdot 1 - 2 \cdot 1} \begin{bmatrix} 1 & -2 \\ -1 & 1 \end{bmatrix}$$

$\begin{bmatrix} a & b \\ c & d \end{bmatrix}^{-1} = \dfrac{1}{ad-bc} \begin{bmatrix} d & -b \\ -c & a \end{bmatrix}$

$$= -1 \cdot \begin{bmatrix} 1 & -2 \\ -1 & 1 \end{bmatrix} = \begin{bmatrix} -1 & 2 \\ 1 & -1 \end{bmatrix}$$ となる。

よって, $P^{-1}AP$ を求めると,

$$P^{-1}AP = \begin{bmatrix} -1 & 2 \\ 1 & -1 \end{bmatrix}\begin{bmatrix} 0 & -1 \\ 1 & -2 \end{bmatrix}\begin{bmatrix} 1 & 2 \\ 1 & 1 \end{bmatrix}$$

$$= \begin{bmatrix} 2 & -3 \\ -1 & 1 \end{bmatrix}\begin{bmatrix} 1 & 2 \\ 1 & 1 \end{bmatrix}$$

これは, $\gamma = -1$ の **2** 次のジョルダン細胞になっているんだね。

$$= \begin{bmatrix} -1 & 1 \\ 0 & -1 \end{bmatrix} \cdots\cdots(a)$$ となる。

189

(ii) $A = \begin{bmatrix} 0 & -1 \\ 1 & -2 \end{bmatrix}$, $P = \begin{bmatrix} 1 & 2 \\ 1 & 1 \end{bmatrix}$, $P^{-1} = \begin{bmatrix} -1 & 2 \\ 1 & -1 \end{bmatrix}$ について,

$$P^{-1}AP = \begin{bmatrix} -1 & 1 \\ 0 & -1 \end{bmatrix} \quad \cdots\cdots(a) \quad となることが分かったので,$$

> これは，2 次のジョルダン細胞 $\begin{bmatrix} \gamma & 1 \\ 0 & \gamma \end{bmatrix}$ の $\gamma = -1$ のときのものだ。

(a)の両辺を n 乗し，変形すると

$$(P^{-1}AP)^n = \begin{bmatrix} -1 & 1 \\ 0 & -1 \end{bmatrix}^n$$
$$\underbrace{P^{-1}A^nP}$$

> $$= \left\{ -1 \begin{bmatrix} 1 & -1 \\ 0 & 1 \end{bmatrix} \right\}^n = (-1)^n \begin{bmatrix} 1 & -1\cdot n \\ 0 & 1 \end{bmatrix} = \begin{bmatrix} (-1)^n & n\cdot(-1)^{n-1} \\ 0 & (-1)^n \end{bmatrix}$$

> $\begin{bmatrix} \gamma & 1 \\ 0 & \gamma \end{bmatrix}^n = \begin{bmatrix} \gamma^n & n\gamma^{n-1} \\ 0 & \gamma^n \end{bmatrix}$ は，公式として覚えておいて使ってもいいけれど，
>
> 上記のように，$\gamma = -1$ をくくり出して n 乗して，その都度導いても構わない。

$$\therefore P^{-1}A^nP = \begin{bmatrix} (-1)^n & n\cdot(-1)^{n-1} \\ 0 & (-1)^n \end{bmatrix} \quad \cdots\cdots(b) \quad となる。$$

(b)の両辺に，左から P，右から P^{-1} をかけると，

$$A^n = P \begin{bmatrix} (-1)^n & n\cdot(-1)^{n-1} \\ 0 & (-1)^n \end{bmatrix} P^{-1}$$

$$= \begin{bmatrix} 1 & 2 \\ 1 & 1 \end{bmatrix} \begin{bmatrix} (-1)^n & n\cdot(-1)^{n-1} \\ 0 & (-1)^n \end{bmatrix} \begin{bmatrix} -1 & 2 \\ 1 & -1 \end{bmatrix}$$

$$= \begin{bmatrix} (-1)^n & n\cdot(-1)^{n-1}+2(-1)^n \\ (-1)^n & n\cdot(-1)^{n-1}+(-1)^n \end{bmatrix} \begin{bmatrix} -1 & 2 \\ 1 & -1 \end{bmatrix}$$

$$= \begin{bmatrix} -(-1)^n+n(-1)^{n-1}+2(-1)^n & 2(-1)^n-n(-1)^{n-1}-2(-1)^n \\ -(-1)^n+n(-1)^{n-1}+(-1)^n & 2(-1)^n-n(-1)^{n-1}-(-1)^n \end{bmatrix}$$

以上より，A^n は次のようになる。

$$A^n = \begin{bmatrix} (-n+1)(-1)^n & n\cdot(-1)^n \\ n(-1)^{n-1} & (n+1)\cdot(-1)^n \end{bmatrix} (n = 1,\ 2,\ \cdots) \quad \cdots\cdots(c)$$

190

少し複雑な計算だったので，(c)の検算をやっておこう。(c)の n に $n=1$ を代入して，$A^1 = A = \begin{bmatrix} 0 & -1 \\ 1 & -2 \end{bmatrix}$ となるか？ 否か？ を確認しておくといいんだね。

(c)に $n=1$ を代入すると，

$$A^1 = \begin{bmatrix} (-1+1)(-1)^1 & 1\cdot(-1)^1 \\ 1\cdot(-1)^0 & (1+1)\cdot(-1)^1 \end{bmatrix} = \begin{bmatrix} 0 & -1 \\ 1 & -2 \end{bmatrix} (=A)$$

となって，無事 A になるので，この計算もまず間違っていないってことが確認できたんだね。

　ここでも，A を $P^{-1}AP$ により，ジョルダン細胞にするための行列 P をどのように求めるのか？ 疑問に思っておられる方も多いと思う。でも，そのためには，より本格的な "**線形代数**" の解説が必要となるため，ここでは，残念だけれど，割愛する以外にない。

　しかし，その疑問を持って，大学の線形代数の講義に臨めば，よりスムーズに理解が進み，疑問も氷解することと思う。

つまり，大学数学に進むための基礎が，これで出来たということなんだね。頑張って頂きたい。

● 　複素行列の n 乗計算にもチャレンジしよう！

　では，この章の最後に，行列の要素が複素数である複素行列 A の対角化と，それによる A^n 計算についても例題で解説しておこう。複素行列 A に対してある複素行列 P を用いて，$P^{-1}AP$ により対角化して，$P^{-1}AP = \begin{bmatrix} \alpha & 0 \\ 0 & \beta \end{bmatrix}$ の形にもち込む。後は，この両辺を n 乗して，A^n を求めればいい。本質的に解法のパターンは実行列のときと同様なので，違和感なく計算できると思う。

例題 69　$A = \begin{bmatrix} 1 & -2i \\ 2i & -2 \end{bmatrix}$, $P = \begin{bmatrix} 2i & 1 \\ -1 & -2i \end{bmatrix}$ について,

（ⅰ）$P^{-1}AP$ を求めて,（ⅱ）A^n（$n = 1, 2, \cdots$）を求めよう。

（ただし, i は虚数単位（$i^2 = -1$）を表す。）

（ⅰ）まず, P^{-1} を求めると,

$$P^{-1} = \frac{1}{\underbrace{-4i^2 - 1 \times (-1)}_{(4)}} \begin{bmatrix} -2i & -1 \\ 1 & 2i \end{bmatrix}$$

$$\begin{bmatrix} a & b \\ c & d \end{bmatrix}^{-1} = \frac{1}{ad - bc} \begin{bmatrix} d & -b \\ -c & a \end{bmatrix}$$

$$= \frac{1}{4+1} \begin{bmatrix} -2i & -1 \\ 1 & 2i \end{bmatrix} = \frac{1}{5} \begin{bmatrix} -2i & -1 \\ 1 & 2i \end{bmatrix} \quad となる。$$

よって, $P^{-1}AP$ を求めると,

$$P^{-1}AP = \frac{1}{5} \begin{bmatrix} -2i & -1 \\ 1 & 2i \end{bmatrix} \begin{bmatrix} 1 & -2i \\ 2i & -2 \end{bmatrix} \begin{bmatrix} 2i & 1 \\ -1 & -2i \end{bmatrix}$$

$$= \frac{1}{5} \begin{bmatrix} -2i - 2i & 4\underset{(-1)}{i^2} + 2 \\ 1 + 4\underset{(-1)}{i^2} & -2i - 4i \end{bmatrix} \begin{bmatrix} 2i & 1 \\ -1 & -2i \end{bmatrix}$$

$$= \frac{1}{5} \begin{bmatrix} -4i & -2 \\ -3 & -6i \end{bmatrix} \begin{bmatrix} 2i & 1 \\ -1 & -2i \end{bmatrix} = \frac{1}{5} \begin{bmatrix} -8\underset{(-1)}{i^2} + 2 & -4i + 4i \\ -6i + 6i & -3 + 12\underset{(-1)}{i^2} \end{bmatrix}$$

$$= \frac{1}{5} \begin{bmatrix} 10 & 0 \\ 0 & -15 \end{bmatrix} = \begin{bmatrix} 2 & 0 \\ 0 & -3 \end{bmatrix} \cdots\cdots① \quad となって, 対角化できた。$$

（ⅱ）①の両辺を n 乗して, 変形すると,

$$\underset{P^{-1}A^nP}{\underbrace{(P^{-1}AP)^n}} = \underbrace{\begin{bmatrix} 2 & 0 \\ 0 & -3 \end{bmatrix}^n}_{\begin{bmatrix} 2^n & 0 \\ 0 & (-3)^n \end{bmatrix}}$$

$$\begin{bmatrix} \alpha & 0 \\ 0 & \beta \end{bmatrix}^n = \begin{bmatrix} \alpha^n & 0 \\ 0 & \beta^n \end{bmatrix}$$

$$P^{-1}A^nP = \begin{bmatrix} 2^n & 0 \\ 0 & (-3)^n \end{bmatrix} \cdots\cdots② \quad となる。$$

● 行列と１次変換

②の両辺に，左から P，右から P^{-1} をかけると，

$$A^n = P \begin{bmatrix} 2^n & 0 \\ 0 & (-3)^n \end{bmatrix} P^{-1}$$

$$= \begin{bmatrix} 2i & 1 \\ -1 & -2i \end{bmatrix} \begin{bmatrix} 2^n & 0 \\ 0 & (-3)^n \end{bmatrix} \cdot \frac{1}{5} \begin{bmatrix} -2i & -1 \\ 1 & 2i \end{bmatrix}$$

定数係数は前に出せる。

$$= \frac{1}{5} \begin{bmatrix} 2i \cdot 2^n & (-3)^n \\ -2^n & -2i \cdot (-3)^n \end{bmatrix} \begin{bmatrix} -2i & -1 \\ 1 & 2i \end{bmatrix}$$

$$= \frac{1}{5} \begin{bmatrix} 2^{n+1}i & (-3)^n \\ -2^n & -2(-3)^n i \end{bmatrix} \begin{bmatrix} -2i & -1 \\ 1 & 2i \end{bmatrix}$$

$$= \frac{1}{5} \begin{bmatrix} -2^{n+2} \cdot \boxed{i^2}^{(-1)} + (-3)^n & -2^{n+1}i + 2(-3)^n i \\ 2^{n+1}i - 2 \cdot (-3)^n i & 2^n - 4 \cdot (-3)^n \boxed{i^2} \end{bmatrix}$$

(-1)

以上より，

$$A^n = \frac{1}{5} \begin{bmatrix} 2^{n+2}+(-3)^n & 2\{-2^n+(-3)^n\}i \\ 2\{2^n-(-3)^n\}i & 2^n+4(-3)^n \end{bmatrix} \quad (n=1,2,\cdots) \quad \cdots\cdots ③$$

となって，答えが求まるんだね。

③も，$n=1$ のとき，$A = \begin{bmatrix} 1 & -2i \\ 2i & -2 \end{bmatrix}$ と一致するか？否か？確認しておこう。

$n=1$ のとき，③は，

$$A^1 = \frac{1}{5} \begin{bmatrix} 8-3 & 2(-2-3)i \\ 2(2+3)i & 2+4 \cdot (-3) \end{bmatrix} = \frac{1}{5} \begin{bmatrix} 5 & -10i \\ 10i & -10 \end{bmatrix}$$

$$= \begin{bmatrix} 1 & -2i \\ 2i & -2 \end{bmatrix}$$ となって，A と一致することが確認できたので，検算

も終了です。面白かった？

　以上で，行列と１次変換の授業は終了です。よく復習して，知識を定着させよう！

講義 5 ● 行列と 1 次変換　公式エッセンス

1. 逆行列

$A = \begin{bmatrix} a & b \\ c & d \end{bmatrix}$ は，$\Delta = ad - bc \neq 0$ のとき，逆行列 $A^{-1} = \dfrac{1}{\Delta} \begin{bmatrix} d & -b \\ -c & a \end{bmatrix}$ をもつ。

2. 2 元 1 次の連立方程式の解法

連立 1 次方程式 $A \begin{bmatrix} x \\ y \end{bmatrix} = \begin{bmatrix} p \\ q \end{bmatrix}$ ……① について，$\left(A = \begin{bmatrix} a & b \\ c & d \end{bmatrix} \text{とする} \right)$

(Ⅰ) A^{-1} が存在するとき，①の両辺に A^{-1} を左からかけて，解を求める。

(Ⅱ) A^{-1} が存在しないとき，　　無数の解 (x, y)

 (ⅰ) $a : c = b : d = p : q$ ならば，不定解をもつ。

 (ⅱ) $a : c = b : d \neq p : q$ ならば，解なしである。

3. ケーリー・ハミルトンの定理

行列 $A = \begin{bmatrix} a & b \\ c & d \end{bmatrix}$ について，$A^2 - (a+d)A + (ad - bc)E = O$　$\boxed{\det A}$

4. 点を回転移動する行列

(1) xy 座標平面上の点を θ だけ回転させる行列 $R(\theta)$ は，

$$R(\theta) = \begin{bmatrix} \cos\theta & -\sin\theta \\ \sin\theta & \cos\theta \end{bmatrix}$$

(2) $R(\theta)$ の性質：(ⅰ)$R(\theta)^{-1} = R(-\theta)$ (ⅱ)$R(\theta)^n = R(n\theta)$ $(n：自然数)$

5. 行列 A による 1 次変換

$\begin{bmatrix} x' \\ y' \end{bmatrix} = A \begin{bmatrix} x \\ y \end{bmatrix}$ によって，xy 平面全体は，　$\boxed{\text{点と点との 1 対 1 対応}}$

$\boxed{\text{直線と点との 1 対 1 対応}}$

(ⅰ) A^{-1} が存在するとき，$x'y'$ 平面全体に写される。

(ⅱ) A^{-1} が存在しないとき，$x'y'$ 平面上の原点を通る直線に写される。

6. A^n 計算

ケーリー・ハミルトンの定理と整式の除法を利用して，A^n を求める。

7. $P^{-1}AP$ 型の n 乗計算

$P^{-1}AP = \begin{bmatrix} \alpha & 0 \\ 0 & \beta \end{bmatrix}$ の両辺を n 乗して，$P^{-1}A^nP = \begin{bmatrix} \alpha^n & 0 \\ 0 & \beta^n \end{bmatrix}$ から，

A^n を求める。

講義 Lecture

確率分布

- ▶ 条件付き確率
  (確率の乗法定理 $P(A \cap B) = P(A) \cdot P(B \mid A)$)

- ▶ 確率と漸化式
  ($p_{n+1} = ap_n + b(1 - p_n)$)

- ▶ 確率分布・二項分布
  (二項分布の期待値 $\mu = np$, 分散 $\sigma^2 = npq$)

§1. 条件付き確率

サァ，これから "確率分布" の講義を始めよう。今回は確率計算の基本として，まず "確率の加法定理"，"余事象の確率"，"独立な試行の確率"，そして "反復試行の確率" について解説する。これらは高校で既に習っている方がほとんどだと思うけれど，復習も兼ねて練習しておこう。

そして，確率計算の応用として，"条件付き確率" や "確率の乗法定理"，さらに "確率と漸化式" についても解説するつもりだ。

エッ，難しそうだって？ 大丈夫！ 今回も分かりやすく教えるからね。

● 確率計算の基本から始めよう！

サイコロを投げたり，カードを引いたり，何度でも同様のことを繰り返せる行為を "試行(しこう)" といい，その結果，偶数の目が出たり，エースが出たりする事柄のことを "事象(じしょう)" と呼ぶんだね。

そして，事象 A の起こる確率は，次のようにして求めるんだね。

■ 確率 $P(A)$ の定義

すべての根元事象が同様に確からしいとき，

$$P(A) = \frac{n(A)}{n(U)} = \frac{\text{事象 } A \text{ の場合の数}}{\text{全事象 } U \text{ の場合の数}} \quad \left[= \frac{\bigcirc}{\square} \right]$$

この "根元事象" とは，これ以上簡単なものに分けることのできない事象のことだ。そして，上の定義から分かるように，確率計算の本質は (事象 A の場合の数) を (全事象 U の場合の数) で割ったものなんだね。

ここで，根元事象が 1 つもない事象を "空事象(くうじしょう)" といい，ϕ (ファイ) で表す。当然，空事象 ϕ の起こる確率は $P(\phi) = 0$ であり，逆に全事象 U の起こる確率は $P(U) = 1$ (全確率) となるのもいいね。そして，一般に事象 A の起こる確率 $P(A)$ のとり得る値の範囲は，$0 \leqq P(A) \leqq 1$ となる。

次，2 つの事象 A，B について，

- ・「A または B の起こる事象」を "和事象" といい，$A \cup B$ で表し，
- ・「A かつ B の起こる事象」を "積事象" といい，$A \cap B$ で表す。

● 確率分布

そして, $A \cap B = \phi$ のとき, A と B は "互いに排反" という。
(i) $A \cap B \neq \phi$ の場合と (ii) $A \cap B = \phi$ の, それぞれの場合について, "確率の加法定理" を以下に示そう。

確率の加法定理

(i) $A \cap B \neq \phi$ のとき,

$$P(A \cup B) = P(A) + P(B) - P(A \cap B)$$

$$\left[\; \bigcirc\!\!\bigcirc \; = \; \bigcirc \; + \; \bigcirc \; - \; \bigcirc \; \right]$$

(ii) $A \cap B = \phi$ のとき, ← A と B が互いに排反

$$P(A \cup B) = P(A) + P(B)$$

$$\left[\; \bigcirc\bigcirc \; = \; \bigcirc \; + \; \bigcirc \; \right]$$

これらの公式は大丈夫だね。それでは次, "余事象" の確率についても話しておこう。"A でない事象" のことを A の "余事象" といい, $\overline{A}$ で表す。当然, $P(A) + P(\overline{A}) = 1$ (全確率) となるので, 公式:
(i) $P(A) = 1 - P(\overline{A})$ や (ii) $P(\overline{A}) = 1 - P(A)$ が成り立つ。

さらに, "ド・モルガンの法則":
(i) $\overline{A \cup B} = \overline{A} \cap \overline{B}$ (ii) $\overline{A \cap B} = \overline{A} \cup \overline{B}$ も成り立つので, これらの確率の公式として,
(i) $P(\overline{A \cup B}) = P(\overline{A} \cap \overline{B})$ (ii) $P(\overline{A \cap B}) = P(\overline{A} \cup \overline{B})$ も成り立つ。

それでは, 次の例題で, 上記の公式を実際に使ってみよう。

例題70 2つの事象 A, B について, 確率 $P(A) = \dfrac{1}{2}$, $P(B) = \dfrac{1}{4}$, $P(A \cap B) = \dfrac{1}{8}$ のとき, 確率 $P(\overline{A} \cap \overline{B})$ を求めてみよう。

$P(\overline{A} \cap \overline{B}) = P(\overline{A \cup B})$ ← ド・モルガンの法則
$\qquad\qquad\quad = 1 - P(A \cup B)$ ← 余事象の確率
$\qquad\qquad\quad = 1 - \{P(A) + P(B) - P(A \cap B)\}$ ← 確率の加法定理
$\qquad\qquad\quad = 1 - \left(\dfrac{1}{2} + \dfrac{1}{4} - \dfrac{1}{8}\right) = 1 - \dfrac{4+2-1}{8} = \dfrac{3}{8}$ となる。

どう？ うまく公式を使いこなせた？

● 独立な試行の確率と反復試行の確率も押さえよう！

　サイコロを投げて 6 の目が出ることと，トランプカードを引いて絵カードが出ることとは全く無関係だね。このように，2 つ以上の試行の結果が互いに他に全く影響を及ぼさないとき，それらの試行を "**独立な試行**" という。この "**独立な試行の確率**" の定理を下に示そう。

独立な試行の確率

2 つの独立な試行 T_1，T_2 があり，T_1 で事象 A が起こり，かつ T_2 で事象 B が起こる確率は：$P(A) \times P(B)$ である。

このように，2 つの独立な試行の確率は，それぞれ独立に計算してその積をとればいいんだね。これは 2 つ以上の独立な試行においても同様だよ。

　そして，この独立な同じ試行を n 回繰り返したとき，事象 A が k 回$(0 \leqq k \leqq n)$ 起こる確率を，"**反復試行の確率**" というんだよ。

反復試行の確率

1 回の試行で事象 A の起こる確率が p である独立な試行を n 回行なう。このとき A がちょうど r 回起こる確率は，<u>$q = 1 - p$</u> として，

$$_n C_r\, p^r \cdot q^{n-r}\ (r = 0,\ 1,\ 2,\ \cdots,\ n)$$

> A の余事象 $\overline{A}$ の確率 $P(\overline{A})$ のこと。
> $P(\overline{A}) = 1 - P(A)$ だね。

この "反復試行の確率" は，この後 "**二項分布**" のところでまた登場するから，シッカリ覚えておこう。それでは，次の例題を解いてみよう。

例題 71　サイコロを 4 回投げて，その内 5 以上の目が 2 回だけ出る
　　　　　確率を求めよう。

---

1 回サイコロを投げて，5 以上の目が出ることを事象 A とおき，その確率を p とおくと，

> 5 と 6 の目

$$p = P(A) = \dfrac{2}{6} = \dfrac{1}{3}\ \ だ。$$

よって，余事象 $\overline{A}$ の起こる (事象 A の起こらない) 確率を q とおくと，

$$q = P(\overline{A}) = 1 - p = 1 - \dfrac{1}{3} = \dfrac{2}{3}\ \ だね。$$

以上より，4回中2回だけ事象 A の起こる確率は，
反復試行の確率より，

$${}_4C_2 \underbrace{\left(\frac{1}{3}\right)^2}_{p} \underbrace{\left(\frac{2}{3}\right)^{\boxed{2}\,4-2}}_{q} = \boxed{\underbrace{\frac{4!}{2!\,2!}}_{\frac{4\cdot 3}{2\cdot 1}=6}} \times \frac{2^2}{3^4} = \frac{8}{27}$$

> 5以上の目を○，そうでない目を × とおくと，4回中2回だけ○より，
> ○○××
> ○×○×
> ……………
> ××○○
> ${}_4C_2$ 通りある。

となる。大丈夫だった？

● 条件付き確率をマスターしよう！

次，"条件付き確率" について解説しよう。

(i) 事象 A が起こったという条件の下で事象 B が起こる確率を "条件付き確率" と呼び，$P(B|A)$ と表す。

> 高校では，これを $P_A(B)$ と表した。

(ii) 同様に，事象 B が起こったという条件の下で事象 A が起こる条件付き確率は，$P(A|B)$ と表す。

図1 条件付き確率とベン図

(i) $P(B|A) = \dfrac{P(A \cap B)}{P(A)}$

(ii) $P(A|B) = \dfrac{P(A \cap B)}{P(B)}$

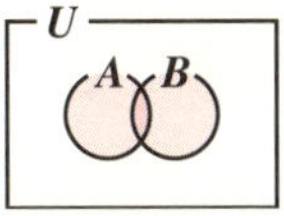

図1にそのイメージを示すように，これらの確率は次の公式で求める。

条件付き確率

(i) 事象 A が起こったという条件の下で事象 B が起こる条件付き確率は，

$$P(B|A) = \frac{P(A \cap B)}{P(A)} \quad \cdots\cdots\text{(a)}$$

(ii) 事象 B が起こったという条件の下で事象 A が起こる条件付き確率は，

$$P(A|B) = \frac{P(A \cap B)}{P(B)} \quad \cdots\cdots\text{(b)}$$

(a), (b)から，$P(A \cap B)$ は次のように表せる。これを "確率の乗法定理" と呼ぶんだよ。

確率の乗法定理

(i) $P(A \cap B) = P(A) \cdot P(B|A)$ 　　(ii) $P(A \cap B) = P(B) \cdot P(A|B)$

簡単な条件付き確率の問題を解いてみよう。サイコロを **1** 回投げてその結果，事象 A：“出た目が奇数”，事象 B：“出た目が **4** 以上”とおくことにしよう。このとき，条件付き確率 $P(B \mid A)$ を求めてみよう。

| A が起こったという条件の下で，B が起こる確率 |

| 1, 3, 5 の目 | | 5 の目 | ← | 奇数かつ 4 以上だからね。 |

$$P(A) = \frac{3}{6} = \frac{1}{2}, \quad P(A \cap B) = \frac{1}{6}$$

以上より，求める条件付き確率 $P(B \mid A)$ は

| これを素直に |
| $\dfrac{1}{3}$　5 の目　1, 3, 5 の目 |
| と求めてもいいよ。 |

$$P(B \mid A) = \frac{P(A \cap B)}{P(A)} = \frac{\frac{1}{6}}{\frac{1}{2}} = \frac{1}{3} \quad \text{となる。}$$

それでは，さらに例題で練習しよう。

例題 72　赤球 **2** 個と白球 **4** 個の入った袋 **X** と，赤球 **4** 個と白球 **2** 個の入った袋 **Y** がある。まず，**X**，**Y** それぞれを $\dfrac{3}{4}$ と $\dfrac{1}{4}$ の確率で選択し，選択した袋から無作為に **1** 個の球を取り出した結果，その球は赤球だった。このとき，選択した袋が **X** であった確率を求めよう。

頭が混乱しそうだって？　まず，**2** つの事象に整理して考えよう。

$\begin{cases} \text{事象 } A：\text{X の袋を選択する。(余事象 } \overline{A}：\text{Y の袋を選択する。)} \\ \text{事象 } B：\text{袋から取り出した球が赤球である。} \end{cases}$

そして，求めるものは，B が起こったという条件の下で A が起こる確率，すなわち，$P(A \mid B) = \dfrac{P(A \cap B)}{P(B)}$ ……① ということになる。

ここで，

| 確率の乗法定理だ。 |

$$P(A \cap B) = P(A) \cdot P(B \mid A) = \frac{3}{4} \times \frac{2}{6} = \frac{1}{4} \quad \text{……②} \quad \text{だね。}$$

| X を選んで |　| 赤を取り出す |　| 6 個中 2 個の赤球から 1 つ取り出す |

次，赤玉を取り出す確率 $P(B)$ は，（ⅰ）**X** を選んで赤球を取り出すか，または（ⅱ）**Y** を選んで赤球を取り出す場合の，**2** つの確率の和となることに注意して，

200

●確率分布

$$P(B) = \underbrace{P(A)}_{\text{X を選んで}} \cdot \underbrace{P(B\,|\,A)}_{\text{赤を取り出す}} + \underbrace{P(\overline{A})}_{\text{Y を選んで}} \cdot \underbrace{P(B\,|\,\overline{A})}_{\text{赤を取り出す}}$$

確率の乗法定理

$$= \frac{3}{4} \times \frac{2}{6} + \frac{1}{4} \times \underbrace{\frac{4}{6}}_{\text{6 個中 4 個の赤球から 1 つ取り出す}} = \frac{5}{12} \cdots\cdots ③ \quad となる。$$

以上②，③を①に代入して，求める条件付き確率は，

$$P(A\,|\,B) = \cfrac{\cfrac{1}{4}}{\cfrac{5}{12}} = \frac{12}{4 \times 5} = \frac{3}{5} \quad となって，答えだ！$$

ン？ それでもまだ釈然としないって？ そうだね，事象 A と B の間には時間の流れがあるから，実は赤球を取り出した事象 B の起こった時点で，その前に袋 X, Y のいずれを選んだか（A または $\overline{A}$）は，本当は確定されているはずなんだね。条件付き確率には，このような面白い現象がつきまとう。このような確率には“事後確率”という名称が与えられていて，「事後に事前の確率を予想する」面白い問題なんだね。

それでは次，“事象の独立”についても解説しよう。

事象の独立（Ⅰ）

2 つの事象 A と B が独立であるための必要十分条件は，

$$P(A \cap B) = P(A) \cdot P(B) \quad である。$$

“試行の独立”については，各試行の結果が互いに他に影響しないことを判断して決めるんだけれど，“事象の独立”は，あくまでも
$P(A \cap B) = P(A) \cdot P(B)$ をみたすときに成り立つというんだよ。
これを，条件付き確率の公式に代入すると，

$$\cdot P(B\,|\,A) = \frac{P(A \cap B)}{P(A)} = \frac{P(A) \cdot P(B)}{P(A)} \quad となって，A が起こる起こらない$$

に関わらず，$P(B\,|\,A) = P(B)$ となるんだね。同様に，

$$\cdot P(A\,|\,B) = \frac{P(A \cap B)}{P(B)} = \frac{P(A) \cdot P(B)}{P(B)} = P(A) \quad となる。$$

201

以上より，A と B が独立となる必要十分条件は，次のように拡張できる。

事象の独立（Ⅱ）

2つの事象 A と B が独立であるための必要十分条件は，

$$P(A \cap B) = P(A) \cdot P(B) \iff P(B|A) = P(B) \iff P(A|B) = P(A)$$

それでは，事象の独立についても，次の例題で練習しておこう。

例題73　事象 A と B が独立ならば，それぞれの余事象 $\overline{A}$ と $\overline{B}$ も独立となることを証明しよう。

つまり，命題：「$\underline{P(A \cap B) = P(A) \cdot P(B)} \Longrightarrow \underline{P(\overline{A} \cap \overline{B}) = P(\overline{A}) \cdot P(\overline{B})}$」

A と B が独立の条件　　　　$\overline{A}$ と $\overline{B}$ が独立の条件

が成り立つことを示せばいいんだね。それじゃ，いくよ。

まず，A と B は独立より，$P(A \cap B) = P(A) \cdot P(B)$ ……① となる。
このとき，

$$P(\overline{A} \cap \overline{B}) = P(\overline{A \cup B}) = 1 - P(A \cup B) \quad \text{ド・モルガン / 余事象}$$

$$= 1 - \{P(A) + P(B) - P(A \cap B)\} \quad \text{加法定理}$$

$$= 1 - P(A) - P(B) + P(A) \cdot P(B) \quad \text{A と B の独立}$$

$$= \{1 - P(A)\} - P(B)\{1 - P(A)\}$$

$$= \{1 - P(A)\}\{1 - P(B)\}$$

$$= P(\overline{A}) \cdot P(\overline{B}) \quad \text{余事象}$$

∴ $P(\overline{A} \cap \overline{B}) = P(\overline{A}) \cdot P(\overline{B})$ が導けたので，$\overline{A}$ と $\overline{B}$ も独立である。

同様に，$P(A \cap B) = P(A) \cdot P(B)$ ならば，　独立

$$P(A \cap \overline{B}) = P(A) - P(A \cap B) = P(A) - P(A) \cdot P(B)$$

$$\left[\;\newmoon\; = \;\bullet\; - \;\diamond\; \right]$$

$$= P(A)\{1 - P(B)\} = P(A) \cdot P(\overline{B}) \text{ も導けるので，}$$

A と $\overline{B}$ も独立であることが言える。
さらに，同様に $\overline{A}$ と B の独立も示せる。自分で確かめてみるといいよ。

● 確率分布

● 確率と漸化式の問題は模式図で解こう！

"確率と漸化式"の問題では，第n回目に事象Aの起こる確率$P_n(n=1, 2, \cdots)$を求めるんだね。そして，このP_nを求める際に，下に示す模式図が非常に有効だ。第n回目と第$n+1$回目の関係を調べて，漸化式にもち込むのがポイントだ。

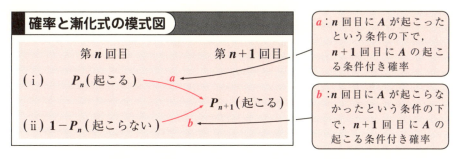

第$n+1$回目に事象Aが起こる場合，次の2通りがある。
(i)「第n回目に事象Aが起こって(P_n)，かつ次の第$n+1$回目もAが起こる」か，または
(ii)「第n回目に事象Aが起こらなくて$(1-P_n)$，かつ次の第$n+1$回目にはAが起こる」かのいずれかだね。

ここで，模式図のaは，第n回目にAが起こったという条件の下で，第$n+1$回目にAが起こる条件付き確率であり，bは第n回目にAが起こらなかったという条件の下で第$n+1$回目にAが起こる条件付き確率なんだ。

以上(i)，(ii)より，第$n+1$回目に事象Aの起こる確率P_{n+1}は，

$P_{n+1} = \underbrace{aP_n}_{(\text{i})} + \underbrace{b(1-P_n)}_{(\text{ii})}$　となるんだね。

これは，2項間の漸化式の問題に帰着するので，後は特性方程式の解を利用して，等比関数列型の漸化式　$F(n+1) = rF(n)$　にもち込んで，解けばいい。

それでは，確率と漸化式の問題を，これから実際に解いてみよう。

例題 74 カレー好きの A さんは，カレーを食べた翌日にカレーを食べる確率は $\frac{1}{4}$，カレーを食べなかった翌日にカレーを食べる確率は $\frac{1}{2}$ であるとする。初日に A さんはカレーを食べたものとして，それから第 n 日目にカレーを食べる確率を求めよう。

A さんが，第 n 日目にカレーを食べる確率を P_n とおくと，問題文より，第 n 日目と第 $n+1$ 日目の間の関係は，次の模式図で示せる。

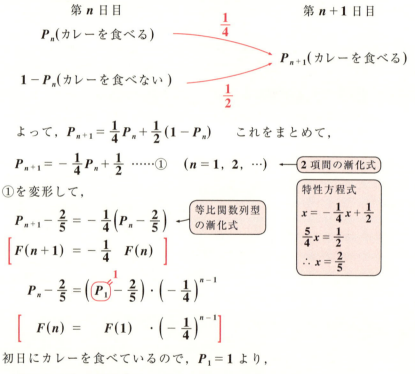

よって，$P_{n+1} = \frac{1}{4}P_n + \frac{1}{2}(1-P_n)$　これをまとめて，

$P_{n+1} = -\frac{1}{4}P_n + \frac{1}{2}$ ……①　$(n=1, 2, \cdots)$ ← 2 項間の漸化式

①を変形して，

$P_{n+1} - \frac{2}{5} = -\frac{1}{4}\left(P_n - \frac{2}{5}\right)$　等比関数列型の漸化式

$\left[\ F(n+1) = -\frac{1}{4}\ F(n)\ \right]$

特性方程式
$x = -\frac{1}{4}x + \frac{1}{2}$
$\frac{5}{4}x = \frac{1}{2}$
$\therefore x = \frac{2}{5}$

$P_n - \frac{2}{5} = \left(P_1 - \frac{2}{5}\right) \cdot \left(-\frac{1}{4}\right)^{n-1}$

$\left[\ F(n) =\ \ F(1)\ \cdot \left(-\frac{1}{4}\right)^{n-1}\ \right]$

初日にカレーを食べているので，$P_1 = 1$ より，

$P_n = \frac{2}{5} + \frac{3}{5}\left(-\frac{1}{4}\right)^{n-1}$　$(n=1, 2, \cdots)$　となるんだね。

思ったより簡単に解けて，面白かっただろう？

● 確率分布

例題75 **1**から**7**までの数値の書かれた**7**枚のカードから無作為に**1**枚を取り出して数値を記録してから元に戻す操作を**n**回繰り返す。ここで，記録された数値の合計が偶数となる確率をP_nとする。このP_nを求めよう。

1回の試行で偶数のカードを取り出す確率をa，奇数のカードを取り出す確率をbとおくと，

$$a = \boxed{\frac{3}{7}}, \qquad b = \boxed{\frac{4}{7}} \quad \text{となる。}$$

（2, 4, 6のカード）　（1, 3, 5, 7のカード）

ここで，第n回目と第$n+1$回目との間の関係の模式図は次のようになる。

第 **n** 回目　　　　　　　　　　　　　　　第 **n+1** 回目

和が偶数＋(偶数)

$a = \dfrac{3}{7}$

P_n(数値の和が偶数)

　　　　　　　　　　　　　　　　　　P_{n+1}(数値の和が偶数)

$1-P_n$(数値の和が奇数)

$b = \dfrac{4}{7}$

和が奇数＋(奇数)

よって，$P_{n+1} = \dfrac{3}{7}P_n + \dfrac{4}{7}(1-P_n)$　となる。これをまとめて，

$$P_{n+1} = -\frac{1}{7}P_n + \frac{4}{7} \quad \cdots\cdots ②$$

②を変形して，

特性方程式
$x = -\dfrac{1}{7}x + \dfrac{4}{7}$
$\dfrac{8}{7}x = \dfrac{4}{7} \quad \therefore x = \dfrac{1}{2}$

$$P_{n+1} - \frac{1}{2} = -\frac{1}{7}\left(P_n - \frac{1}{2}\right) \quad \left[F(n+1) = -\frac{1}{7}F(n)\right]$$

$$P_n - \frac{1}{2} = \left(\overset{\frac{3}{7}}{P_1} - \frac{1}{2}\right) \cdot \left(-\frac{1}{7}\right)^{n-1} \quad \left[F(n) = F(1)\left(-\frac{1}{7}\right)^{n-1}\right]$$

ここで，$P_1 = a = \dfrac{3}{7}$ より，

$$P_n = \frac{1}{2} - \frac{1}{14}\left(-\frac{1}{7}\right)^{n-1} \quad (n = 1, 2, \cdots) \quad \text{となる。}$$

これで，確率と漸化式の解法にも慣れただろう。

205

§2. 確率分布

さァ,これから"確率分布"の講義に入ろう。ここではまず,与えられた確率分布の"期待値","分散","標準偏差"の求め方と,その意味を解説しよう。そして,最も重要な確率分布"二項分布"の期待値と分散の公式についても教えよう。さらに,この公式を導くのに必要な"モーメント母関数"についても,その基本を詳しく教えるつもりだ。

今回が最終講義になるけれど,最後まで分かりやすく解説しよう!

● **確率分布から期待値, 分散を求めよう!**

確率変数 $X = x_1, x_2, \cdots, x_n$ に対して,それぞれ確率 $P = p_1, p_2, \cdots, p_n$ が割り当てられている"**確率分布**"に対して,確率変数 X の"**期待値**","**分散**","**標準偏差**"は,次の公式により求められる。

確率分布と期待値・分散・標準偏差

右のような確率分布に対して,確率変数 X の期待値 $E[X]$,分散 $V[X]$,標準偏差 σ は,以下の公式により求められる。

確率分布表

確率変数 X	x_1	x_2	……	x_n
確率 P	p_1	p_2	……	p_n

(ただし,$p_1 + p_2 + \cdots + p_n = 1$)

(1) 期待値 $E[X] = \mu = \sum_{k=1}^{n} x_k p_k$

(2) 分散 $V[X] = \sigma^2 = \sum_{k=1}^{n} (x_k - \mu)^2 p_k = \sum_{k=1}^{n} x_k^2 p_k - \mu^2$

　　　　　　　　　$V[X]$ の定義式　　　　　$V[X]$ の計算式

(3) 標準偏差 $D[X] = \sigma = \sqrt{V[X]}$

まず,確率分布の確率の総和が

$\sum_{k=1}^{n} p_k = p_1 + p_2 + \cdots + p_n = 1$ (全確率)

となることに気を付けよう。

また,$x_k p_k$ $(k = 1, 2, \cdots, n)$ の総和が期待値 $E[X]$ のことだ。これは,"**平均**"または"**平均値**"とも呼ばれ,μ で

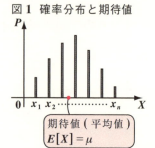

図1 確率分布と期待値

期待値(平均値)
$E[X] = \mu$

表すこともある。図1に示すように，確率変数の平均を表す代表値の1つなんだ。これに対して，分散 $V[X]$ や標準偏差 σ は平均のまわりの分布の広がり具合を表す。図2(ⅰ)のように $V[X]$(または σ) が大きいとき，横に広がった分布となり，図2(ⅱ)のように $V[X]$(または σ) が小さいときは，たてにシャープな分布となることが分かるんだね。

つまり，期待値(平均)によって分布の中心となる値が分かり，分散(または標準偏差)の大きさによって，分布の広がり具合が分かるんだ。納得いった？

図2 確率分布と分散

(ⅰ) $V[X]$ が大きいとき
　　横に広がった分布

(ⅱ) $V[X]$ が小さいとき
　　たてにシャープな分布

分散 $V[X]$ の定義式は，$V[X] = \sum_{k=1}^{n}(x_k-\mu)^2 p_k$ なんだけれど，これを変形して，計算式 $\sum_{k=1}^{n} x_k^2 p_k - \mu^2$ を導いてみよう。

$$V[X] = \sum_{k=1}^{n}(x_k-\mu)^2 p_k = \sum_{k=1}^{n}(x_k^2 - 2\mu x_k + \mu^2)p_k$$

（2μ, μ² は定数）

$$= \sum_{k=1}^{n} x_k^2 p_k - 2\mu \underbrace{\sum_{k=1}^{n} x_k p_k}_{\mu = E[X]} + \mu^2 \underbrace{\sum_{k=1}^{n} p_k}_{1 (全確率)}$$

$$= \sum_{k=1}^{n} x_k^2 p_k - 2\mu^2 + \mu^2 = \sum_{k=1}^{n} x_k^2 p_k - \mu^2 \text{(計算式)}$$

と，ナルホド導けた！

そして，この分散 $V[X]$ の正の平方根が標準偏差 $D[X]=\sigma$ になるんだね。逆に，これから分散 $V[X]$ のことを σ^2 と表すこともあるので，覚えておこう。

それでは，確率変数の期待値，分散，標準偏差を次の例題で実際に求めてみよう。

例題 76 右の確率分布に従う確率変数 X の期待値 $E[X]$，分散 $V[X]$，標準偏差 σ を求めてみよう。

確率分布表

X	0	1	2	3	4
P	$\dfrac{1}{12}$	$\dfrac{3}{12}$	$\dfrac{4}{12}$	$\dfrac{3}{12}$	$\dfrac{1}{12}$

公式通りに求めればいいんだね。

・期待値 $\mu = E[X] = \displaystyle\sum_{k=1}^{5} x_k p_k$

確率の総和

$\dfrac{1}{12} + \dfrac{3}{12} + \cdots + \dfrac{1}{12} = 1$（全確率）となる。

$$= 0 \cdot \frac{1}{12} + 1 \cdot \frac{3}{12} + 2 \cdot \frac{4}{12} + 3 \cdot \frac{3}{12} + 4 \cdot \frac{1}{12}$$

$$= \frac{3+8+9+4}{12} = \frac{24}{12} = 2 \quad となる。$$

・分散 $\sigma^2 = V[X] = \displaystyle\sum_{k=1}^{5} x_k^2 p_k - \mu^2$

$$= 0^2 \cdot \frac{1}{12} + 1^2 \cdot \frac{3}{12} + 2^2 \cdot \frac{4}{12} + 3^2 \cdot \frac{3}{12} + 4^2 \cdot \frac{1}{12} - 2^2$$

$$= \frac{3+16+27+16}{12} - 4 = \frac{31}{6} - 4 = \frac{7}{6} \quad となる。$$

・標準偏差 $\sigma = \sqrt{V[X]} = \sqrt{\dfrac{7}{6}} = \dfrac{\sqrt{42}}{6}$ となるんだね。大丈夫？

● m 次のモーメントも定義しよう！

ここで，期待値 $E[X] = \displaystyle\sum_{k=1}^{n} x_k p_k$ の公式から，次のような "m 次のモーメント"（$m = 1, 2, 3, \cdots$）を定義することができる。

m 次のモーメント

（I）原点のまわりの m 次のモーメント：

$$E[X^m] = \sum_{k=1}^{n} x_k^{\,m} p_k = x_1^{\,m} p_1 + x_2^{\,m} p_2 + \cdots + x_n^{\,m} p_n$$

（II）μ のまわりの m 次のモーメント：

$$E[(X-\mu)^m] = \sum_{k=1}^{n} (x_k - \mu)^m p_k = (x_1 - \mu)^m p_1 + (x_2 - \mu)^m p_2 + \cdots + (x_n - \mu)^m p_n$$

●確率分布

これでみると，期待値 (平均) $\mu = E[X]$ は，原点のまわりの **1** 次のモーメント $E[X^1]$ であり，分散 $\sigma^2 = V[X] = \sum_{k=1}^{n} (x_k - \mu)^2 p_k$ は，μ のまわりの **2** 次のモーメント $E[(X - \mu)^2]$ であることが分かるね。

このように，E を **1** つの演算子と考えると，定数 a，b に対して，

$$\boxed{E[\ ] \text{ の中の変数に } p_k \text{ をかけて，} \sum \text{ 計算する演算子}}$$

$$E[aX + b] = \sum_{k=1}^{n} (ax_k + b)p_k = a \underbrace{\sum_{k=1}^{n} x_k p_k}_{E[X]} + b \underbrace{\sum_{k=1}^{n} p_k}_{1\,(\text{全確率})}$$

$$ = aE[X] + b \quad \text{となるので，}$$

演算子 E には線形性：

$$\boxed{E[aX + b] = aE[X] + b} \ \text{が成り立つことが分かる。}$$

これから，分散 $V[X] = E[(X - \mu)^2]$ は E を使って，

$$V[X] = E[(X - \mu)^2] = E[X^2 - 2\mu X + \mu^2] \quad \leftarrow \text{線形性！}$$

$$= E[X^2] - 2\underbrace{\mu E[X]}_{\mu} + \mu^2 \underbrace{E[1]}_{\sum_{k=1}^{n} 1 p_k = 1\,(\text{全確率})}$$

$$= E[X^2] - \mu^2 = E[X^2] - \underbrace{E[X]^2}_{E[X]^2} \quad \text{と表すこともできる。大丈夫？}$$

それでは次，確率変数 X を使って，新たな確率変数 Y を，
$Y = aX + b$ (a，b：定数) で定義したとき，この Y の期待値，分散，標準偏差は，次のように X の期待値，分散，標準偏差で表現できる。

■ 確率変数 $Y = aX + b$

$Y = aX + b$ (a，b：定数) のとき，

(1) 期待値　　$E[Y] = E[aX + b] = aE[X] + b$　$\leftarrow$ 線形性！

(2) 分散　　　$V[Y] = V[aX + b] = a^2 V[X]$

(3) 標準偏差　$D[Y] = \sqrt{V[Y]} = \sqrt{a^2 V[X]} = |a|\sqrt{V[X]}$

---

(1) の $E[Y] = E[aX + b] = aE[X] + b$ は，演算子 E の線形性そのものだから問題ないね。(3) も (2) の結果に $\sqrt{}$ をつけるだけだから，これも大丈夫なはずだ。問題は (2) だろうね。この公式を証明してみよう。

209

(2) $V[Y] = E[(Y - \mu_Y)^2] = E[\{aX + b - (a\mu + b)\}^2]$

Y の期待値 $E[Y] = E[aX + b] = aE[X] + b = a\mu + b$ のこと

$= E[a^2(X - \mu)^2] = a^2 E[(X - \mu)^2] = a^2 V[X]$ となって導けるんだね。

E の線形性

このように分散の場合，分布のバラツキ具合のみを表す指標なので，

$Y = aX + b$ の b のような X 軸方向の平行移動項の影響は受けないんだね。

それでは次の例題で，新たな変数 Y の期待値，分散，標準偏差を求めよう。

例題 77 確率変数 X の期待値，分散，標準偏差がそれぞれ

$$E[X] = 2, \qquad V[X] = \frac{7}{6}, \qquad D[X] = \frac{\sqrt{42}}{6} \qquad \text{とする。}$$

このとき，新たな確率変数 Y を $Y = 6X + 2$ で定義するとき，Y の期待値，分散，標準偏差を求めよう。

公式通りに求めていけばいいんだね。

・期待値 $E[Y] = E[6X + 2] = 6E[X] + 2 = 6 \cdot 2 + 2 = 14$ となる。

線形性   ②

・分散 $V[Y] = V[6X + 2] = 6^2 V[X] = 36 \cdot \frac{7}{6} = 42$ となる。

$\frac{7}{6}$

・標準偏差 $D[Y] = \sqrt{V[Y]} = \sqrt{42}$ となって，オシマイだね。納得いった？

42

さらに，期待値の線形性の公式として，2 つの確率変数 X, Y について，

$E[X + Y] = E[X] + E[Y]$ が成り立つことも覚えておくといいよ。2 変数なので，この証明は少し難しい。興味のある方は

「**初めから学べる 確率統計キャンパス・ゼミ**」や「**統確率計キャンパス・ゼミ**」(**マセマ**) で学習されることを勧める。

210

●確率分布

● 二項分布もマスターしよう！

"反復試行の確率"は覚えているね。1回の試行で事象 A の起こる確率が p，起こらない確率が $q\,(p+q=1)$ のとき，この試行を n 回行って，その内 x 回だけ事象 A の起こる確率を P_x とおくと，反復試行の確率より，

$P_x = {}_nC_x\,p^x q^{n-x}\ (x=0,\ 1,\ 2,\ \cdots,\ n)$ となるんだった。

ここで，確率変数 X を $X=x\ (x=0,\ 1,\ 2,\ \cdots,\ n)$ とおくと，確率変数 X は次の確率分布表で表される確率分布となる。この確率分布のことを "二項分布" と呼び，$B(n,\ p)$ と表す。これは大学で学ぶさまざまな確率分布の基礎となる，非常に重要な分布なんだ。

二項分布

確率変数 X	0	1	2	……	n
確率 P	${}_nC_0\,q^n$	${}_nC_1\,p\,q^{n-1}$	${}_nC_2\,p^2 q^{n-2}$	……	${}_nC_n\,p^n$

この確率の総和は，"二項定理" より，

$${}_nC_0\,q^n + {}_nC_1\,p\,q^{n-1} + {}_nC_2\,p^2 q^{n-2} + \cdots + {}_nC_n\,p^n$$
$$= (\underbrace{(q+p)}_{1})^n = 1^n = 1\ \text{となって，条件を満たす。}$$

二項定理 : $(a+b)^n = {}_nC_0\,a^n + {}_nC_1\,a^{n-1}\,b + {}_nC_2\,a^{n-2}\,b^2 + \cdots + {}_nC_n\,b^n$

これが，"二項分布" と呼ばれる所以なんだね。

それでは，二項分布についても，次の例題で練習しよう。

例題 78　サイコロを 4 回投げて，その内 x 回だけ 3 以上の目が出る確率を P_x とおく。ここで，確率変数 $X=x\ (x=0,\ 1,\ \cdots,\ 4)$ とおいて，X の確率分布表を作り，さらに X の期待値 $E[X]$，分散 $V[X]$ を求めてみよう。

211

$\boxed{3,\ 4,\ 5,\ 6\ \text{の目}}$

1回サイコロを投げて3以上の目が出る確率を p とおくと，$p=\dfrac{\boxed{4}}{6}=\dfrac{2}{3}$ で，そうでない確率 q は，$q=1-p=\dfrac{1}{3}$ となる。

よって，4回中 x 回だけ3以上の目が出る確率 $P_x\,(x=0,\ 1,\ \cdots,\ 4)$ は，

$$P_x={}_4C_x\,p^x q^{4-x}={}_4C_x\left(\frac{2}{3}\right)^x\cdot\left(\frac{1}{3}\right)^{4-x}=\frac{{}_4C_x\cdot 2^x}{3^4}=\frac{{}_4C_x\cdot 2^x}{81}\ \text{となる。}$$

よって，$P_0=\dfrac{\boxed{{}_4C_0}\!\cdot 2^0}{81}=\dfrac{1}{81}$，$\quad P_1=\dfrac{\boxed{{}_4C_1}\!\cdot 2^1}{81}=\dfrac{4\cdot 2}{81}=\dfrac{8}{81}$，

$\boxed{\dfrac{4!}{2!\cdot 2!}=\dfrac{4\cdot 3}{2\cdot 1}=6}$ $\qquad\qquad \boxed{{}_4C_1=4}\qquad\qquad\qquad \boxed{{}_4C_0=1}$

$$P_2=\frac{\boxed{{}_4C_2}\!\cdot 2^2}{81}=\frac{24}{81},\quad P_3=\frac{\boxed{{}_4C_3}\!\cdot 2^3}{81}=\frac{32}{81},\quad P_4=\frac{\boxed{{}_4C_4}\!\cdot 2^4}{81}=\frac{16}{81}$$

以上より，確率変数 $X=x\,(x=0,\ 1,\ \cdots,\ 4)$ の確率分布表は次のようになる。

確率分布表

確率変数 X	0	1	2	3	4
確率 P	$\dfrac{1}{81}$	$\dfrac{8}{81}$	$\dfrac{24}{81}$	$\dfrac{32}{81}$	$\dfrac{16}{81}$

$\sum\limits_{k=0}^{4}P_k=1$（全確率）となっている。

これから X の期待値 $E[X]$ と分散 $V[X]$ を求めると，

$$E[X]=0\cdot\frac{1}{81}+1\cdot\frac{8}{81}+2\cdot\frac{24}{81}+3\cdot\frac{32}{81}+4\cdot\frac{16}{81}$$

$E[X]=\sum\limits_{k=0}^{4}x_k P_k$

$$=\frac{1}{81}(8+48+96+64)=\frac{216}{81}=\frac{8}{3}\ \text{となり，}$$

$$V[X]=E[X^2]-E[X]^2$$

$$=0^2\cdot\frac{1}{81}+1^2\cdot\frac{8}{81}+2^2\cdot\frac{24}{81}+3^2\cdot\frac{32}{81}+4^2\cdot\frac{16}{81}-\left(\frac{8}{3}\right)^2$$

$$=\frac{1}{81}(8+96+288+256)-\frac{64}{9}$$

$$=\frac{648}{81}-\frac{64}{9}=\frac{72-64}{9}=\frac{8}{9}\ \text{となって，答えだ！}$$

$\boxed{8}$

212

● 確率分布

これで，確率分布表から期待値 $E[X]$ や分散 $V[X]$ を計算することにも
ずい分慣れたと思う。

でも，本当のことを言うと，"二項分布" $B(n, p)$ の期待値 $E[X]$ と分散
$V[X]$ については，次の便利な公式があるんだ。

■ 二項分布の期待値・分散・標準偏差

二項分布 $B(n, p)$ の期待値，分散，標準偏差は次式で求められる。

(1) 期待値　　$E[X] = np$

(2) 分散　　　$V[X] = npq$　　$(q = 1 - p)$

(3) 標準偏差 $D[X] = \sqrt{npq}$

この公式を利用すると，例題 78 の期待値と分散は確率分布表を作るま
でもなく結果が出せる。

n は試行回数なので，$n = 4$，また，$p = \dfrac{2}{3}$，$q = \dfrac{1}{3}$ は前述の通りだ。

よって，この二項分布の

期待値 $E[X] = np = 4 \cdot \dfrac{2}{3} = \dfrac{8}{3}$

分散　　$V[X] = npq = 4 \cdot \dfrac{2}{3} \cdot \dfrac{1}{3} = \dfrac{8}{9}$　と，アッという間に同じ答えが出

てくる。この公式の威力が分かっただろう。

つまり，試行回数 n と，1 回の試行で事象 A の起こる確率 p さえ分かれば，
q は $q = 1 - p$ で自動的に定まるので，二項分布 $B(n, p)$ の期待値と分散 (そ
れに標準偏差) はすぐに求めることができるんだね。

例として 1 つやっておくと，

$B\left(\underset{n}{12}, \underset{p}{\dfrac{1}{4}}\right)$ の期待値は $E[X] = \underset{n}{12} \cdot \underset{p}{\dfrac{1}{4}} = 3$，分散は $V[X] = \underset{n}{12} \cdot \underset{p}{\dfrac{1}{4}} \cdot \underset{q}{\dfrac{3}{4}} = \dfrac{9}{4}$

と，簡単に結果が出せる。大丈夫？

でも，どうしたらこんな便利な公式が導けるのかって？　良い質問だ！
少し大学の確率分野に入るけれど，この公式を導いてみよう。

213

● モーメント母関数をマスターしよう！

X の確率分布の期待値 $E[X]$ や分散 $V[X]$ を求める有力な手段として "モーメント母関数" $M(\theta)$ があるので，これから詳しく解説しよう。

> これを "積率母関数" といってもかまわない。

本題に入る前に，必要な知識をここで整理しておこう。

（ⅰ）指数関数のマクローリン展開

$$e^x = 1 + \frac{x}{1!} + \frac{x^2}{2!} + \frac{x^3}{3!} + \cdots \qquad (-\infty < x < \infty)$$

が成り立つので，この x の代わりに θX を代入すると，

$$e^{\theta X} = 1 + \frac{\theta X}{1!} + \frac{(\theta X)^2}{2!} + \frac{(\theta X)^3}{3!} + \cdots \quad となるんだね。$$

（ⅱ）演算子 E には線形性が成り立つので，

$$E[aX + b] = aE[X] + b, \qquad E[X + Y] = E[X] + E[Y]$$

などと変形できる。

（ⅲ）分散 $V[X]$ を演算子 E で表現すると，

$$V[X] = E[X^2] - E[X]^2 \quad となる。$$

以上の知識は，みんな大丈夫だね。ヨシッ！ それじゃ，本題の "モーメント母関数" の解説に入ろう。

まず， "モーメント母関数"（または "積率母関数"）の定義を下に示す。

モーメント母関数 $M(\theta)$ の定義

確率変数 X と変数 θ に対して，モーメント母関数 $M(\theta)$ を
$$M(\theta) = E[e^{\theta X}] \quad と定義する。$$

この定義から，モーメント母関数 $M(\theta)$ を変形してみよう。

$$M(\theta) = E[e^{\theta X}] = E\left[1 + \frac{\theta X}{1!} + \frac{(\theta X)^2}{2!} + \frac{(\theta X)^3}{3!} + \cdots \right]$$

> $e^{\theta X}$ のマクローリン展開

$$= E\left[1 + \frac{\theta}{1!} X + \frac{\theta^2}{2!} X^2 + \frac{\theta^3}{3!} X^3 + \cdots \right]$$

$$= E[1] + \frac{\theta}{1!} E[X] + \frac{\theta^2}{2!} E[X^2] + \frac{\theta^3}{3!} E[X^3] + \cdots$$

> $\sum_k 1 \cdot P_k = 1$

> 演算子 E の線形性

214

● 確率分布

以上より，モーメント母関数 $M(\theta)$ は次のように表せる。

$$M(\theta) = 1 + E[X]\frac{\theta}{1!} + E[X^2]\frac{\theta^2}{2!} + E[X^3]\frac{\theta^3}{3!} + \cdots \qquad \cdots\cdots①$$

つまり，モーメント $E[X]$, $E[X^2]$, $E[X^3]$, …は定数なので，モーメント母関数 $M(\theta)$ は変数 θ のベキ級数 (関数) であることが分かったんだね。

この①は期待値 μ や分散 σ^2 を作る $E[X]$ や $E[X^2]$ …などのモーメントを産み出す "母なる関数" なので，モーメント母関数と呼ばれるんだよ。

それでは，①から $E[X]$ や $E[X^2]$ を抽出する方法を教えよう。

(i) $E[X]$ の抽出法：

①の両辺を θ で微分して，

$$M'(\theta) = E[X]\frac{1}{1!} + E[X^2]\frac{2\theta}{2!} + E[X^3]\frac{3\theta^2}{3!} + \cdots$$

$$= E[X] + E[X^2]\frac{\theta}{1!} + E[X^3]\frac{\theta^2}{2!} + \cdots \qquad \cdots\cdots②$$

となる。よって，②の両辺に $\theta = 0$ を代入すると，

$\underline{M'(0) = E[X]}$ となって，$E[X]$ が抽出できた！

(ii) 次，$E[X^2]$ の抽出法：

②の両辺をさらに θ で微分して，

$$M''(\theta) = E[X^2]\frac{1}{1!} + E[X^3]\frac{2\theta}{2!} + E[X^4]\frac{3\theta^2}{3!} + \cdots$$

$$= E[X^2] + E[X^3]\frac{\theta}{1!} + E[X^4]\frac{\theta^2}{2!} + \cdots \qquad \cdots\cdots③ となる。$$

よって，③の両辺に $\theta = 0$ を代入すると，

$\underline{M''(0) = E[X^2]}$ となって，$E[X^2]$ も抽出できたんだね。

以上 (i)，(ii) の結果より，確率変数 X の期待値と分散は，

・期待値 $E[X] = M'(0)$

・分散 $\quad V[X] = \underline{\underline{E[X^2]}} - \underline{\underline{E[X]^2}} = M''(0) - M'(0)^2$

$\qquad\qquad\qquad \boxed{M''(0)} \quad \boxed{M'(0)^2}$

と，モーメント母関数の 1 階と 2 階の微分係数で表されることが分かったんだね。

215

以上を公式としてまとめておこう。

期待値と分散のモーメント母関数による表現

モーメント母関数 $M(\theta) = E[e^{\theta X}]$ を用いると，

確率変数 X の期待値 μ と分散 σ^2 は次のように表せる。

期待値 $\mu = E[X] = M'(0)$

分散 $\sigma^2 = V[X] = M''(0) - M'(0)^2$

この公式はすべての確率分布に応用できる重要公式なので，シッカリ頭に入れておこう。

さァ，それではこれらの公式を“二項分布” $B(n, p)$ に応用してみるよ。二項分布 $B(n, p)$ の $X = x$ のときの確率は，

$P_x = {}_nC_x p^x q^{n-x}$ $(x = 0, 1, \cdots, n)$ だった。よって，二項分布のモーメント母関数 $M(\theta)$ は，

$$M(\theta) = E[e^{\theta X}] = \sum_{x=0}^{n} e^{\theta x} P_x = \sum_{x=0}^{n} e^{\theta x}{}_nC_x p^x q^{n-x}$$

x の代わりに $e^{\theta x}$ が入る！

$$= \sum_{x=0}^{n} {}_nC_x \overset{a}{(pe^\theta)^x} \overset{b}{q}{}^{n-x}$$

$$\therefore M(\theta) = (pe^\theta + q)^n \quad \cdots\cdots\text{(a)}$$

二項定理
$$\sum_{x=0}^{n} {}_nC_x a^x b^{n-x} = (a+b)^n$$

(a)の両辺を θ で微分して，

$pe^\theta + q = t$ とおいて
合成関数の微分

$$M'(\theta) = n(pe^\theta + q)^{n-1}\underline{(pe^\theta + q)'} = npe^\theta(pe^\theta + q)^{n-1} \quad \cdots\cdots\text{(b)}$$

pe^θ

(b)の両辺をさらに θ で微分して，

公式：$(fg)' = f'g + fg'$

$$M''(\theta) = np[\underline{(e^\theta)'}(pe^\theta + q)^{n-1} + e^\theta\underline{\{(pe^\theta + q)^{n-1}\}'}]$$

e^θ

合成関数の微分

$(n-1)(pe^\theta + q)^{n-2}pe^\theta$

$$= npe^\theta\{(pe^\theta + q)^{n-1} + (n-1)pe^\theta(pe^\theta + q)^{n-2}\} \quad \cdots\cdots\text{(c)}$$

● 確率分布

(b), (c)の両辺に $\theta = 0$ を代入して,

$$M'(0) = np\,e^0(p\,e^0 + q)^{n-1} = np(p + q)^{n-1} = np \quad \cdots\cdots\cdots(d)$$

$$M''(0) = np\,e^0\{(p\,e^0 + q)^{n-1} + (n-1)p\,e^0(p\,e^0 + q)^{n-2}\}$$

$$= np\,\{1 + (n-1)p\} \quad \cdots\cdots\cdots\cdots\cdots\cdots\cdots\cdots\cdots(e)$$

以上より, 二項分布 $B(n, p)$ の期待値 $E[X]$ と分散 $V[X]$ は,

$$E[X] = M'(0) = np \quad \text{となり,} \quad (\text{(d)より})$$

$$V[X] = M''(0) - M'(0)^2 = np\,\{1 + (n-1)p\} - (np)^2 \quad (\text{(d)}, \text{(e)より})$$

$$= np + n(n-1)p^2 - n^2p^2 = np - np^2$$

$$= np(1 - p) = npq \quad \text{となる。} \quad (\because q = 1 - p)$$

これで, 二項分布 $B(n, p)$ の期待値と分布の公式

$$\boxed{E[X] = np} \quad , \quad \boxed{V[X] = npq} \quad \text{が導けたんだね。}$$

ア〜疲れたって？ そうだね。かなりレベルの高い内容だったからね。でも, 以上のことがマスターできていれば, いよいよ大学数学の世界にも自信を持って入っていけるはずだ。

この後にチャレンジするといい本を下に 3 冊推薦しておこう。

・「初めから学べる 微分積分キャンパス・ゼミ」(マセマ)
・「初めから学べる 線形代数キャンパス・ゼミ」(マセマ)
・「初めから学べる 確率統計キャンパス・ゼミ」(マセマ)

これから, まだまだ学ぶべきことは沢山あるけれど, 焦ることはない。一歩一歩楽しみながら登っていくことだ。それが, 奥深い大学数学をマスターする一番の近道だと思う。

キミ達のさらなる成長を心より楽しみにしている。

マセマ代表　馬場敬之

講義6 ● 確率分布　公式エッセンス

1. 反復試行の確率

1回の試行で事象 A の起こる確率が p である独立な試行を n 回行なうとき，A がちょうど r 回起こる確率は，

$$_nC_r\, p^r \cdot q^{n-r} \quad (r = 0,\ 1,\ 2,\ \cdots,\ n)\quad(\text{ただし，}q = 1 - p)$$

2. 条件付き確率

$$P(B|A) = \frac{P(A \cap B)}{P(A)}$$

← 事象 A が起こったという条件の下で，事象 B が起こる条件付き確率

3. 事象の独立

2つの事象 A と B が独立であるための条件は，

$$P(A \cap B) = P(A) \cdot P(B) \iff P(B|A) = P(B) \iff P(A|B) = P(A)$$

4. 確率と漸化式

右の模式図より，次の漸化式を立てて解く。

$$P_{n+1} = aP_n + b(1 - P_n)$$

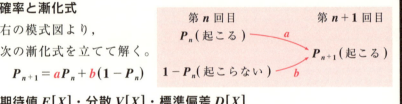

5. 期待値 $E[X]$・分散 $V[X]$・標準偏差 $D[X]$

(1) $E[X] = \mu = \sum\limits_{k=1}^{n} x_k p_k$

(2) $V[X] = \sigma^2 = \underline{\sum\limits_{k=1}^{n}(x_k - \mu)^2 p_k} = \underline{\sum\limits_{k=1}^{n} x_k^2 p_k - \mu^2 = E[X^2] - E[X]^2}$

　　　　　　　　　　　　定義式　　　　　　　　　　計算式

(3) $D[X] = \sigma = \sqrt{V[X]}$

6. $aX + b$ の期待値・分散

(1) $E[aX + b] = a\,E[X] + b$　← 線形性

(2) $V[aX + b] = a^2 V[X]$　← b の影響を受けない。　($a,\ b$：定数)

7. 二項分布 $B(n,\ p)$ の期待値・分散

(1) $E[X] = np$　　　(2) $V[X] = npq$　$(q = 1 - p)$

8. 期待値 μ と分散 σ^2 のモーメント母関数による表現

(1) $\mu = E[X] = M'(0)$　　　(2) $\sigma^2 = V[X] = M''(0) - M'(0)^2$

● Appendix(付録)

◆◆ Appendix(付録)◆◆

§1. マルコフ過程入門

時刻と共に,確率分布が変化していく確率過程として,"マルコフ過程" (*Markov process*)(または,"マルコフ連鎖"(*Markov chain*))がある。これについて,その基本を教えよう。

ここでは,例題を分かりやすくするために,確率分布の経時変化ではなく,ある町の10000世帯におけるA社とB社の洗剤の利用世帯数の経時変化について解説しよう。

● 2社の洗剤の利用状況の変化を調べよう!

ある町の10000世帯において,初めA社の洗剤を使っているのは$a_0 = 4000$世帯であり,B社の洗剤を使っているのは$b_0 = 6000$世帯であった。そして,1年後,

(ⅰ)A社の洗剤を使っていた世帯の0.9(=90%)はA社のものをそのまま使い,0.1(=10%)の世帯はB社のものを使うようになる。また,

(ⅱ)B社の洗剤を使っていた世帯の0.6(=60%)はB社のものをそのまま使い,0.4(=40%)の世帯はA社のものを使うようになるものとする。

ここで,1年後,A社とB社の洗剤(以降,洗剤A,洗剤Bと表す。)の利用世帯数をそれぞれa_1, b_1とおく。そして図1の模式図を使って,このa_1とb_1を算出すると,次のようになるんだね。

図1 A社とB社の洗剤の利用世帯の変化

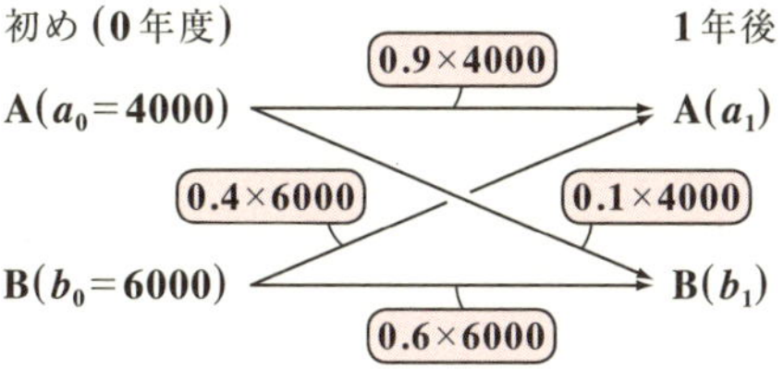

初め(0年度)　　　　　　　　　　1年後

A(a_0=4000)　0.9×4000　　A(a_1)

0.4×6000　　0.1×4000

B(b_0=6000)　0.6×6000　　B(b_1)

$$\begin{cases} a_1 = 0.9 \times a_0 + 0.4 \times b_0 & \cdots\cdots ① \\ b_1 = 0.1 \times a_0 + 0.6 \times b_0 & \cdots\cdots ② \end{cases}$$

①,②を,行列とベクトルの形でまとめると,

具体的には,
$a_1 = 0.9 \times 4000 + 0.4 \times 6000 = 6000$
$b_1 = 0.1 \times 4000 + 0.6 \times 6000 = 4000$
となって,変化していることが分かる。

$$\begin{bmatrix} a_1 \\ b_1 \end{bmatrix} = \begin{bmatrix} 0.9a_0 + 0.4b_0 \\ 0.1a_0 + 0.6b_0 \end{bmatrix} = \begin{bmatrix} 0.9 & 0.4 \\ 0.1 & 0.6 \end{bmatrix} \begin{bmatrix} a_0 \\ b_0 \end{bmatrix} \cdots\cdots ③$$　となる。

推移確率M

219

ここで，③の 2 行 2 列の行列 $\begin{bmatrix} 0.9 & 0.4 \\ 0.1 & 0.6 \end{bmatrix}$ を M とおこう。この行列 M は，

"推移確率行列"（*transition probability matrix*）と呼ばれ，マルコフ過程

で重要な役割を演じる行列なんだね。ここで，$M = \begin{bmatrix} 0.9 & 0.4 \\ 0.1 & 0.6 \end{bmatrix}$ について，

（ⅰ）第 1 列の $\begin{bmatrix} 0.9 \\ 0.1 \end{bmatrix}$ は，洗剤 A を使っている世帯が 1 年後に洗剤 A と洗剤

B を使っている世帯にそれぞれなる確率を表し，これらの和は $0.9 +$
$0.1 = 1$（全確率）となる。また，

（ⅱ）第 2 列の $\begin{bmatrix} 0.4 \\ 0.6 \end{bmatrix}$ は，洗剤 B を使っている世帯が 1 年後に洗剤 A と洗剤

B を使っている世帯にそれぞれなる確率を表し，これらの和も $0.4 +$
$0.6 = 1$（全確率）となるんだね。

そして，マルコフ過程では，この推移確率行列 M の各要素は，時刻に対
して不変であるものとする。よって，③で示す 0 年度と 1 年後の関係式を
一般化して，n 年後の洗剤 A, B の利用世帯数 a_n, b_n と $n+1$ 年後の洗剤 A,
B の利用世帯数 a_{n+1}, b_{n+1} の関係式として，次のように表すことができる。

$$\begin{bmatrix} a_{n+1} \\ b_{n+1} \end{bmatrix} = M \begin{bmatrix} a_n \\ b_n \end{bmatrix} \cdots\cdots(*1) \quad (n = 0, 1, 2, \cdots)$$

よって，これから，n 年後の洗剤 A, B の利用
世帯数 a_n, b_n は，初めの利用世帯数 a_0, b_0 を
用いて，次のように表せる。

> $(*1)$ を
> $F(n+1) = M \cdot F(n)$ の
> 形の漸化式と考えると，
> $F(n) = M^n \cdot F(0)$
> すなわち，
> $\begin{bmatrix} a_n \\ b_n \end{bmatrix} = M^n \begin{bmatrix} a_0 \\ b_0 \end{bmatrix}$
> と変形することができる。

$$\begin{bmatrix} a_n \\ b_n \end{bmatrix} = M^n \begin{bmatrix} a_0 \\ b_0 \end{bmatrix} \cdots\cdots(*2) \quad (n = 1, 2, 3, \cdots)$$

具体的に計算してみよう。

$$\begin{bmatrix} a_1 \\ b_1 \end{bmatrix} = M \begin{bmatrix} a_0 \\ b_0 \end{bmatrix} = \begin{bmatrix} 0.9 & 0.4 \\ 0.1 & 0.6 \end{bmatrix} \begin{bmatrix} 4000 \\ 6000 \end{bmatrix} = \begin{bmatrix} 6000 \\ 4000 \end{bmatrix}$$

$$\begin{bmatrix} a_2 \\ b_2 \end{bmatrix} = M^2 \begin{bmatrix} a_0 \\ b_0 \end{bmatrix} = M \begin{bmatrix} a_1 \\ b_1 \end{bmatrix} = \begin{bmatrix} 0.9 & 0.4 \\ 0.1 & 0.6 \end{bmatrix} \begin{bmatrix} 6000 \\ 4000 \end{bmatrix} = \begin{bmatrix} 7000 \\ 3000 \end{bmatrix}$$

$$\begin{bmatrix} a_3 \\ b_3 \end{bmatrix} = M^3 \begin{bmatrix} a_0 \\ b_0 \end{bmatrix} = M \begin{bmatrix} a_2 \\ b_2 \end{bmatrix} = \begin{bmatrix} 0.9 & 0.4 \\ 0.1 & 0.6 \end{bmatrix} \begin{bmatrix} 7000 \\ 3000 \end{bmatrix} = \begin{bmatrix} 7500 \\ 2500 \end{bmatrix}$$

● Appendix（付録）

となって，洗剤 **A** と洗剤 **B** を使っている世帯数の経時変化の様子を調べることができるんだね。

では，$n = 1, 2, 3, \cdots$ と，この確率過程によって，洗剤 **A** と洗剤 **B** を使用する世帯数の変化が進んで行って，最終的にどうなるのか？知りたいって?!良い質問だね。この正式な解答は，

$\begin{bmatrix} a_n \\ b_n \end{bmatrix} = M^n \begin{bmatrix} a_0 \\ b_0 \end{bmatrix}$ ……(∗2) の両辺の $n \to \infty$ の極限を求めればいいんだね。

つまり，

$$\begin{cases} ((∗2) \text{ の左辺の極限}) = \lim_{n \to \infty} \begin{bmatrix} a_n \\ b_n \end{bmatrix} = \begin{bmatrix} a_\infty \\ b_\infty \end{bmatrix} \\ ((∗2) \text{ の右辺の極限}) = \lim_{n \to \infty} M^n \begin{bmatrix} a_0 \\ b_0 \end{bmatrix} = M^\infty \begin{bmatrix} a_0 \\ b_0 \end{bmatrix} \text{ より,} \end{cases}$$

$\begin{bmatrix} a_\infty \\ b_\infty \end{bmatrix} = M^\infty \begin{bmatrix} a_0 \\ b_0 \end{bmatrix}$ となるので，M^n $(n = 1, 2, 3, \cdots)$ を求めて，

$n \to \infty$ の極限の行列 M^∞ を求めればいいことになるんだね。

しかし，ここでは n が十分に大きくなれば，$\begin{bmatrix} a_n \\ b_n \end{bmatrix}$ と $\begin{bmatrix} a_{n+1} \\ b_{n+1} \end{bmatrix}$ は変化しない

定常状態になると考えて，これを $\begin{bmatrix} \alpha \\ \beta \end{bmatrix}$ とおくと (∗1) の式から，

$\begin{bmatrix} \alpha \\ \beta \end{bmatrix} = M \begin{bmatrix} \alpha \\ \beta \end{bmatrix}$ ……④ が成り立つはずなんだね。よって④を変形して，

$\underline{E} \cdot \begin{bmatrix} \alpha \\ \beta \end{bmatrix} = M \begin{bmatrix} \alpha \\ \beta \end{bmatrix}, \quad \underline{(M-E)} \begin{bmatrix} \alpha \\ \beta \end{bmatrix} = \begin{bmatrix} 0 \\ 0 \end{bmatrix}, \quad \begin{bmatrix} -0.1 & 0.4 \\ 0.1 & -0.4 \end{bmatrix} \begin{bmatrix} \alpha \\ \beta \end{bmatrix} = \begin{bmatrix} 0 \\ 0 \end{bmatrix}$

（単位行列）

$$\boxed{\begin{bmatrix} 0.9 & 0.4 \\ 0.1 & 0.6 \end{bmatrix} - \begin{bmatrix} 1 & 0 \\ 0 & 1 \end{bmatrix} = \begin{bmatrix} -0.1 & 0.4 \\ 0.1 & -0.4 \end{bmatrix}}$$

$\therefore -0.1\alpha + 0.4\beta = 0$ （もう 1 つの式：$0.1\alpha - 0.4\beta = 0$ は，左の式と同じ式だね。）

よって，$\alpha = 4\beta$ ……⑤ かつ，$\alpha + \beta = 10000$ ……⑥ ← （α と β の和が 1 万世帯であることは，変化しない。）

⑤，⑥ より $\alpha = 8000$，$\beta = 2000$ が導ける。

これは，$\begin{bmatrix} a_0 \\ b_0 \end{bmatrix} = \begin{bmatrix} 4000 \\ 6000 \end{bmatrix}, \begin{bmatrix} a_1 \\ b_1 \end{bmatrix} = \begin{bmatrix} 6000 \\ 4000 \end{bmatrix}, \begin{bmatrix} a_2 \\ b_2 \end{bmatrix} = \begin{bmatrix} 7000 \\ 3000 \end{bmatrix}, \begin{bmatrix} a_3 \\ b_3 \end{bmatrix} = \begin{bmatrix} 7500 \\ 2500 \end{bmatrix}, \cdots$

となって，$\begin{bmatrix} \alpha \\ \beta \end{bmatrix} = \begin{bmatrix} a_\infty \\ b_\infty \end{bmatrix} = \begin{bmatrix} 8000 \\ 2000 \end{bmatrix}$ に近づいていっていることが分かる。

221

補充問題　1	● 複素数の回転 ●

複素数平面上の点 $2+2i$ を原点 0 のまわりに $\dfrac{7}{12}\pi(=105°)$ だけ回転させた点 (複素数) を求めよ。

ヒント! $z=2+2i$ とおき，これを原点 0 のまわりに $\dfrac{7}{12}\pi$ だけ回転させた点を w とおくと，$w=e^{\frac{7}{12}\pi i}\cdot z$ となる。これを計算して w を求めればいいんだね。

解答 & 解説

複素数平面上の点 (複素数)$2+2i$ を z と

おき，原点 0 のまわりに $\underline{\dfrac{7}{12}\pi}=\dfrac{\pi}{3}+\dfrac{\pi}{4}$

$\boxed{105°=60°+45°}$

だけ回転させた点 (複素数) を w とおくと，

$w=e^{\frac{7}{12}\pi i}\cdot z$ となる。よって，この w を求めると，

$w=\underline{e^{\left(\frac{\pi}{3}+\frac{\pi}{4}\right)i}}\cdot(2+2i)=\underline{e^{\frac{\pi}{3}i}\cdot e^{\frac{\pi}{4}i}}\cdot(2+2i)$

$\boxed{\begin{array}{l}\text{オイラーの公式}\\ e^{i\theta}=\cos\theta+i\sin\theta\end{array}}$

$=\left(\cos\dfrac{\pi}{3}+i\sin\dfrac{\pi}{3}\right)\cdot\left(\cos\dfrac{\pi}{4}+i\sin\dfrac{\pi}{4}\right)\cdot(2+2i)$

$=\left(\dfrac{1}{2}+\dfrac{\sqrt{3}}{2}i\right)\left(\dfrac{\sqrt{2}}{2}+\dfrac{\sqrt{2}}{2}i\right)(2+2i)$

$\boxed{\dfrac{1}{2}(1+\sqrt{3}\,i)}$ $\boxed{\dfrac{\sqrt{2}}{2}\times 2(1+i)^2=\sqrt{2}\,(1+2i+\underset{\boxed{-1}}{i^2})=2\sqrt{2}\,i}$

$=\dfrac{2\sqrt{2}}{2}\,i(1+\sqrt{3}\,i)=\sqrt{2}\,i+\sqrt{6}\,\underset{\boxed{-1}}{i^2}$

$\therefore z=2+2i$ を原点 0 のまわりに $\dfrac{7}{12}\pi$ だけ回転した点 w は，

$w=-\sqrt{6}+\sqrt{2}\,i$ である。 ……………………………………(答)

● Appendix（付録）

◆ Term・Index ◆

あ行
1次変換 ……………………… **174**
1対1対応 ……………………… **58**
オイラーの公式 ………… **20,106**

か行
確率 …………………………… **196**
──の加法定理 ……………… **197**
──の乗法定理 ……………… **199**
──（反復試行の）…………… **198**
確率分布 ……………………… **206**
確率変数 ……………………… **206**
奇関数 ………………………… **125**
期待値 ………………………… **206**
基底ベクトル …………………… **9**
逆関数 …………………………… **58**
逆行列 ………………………… **168**
級数 ……………………………… **39**
行ベクトル …………………… **159**
共役複素数 ……………………… **8**
行列式 ………………………… **168**
極 ……………………………… **146**
──形式 ………………………… **15**
──座標 ……………………… **146**
──方程式 …………………… **148**
虚軸 ……………………………… **9**
虚部 ……………………………… **8**
偶関数 ………………………… **125**
空事象 ………………………… **196**
区分求積法 …………………… **126**
ケーリー・ハミルトンの定理…**170**
原始関数 ……………………… **110**
合成関数 ………………………… **60**
合成変換 ……………………… **175**

──（回転と相似の）……… **23,30**
弧度法 …………………………… **16**
根元事象 ……………………… **196**

さ行
サイクロイド曲線 …………… **141**
試行 …………………………… **196**
──（独立な）………………… **198**
事後確率 ……………………… **201**
事象 …………………………… **196**
自然対数関数 …………………… **75**
実軸 ……………………………… **9**
実数 ……………………………… **8**
実部 ……………………………… **8**
収束 ……………………………… **35**
純虚数 …………………………… **8**
条件付き確率 ………………… **199**
ジョルダン細胞 ……………… **188**
スカラー ……………………… **156**
正項級数 ………………………… **43**
正射影 ………………………… **158**
成分 …………………… **159,162**
積事象 ………………………… **196**
積分定数 ……………………… **110**
積率母関数 …………………… **214**
絶対値 ………………………… **11**
零因子 ………………………… **167**
零行列 ………………………… **167**
漸化式 …………………………… **44**
───（階差数列型）…………… **44**
───（3項間の）……………… **50**
───（等差数列型）…………… **44**
───（等比関数列型）………… **45**
───（等比数列型）…………… **44**

224

———（2項間の） ……………**46**
全事象 ……………**196**
相似変換 ……………**23**

た行

だ円 ……………**139**
ダランベールの判定法 ……………**43**
単位行列 ……………**167**
単位ベクトル ……………**157**
置換積分法 ……………**116**
定積分 ……………**113**
テイラー展開 ……………**104**
導関数 ……………**79**
———の線形性 ……………**82**
動径 ……………**146**
特性方程式 ……………**50**
ド・モアブルの定理 ……………**18**

な行

内積 ……………**158**
二項定理 ……………**211**
二項分布 ……………**206**
ネイピア数 *e* ……………**20**
ノルム ……………**156**

は行

排反 ……………**197**
バウムクーヘン型積分 ……………**135**
発散 ……………**36**
被積分関数 ……………**110**
左側微分係数 ……………**73**
微分可能 ……………**91**
微分係数 ……………**72**
標準偏差 ……………**207**
複素数 ……………**8**
———平面 ……………**9**

不定形 ……………**36**
不定積分 ……………**110**
———の線形性 ……………**112**
部分積分法 ……………**119**
部分和 ……………**39**
不連続 ……………**91**
分散 ……………**206**
平均値の定理 ……………**91**
平均変化率 ……………**72**
平行移動 ……………**56**
ベクトル ……………**156**
偏角 ……………**15,146**
法線 ……………**93**

ま行

マクローリン展開 ……………**102**
右側微分係数 ……………**73**
無限級数 ……………**39**
無限正項級数 ……………**43**
モーメント ……………**208**
———母関数 ……………**214**

や行

有限確定値 ……………**36**
要素 ……………**162**
余事象 ……………**197**

ら行

らせん ……………**140**
列ベクトル ……………**159**
連続 ……………**91**
ロピタルの定理 ……………**95**

わ行

和事象 ……………**196**

大学数学入門編
初めから学べる 大学数学
キャンパス・ゼミ

著 者　馬場 敬之
発行者　馬場 敬之
発行所　マセマ出版社
〒 332-0023 埼玉県川口市飯塚 3-7-21-502
TEL 048-253-1734　　FAX 048-253-1729
Email：info@mathema.jp
https://www.mathema.jp

		令和 6 年 3 月 9 日 初版発行
編　集	七里 啓之	
校閲・校正	高杉 豊　秋野 麻里子	
制作協力	久池井 茂　印藤 治　久池井 努	
	野村 直美　野村 烈　滝本 修二	
	平城 俊介　真下 久志	
	間宮 栄二　町田 朱美	
カバーデザイン	馬場 冬之	
ロゴデザイン	馬場 利貞	
印刷所	中央精版印刷株式会社	

ISBN978-4-86615-331-5 C3041
落丁・乱丁本はお取りかえいたします。
本書の無断転載、複製、複写（コピー）、翻訳を禁じます。
KEISHI BABA 2024 Printed in Japan